汽车前沿技术
科·普·系·列

图说汽车尾气净化技术

刘爽 编著

化学工业出版社
·北京·

内容简介

本书以通俗的文字配合丰富的彩图，一方面围绕汽车发动机和后处理装置两条主线，全面系统地介绍了汽车尾气净化技术随时代的变迁；另一方面对该领域涉及的关键材料予以详细论述，并深入探讨了“替代燃料”和“替代引擎”在减排降碳方面的应用。

本书兼具故事性和前瞻性，同时包含较为翔实、新颖的信息和数据，既可作为汽车、环保爱好者的科普图书，也可作为相关专业领域学生的教材和技术人员的参考资料。通过阅读本书，读者可对“汽车尾气净化”这个大行业有一个宏观而清晰的认识。

图书在版编目（CIP）数据

图说汽车尾气净化技术 / 刘爽编著 . —北京：化学工业出版社，2023.7
（汽车前沿技术科普系列）
ISBN 978-7-122-43802-7

Ⅰ . ①图…　Ⅱ . ①刘…　Ⅲ . ①汽车排气污染 - 废气净化 - 图解　Ⅳ . ① X734.201-64

中国国家版本馆 CIP 数据核字（2023）第 132401 号

责任编辑：贾　娜
文字编辑：石玉豪　温潇潇
责任校对：李露洁
装帧设计：刘丽华

出版发行：化学工业出版社
（北京市东城区青年湖南街13号　邮政编码100011）
印　　装：天津图文方嘉印刷有限公司
710mm×1000mm　1/16　印张13¾　字数247千字
2023年11月北京第1版第1次印刷

购书咨询：010-64518888　　售后服务：010-64518899
网　　址：http://www.cip.com.cn
凡购买本书，如有缺损质量问题，本社销售中心负责调换。

定　　价：89.00元　

前·言

截至2022年底，中国的汽车保有量接近3.2亿辆，平均每5个人就拥有1辆汽车。汽车已经进入千家万户，深入了我们的日常生活。正因如此，汽车尾气造成的影响在近年来受到人们的广泛关注。众所周知，以汽油或柴油为燃料的汽车会在行驶时排放各种各样的污染物，它们会与其他污染源共同造成“雾霾”等极端天气，还可能诱发各类疾病，危害人体健康。此外，各类汽车每年向大气排放近60亿吨二氧化碳，约占全球碳排放总量的17%，导致严重的“温室效应”。如何净化这些流动分散、成分复杂的大气污染物？通过阅读本书，读者们或许能为这个问题找到初步答案。

从历史角度看，在19世纪末汽车诞生后，汽、柴油车很快占据了全球路面交通运输行业的主导地位。随着汽车工程师对车用内燃机的不懈优化，现代发动机在效率、操控感和减排性能方面获得了长足进步。然而，针对汽车尾气的排放法规也日益严苛，为了满足法规要求，这些高性能发动机还需在“尾气后处理系统”的配合下才能在汽车上使用。本书将详细介绍从汽车诞生以来人们在发动机设计和尾气后处理上所做的努力，并对相关技术的发展趋势进行展望。基于笔者的材料学背景，一些在此过程中发挥核心功用的材料（如汽油抗爆震剂、贵金属、稀土和分子筛等）将被专门论述，希望能借此为读者提供与车辆工程专业书籍不同的视角。

在“双碳”大目标的驱动下，传统燃油汽车最终摆脱不了被取代的命运。近期来看，汽、柴油的份额正在逐步被其他所谓“低碳”“零碳”燃料挤占；远期来看，内燃机可能有朝一日彻底被电动机替代。考虑到我们正处于这一重大变化的初始阶段，本书在最后章节详细讨论了天然气、醇类、氢（氨）、生物柴油等“替代燃料”的减排效果和降碳潜力，并分析了各类电动汽车可能在“双碳”事业中扮演的角色。相信读者们可以看出，对传统燃油车的各项替代策略都远非完美，它们还需要在与汽、柴油车共存的日子里继续发展，不断完善。

囿于笔者水平，书中疏漏和不足之处在所难免，敬请广大读者朋友及业内专家多多指正。

刘爽

目 录

目录

第1章

汽车尾气的来源、危害和控制方法

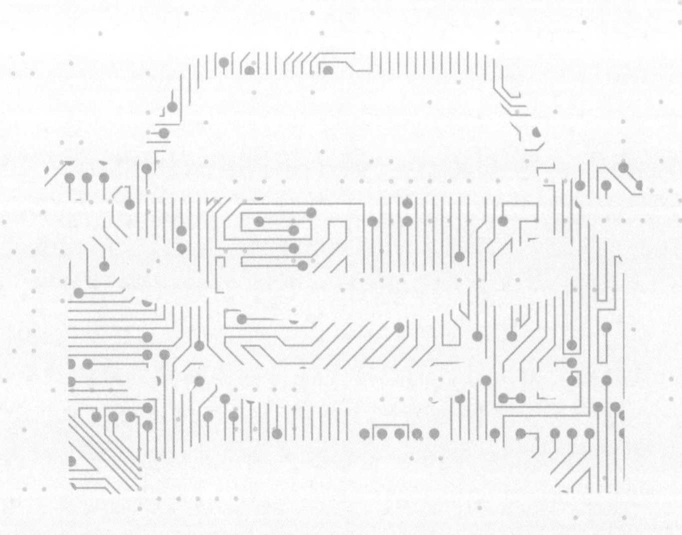

截至2022年底，中国汽车保有量达到3.19亿辆，已连续13年成为世界汽车产销量第一大国。在行驶过程中，这些汽车除了排放水蒸气（H_2O）和二氧化碳（CO_2）等主要燃烧产物外，还会排放能够显著影响大气环境和人体健康的各类污染物。据《中国移动源环境管理年报（2022）》统计，2021年全国机动车四项污染物排放总量为1557.7万吨。其中，一氧化碳（CO）、碳氢化合物（HC）、氮氧化物（NO_x）、颗粒物（PM）排放量分别为768.3万吨、200.4万吨、582.1万吨、6.9万吨。汽车是污染物排放总量的主要贡献者，其排放的CO、HC、NO_x和PM超过排放总量的90%。汽油车和柴油车是中国汽车的主要组成部分（2021年二者在汽车保有总量中占比97.4%），也是汽车尾气污染物排放的主体。汽油车CO排放量超过汽车排放总量的80%，HC超过70%；柴油车NO_x排放量超过汽车排放总量的80%，PM超过90%。可见，有必要针对汽油车和柴油车尾气实行严格控制，采用适当的技术手段对其实施减排。事实上，相关工作已成为近年来我国大气污染治理最突出、最紧迫的任务之一。

1.1 尾气污染物，从何而来？

1.1.1 汽油车、柴油车——有所不同的“污染源”

如前所述，汽油车与柴油车是中国汽车尾气污染物的主要贡献者。由于使用燃料的不同，它们在点火方式和运行状态等方面存在显著差异。

汽油的燃点虽然要比柴油高很多，但却是一种极易挥发的物质。当汽油被喷入发动机气缸后，由于自身的易挥发性，很容易和气缸内的空气充分混合，进而可被火花塞点燃，瞬间爆发出大量能量，所以可以快速重复该循环，用高转速输出高功率。因此，很小、很轻的汽油机就能拥有较高的性能和响应速度，宽泛的转速区间也能够带来更好的操控感，这些特点使其适用于各类轿车和轻型车辆。但汽油机的压缩比往往只有柴油机的一半，做功行程时，缸内温度和压力比柴油机低很多，所以热效率比较低，也就是俗称的“费油”。

柴油是一种黏度较大的物质，极难挥发，但它的燃点却要比汽油低很多，这就为使用压燃点火提供了很好的条件。具体原理是依靠气缸内过量的空气压缩产生的热量，当压缩空气的温度高于柴油的燃点时，柴油就会燃烧。柴油的燃烧比较缓慢，一般在较低转速下让其充分燃烧以带来大扭矩。为了对抗气缸内高压和大扭矩，柴油机的气缸和活塞的连杆等零件都要比汽油机更“结实”、更耐用，也较汽油机更笨重。但也正因柴油机具有大扭矩、低转速的特性，能把热量更好地转化成动能，所以柴油机有着更好的热效率，也就是更好的油耗表现。这就是通常公交车、卡车等载重量大的车型广泛使用柴油机的原因。

由于燃料、点火方式和运行状态的差异，汽油车和柴油车尾气成分也存在较大区别。如图 1-1 所示，汽油车尾气的氧浓度较低，主要包含 CO、HC 和 NO_x 三类气态污染物；柴油车尾气的氧浓度较高，主要污染物为气态 NO_x 和固体颗粒物 PM。后文将对这些污染物的具体来源做详细探讨。

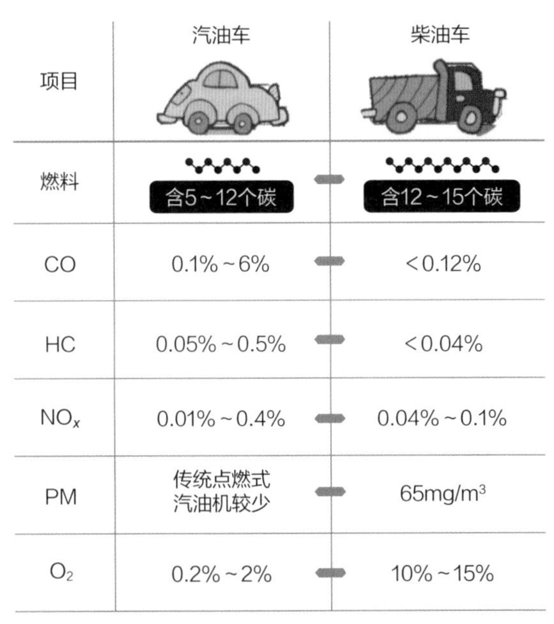

项目	汽油车	柴油车
燃料	含5～12个碳	含12～15个碳
CO	0.1%～6%	<0.12%
HC	0.05%～0.5%	<0.04%
NO_x	0.01%～0.4%	0.04%～0.1%
PM	传统点燃式汽油机较少	65mg/m^3
O_2	0.2%～2%	10%～15%

图 1-1 汽油车与柴油车燃料、尾气污染物和氧浓度的差异

1.1.2 各类污染物都是怎么来的?

HC 是汽车尾气中各类碳氢化合物（如芳烃、烷烃、烯烃、羰基化合物等）的统称，其与 CO 都主要来自内燃机未充分燃烧的燃料（还有部分 HC 来自曲轴箱和蒸发排放）。NO_x 包括一氧化氮（NO）和二氧化氮（NO_2），由氮和氧在高温环境中反应生成（$N + O_x \longrightarrow NO_x$），传统汽油车和柴油车尾气管排放的 NO_x 主要以 NO 的形式存在（占比超过 95%）。

如图 1-2 所示，汽车尾气中 HC、CO 和 NO_x 的具体浓度取决于发动机中空气和燃料的重量比（即“空燃比”，*A*/*F*）。以汽油车为例，通入过量的汽油可使其进入“富燃”状态，有效提高发动机功率，其代价是高油耗（燃料不充分燃烧）和产生大量 HC 与 CO；相对地，过度“稀燃”的状态可能导致发动机点火失效，使得汽油未被利用即作为 HC 被排出。NO_x 的排放规律与 HC 恰好相反，当汽油不能有效燃烧时发动机内温度往往也较低，此时 NO_x 难以生成；在 *A*/*F* 处于化学计量配比（约 14.7）附近时，汽油的充分燃烧使得气缸内急剧升温，催生大量 NO_x。与汽油车不同，压燃式点火的柴油车发动机总是处于“稀燃”状态，这使其相对不易产生 HC 和 CO。同时，柴油机缸内的高温、高压状态极有利于 NO_x 的生成，这使得柴油车不可避免地产生 NO_x 的排放。

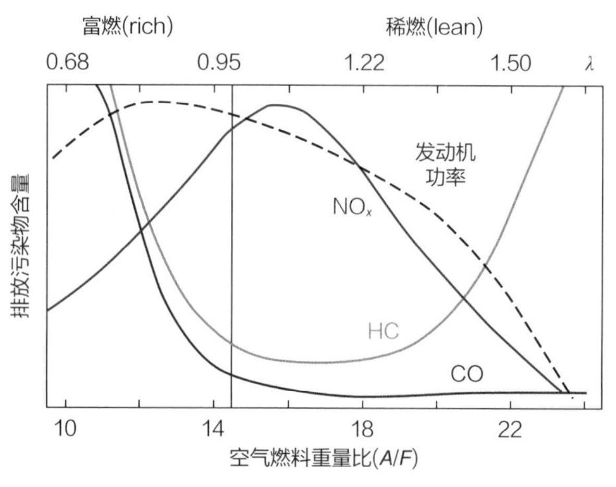

图 1-2　空燃比（*A*/*F*）及空气 / 燃料当量比（λ）对汽油车发动机功率和尾气成分的影响

与 CO 和 HC 类似，汽车尾气中的 PM（由高度分散的碳颗粒、碳氢化合物和焦油构成）也是燃料未充分燃烧的产物，但其生成过程具有明显的复杂性、随机性和不可控性。如图 1-3 所示，在燃油直喷型发动机（如柴油机和新型汽油机）中，燃料液滴与机内氧气很难实现分子级别的接触，这会造成燃料的不完全燃烧，进而生成以乙炔为主的大量不饱和烃类小分子。这些小分子首先聚合成为石墨片层结构，再经过无序堆积、形核长大、团聚，最终生成复杂的碳微粒。虽然是石墨片层为基本元素组成的结构，但由于碳烟在含氧气氛下生成，其表面一般含有一些复杂的含氧基团。这些含氧基团有着不同的酸性和热稳定性，且能够促进碳烟的深度氧化。但即使如此，碳烟一般需要在 600℃以上的高温环境下才能点燃，这导致其在发动机内生成后不会像“煤炭燃烧”一样直接分解。

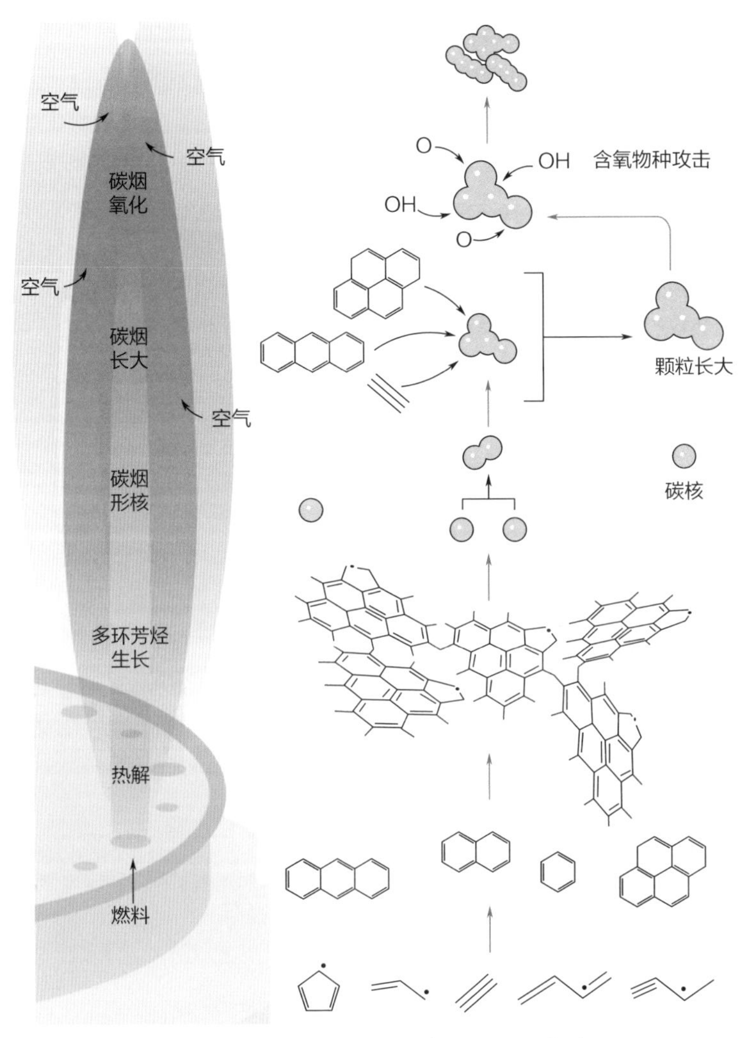

图 1-3　碳烟颗粒物在发动机中的形成过程

1.2 汽车尾气污染有多严重?

1.2.1 汽车尾气对大气环境的影响

洛杉矶位于美国加州南部，是美国西海岸人口最大的城市。洛杉矶在 20

世纪 40 年代初就有 100 万辆汽车，市内高速公路纵横交错，占全市面积的 30%，每条公路每天通行的汽车达 16.8 万辆。此外，洛杉矶地区西侧濒临太平洋，其他三面环山，盆地地形造成该地区空气流通缓慢。太平洋上的加利福尼亚洋流带来了海洋上空较冷的空气，进而在洛杉矶地区上空形成了持久的逆温层，犹如给该地区盖上一层“空气棉被”，使得大气污染物不易在垂直方向上扩散。1943 年 7 月 26 日，洛杉矶经历了一次严重的雾霾气候（图 1-4），道路能见度降低到仅仅三个街区的距离。当时正值第二次世界大战期间，当地居民以为是日军用化学武器袭击了他们。此后在整个 20 世纪 40 年代，洛杉矶频频遭受这种“毒气袭击”，特别是在每年的 5 月到 10 月间，雾霾会持续数天不消散，且在每天不同时段呈现一定规律：上午 9 到 10 点开始形成橙色和棕色烟雾，在午后烟雾呈现出浅蓝色，之后随着太阳落山而退散。

图 1-4　雾霾笼罩下的洛杉矶市中心

最初，没有一个人指责汽车是空气污染的主要来源。由于汽车尾气是无色透明的，而当时的雾霾是橙棕色或浅蓝色的，所以人们以为这两者之间没有直接联系。这种情况一直持续到哈根·施密特（Haagen Smit）进行相关研究。1948—1952 年间，施密特等人通过系统研究雾霾中不同污染物成分对农作物的影响，才让洛杉矶居民认识到汽车尾气排放的碳氢化合物（HC）和氮氧化物（NO_x）才是造成洛杉矶雾霾的罪魁祸首。他们的研究结论如图 1-5 所示，在清晨交通高峰期间，汽车的行驶与反复启动会导致大量 NO_x、HC 与 CO 排放入大气；上午阳光中的紫外线导致链引发反应，将 NO 快速氧化为橙棕色的 NO_2；午后，强烈阳光进一步导致 NO_2 发生光解产生氧自由基（O·），其与空气中氧气（O_2）的反应导致大量浅蓝色的臭氧生成（$O\cdot + O_2 \longrightarrow O_3$）。同时，HC 和 O_3 以及 O· 等物质作用，产生大气化学氧化剂过氧乙酰硝酸酯类（PAN）和各类挥发性有机物（VOCs），这些物质都会进一步催生雾霾现象。由于光化学作用在上述反应中占据主导地位，所以洛杉矶雾霾也被称为"光化学烟雾"。

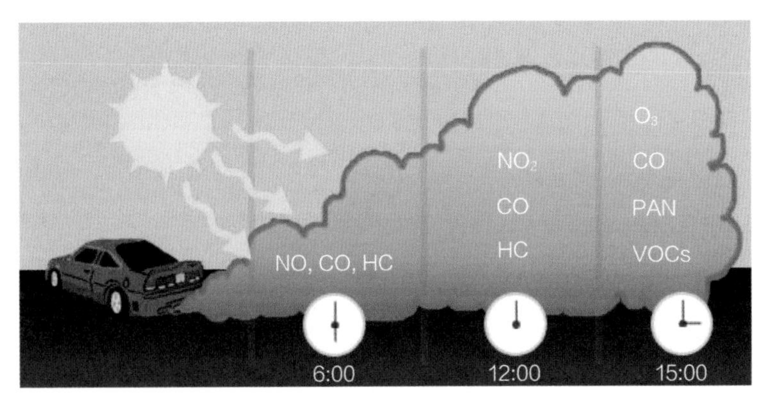

图 1-5　洛杉矶光化学烟雾成因示意图

尽管施密特的工作为治理洛杉矶烟雾事件指明了方向，但由于担心增加汽车生产成本，当时政府和汽车制造商并没有采取积极措施来降低汽车尾气对环境的影响。20 世纪 50 年代以及 60 年代，加州建设了越来越多的高速公路，新兴的工业也落户于此，而雾霾在加州也就变得愈加司空见惯，部分地区的全年污染天数达到 200 天以上。1955 年 9 月，严重的大气污染和高温使许多人眼睛痛、头痛、呼吸困难。短短两天之内，65 岁以上的老人死亡四百余人，为平时的三倍多。20 世纪 60 年代末期，加州逐步通过法规治理汽车尾气排放，此时已距洛杉矶第一次暴发严重的雾霾污染过去了 20 多年。随后，在严格的汽车尾气排放标准的限制下，加州地区的空气质量逐步得到了改善。如图 1-6 所示，1960—2010 年间洛杉矶的臭氧、NO_x 浓度降低了约 3/4，各类挥发性有机污染物（VOCs）浓度更是降低到 1/20 以下。

洛杉矶光化学烟雾是汽车尾气对大气环境影响的一个缩影。无独有偶，世界范围内很多人口稠密、汽车保有量大的城市都曾饱受类似"烟雾事件"的袭扰。典型案例包括伦敦 1952 年发生的"豌豆汤雾"事件，以及之后纽约、墨西哥城、北京、巴黎和新德里等地的雾霾气候。大气中 $PM_{2.5}$（即空气动力学直径小于 2.5 微米的颗粒物）的浓度是衡量空气质量的核心指标，其浓度与雾霾天气具有直接联系。如表 1-1 所示，在世界各地出现雾霾现象的时间段内，汽车尾气都被认为是重要的 $PM_{2.5}$ 贡献者。究其原因，汽车尾气除了自身包含

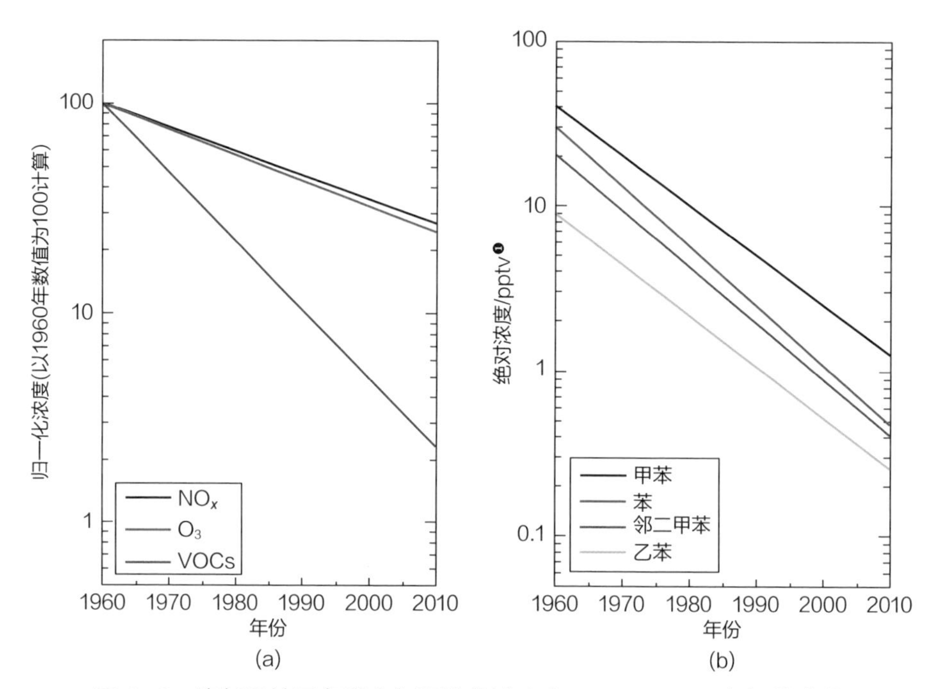

图 1-6 洛杉矶地区各类空气污染物浓度在 1960—2010 年间的变化

的大量 $PM_{2.5}$（即所谓“一次颗粒物”）外，一些气态的尾气污染物（如 NO_x、VOCs 等）还会与氧气、臭氧、水汽等物质在光照下发生化学反应，最终生成以有机气溶胶为主的“二次颗粒物”。例如，在 2013 年 1 月中国发生严重雾霾污染期间，北京、上海、广州等地 $PM_{2.5}$ 即主要源于大气中的二次颗粒物（主要是有机气溶胶）。可见，汽车尾气排放不只会产生直接的大气污染，还会对大气环境造成更强烈、更显著的二次影响。

表 1-1 近年来世界部分地区汽车尾气污染物对其 $PM_{2.5}$ 贡献统计

时间	地区	$PM_{2.5}$ 平均浓度 /（$\mu g/m^3$）	汽车尾气贡献率 /%
2000—2001 年	纽约 / 美国	15.2	26.0
2002—2012 年	洛杉矶 / 美国	19.6	20.0
2006 年 3 月	墨西哥城 / 墨西哥	47.0	42.0
2008—2010 年	内罗毕 / 肯尼亚	17.0	39.0
2009 年 6 月—2010 年 5 月	首尔 / 韩国	42.6	23.0
2009 年 9 月—2010 年 9 月	巴黎 / 法国	14.7	14.0

❶ 1 pptv=10^{-12}。

续表

时间	地区	$PM_{2.5}$平均浓度/(μg/m^3)	汽车尾气贡献率/%
2010年	北京/中国	69.0	14.7
2010年	济南/中国	169.0	17.0
2013年	雅典/希腊	11.0	20.0
2013年	巴塞罗那/西班牙	15.0	20.0
2013年	新德里/印度	168.0	17.0
2014年10月—2015年9月	香港/中国	55.5	29.0

1.2.2 汽车尾气对人体健康的危害

1944年3月2日，8017号列车离开意大利萨莱诺，途经埃博利、佩尔萨诺和罗马尼亚诺镇，到达小镇巴尔瓦诺时已载客约650人。3月3日0:50，列车离开巴尔瓦诺，进入近2公里长、坡度为1.3%的阿米（Armi）隧道。此时，列车的车轮开始在潮湿的轨道上打滑并停转，使得几乎全部车厢都滞留在狭窄且通风不良的隧道内部。一列不久前刚经过的火车已经使得隧道内充满了烟雾，司机重新启动列车的努力则导致更多烟雾的产生。最终，随着隧道内空气的毒性越来越强，机组人员和大多数乘客都失去了知觉，少数试图徒步逃离的人则昏倒在轨道边。3日上午，当救援人员赶到时为时已晚，500多名受害者在睡梦中永远失去了生命。这就是震惊世界的“巴尔瓦诺列车事故”，也是有史以来最严重的铁路事故之一。经调查，导致此次事故的罪魁祸首是火车蒸汽机在封闭环境下燃煤产生的一氧化碳（CO）。CO是无色无味的“隐形杀手”，会与血液中的血红蛋白紧密结合，进而造成人体缺氧昏厥、心肌梗死乃至死亡。

现代汽车多采用汽油或柴油作为燃料，早已对传统的煤炭进行了充分的替代。然而，碳基燃料的燃烧都可能产生CO，其相互替代并不能降低CO生成的风险。

1968年，世界范围内每一百万人约有6人由于CO中毒而死亡，其中大部分是由汽车尾气造成的（图1-7），还有大量幸存患者产生了神经和心脏方面的后遗症。1973年的一项医学研究发现，在洛杉矶高速公路附近CO浓度约为25ppm～100ppm[1]，在高速公路上行驶90分钟会导致40%心血管疾病患者出现心电图异常。

上述问题在汽车尾气净化技术推广应用后得到了缓解。如图1-7所示，在

[1] 1 ppm=10^{-6}。

20 世纪 70 年代催化转化器被引入汽车后，汽车的 CO 排放量到 20 世纪末年减少了 60% 以上，与汽车尾气相关的 CO 死亡率也降低至不到百万分之一。

需要注意的是，即使是在尾气净化技术得到充分发展的今天，一旦汽车在密闭、狭小空间内长时间怠速运行，CO 仍可通过汽车空调的外循环以及车底的通风口进入车内。近期典型案例包括 2021 年 12 月美国布尔海德市家庭车库 CO 泄漏事件（中毒导致 7 人死亡）、2022 年 1 月巴基斯坦穆里山暴雪封车事件（中毒及失温导致 22 人死亡）以及每年大量报道的车内儿童（尤其是婴儿）在车库等封闭环境中因 CO 中毒而死亡的事件。

此外，即使是大气中低浓度的 CO 也存在健康隐患。据一项对中国 272 个城市空气质量分析的研究发现，目前中国大气中低浓度 CO 主要源于汽车尾气的排放，且会显著增加国人因心血管病（尤其是冠心病）死亡的风险。

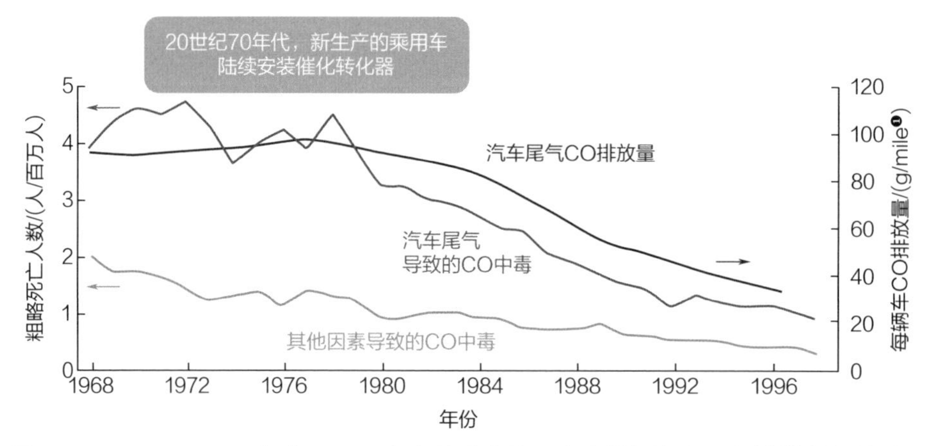

图 1-7　1968—1998 年由于 CO 中毒导致意外死亡人数与汽车尾气排放之间的关系

除 CO 外，其他汽车尾气污染物对人体健康的影响也同样不容小觑。例如，NO_x（尤其是 NO_2）是呼吸系统的强刺激物，可引起支气管痉挛等急性呼吸道疾病并具有一定神经毒性，多种类型的 HC（如苯系物等）已被证实为典型致癌物。更严重的是，汽车尾气主要成分还可在大气中反应，生成臭氧、二次颗粒物等对人体危害极大的污染物。当大气中臭氧浓度超过 0.35ppm 时，人们会感到明显的眼睛灼痛、头痛和呼吸刺激；大气中颗粒物浓度每增加 10 微克 / 米 ^{3}，人们的心血管疾病发病率会增加约 1.1%。除了上述短期影响外，各类污染物的复合作用还会催生如图 1-8 所示的慢性疾病，如哮喘（超过 50 万例 / 年）、慢性支气管炎（超过 30 万例 / 年）、肺气肿、冠心病和糖尿病，等等。这些慢性

❶ 1mile（英里）=1.609km（千米）。

病患者同时也是大气污染物的易感者，极易受到汽车尾气的二次毒害。

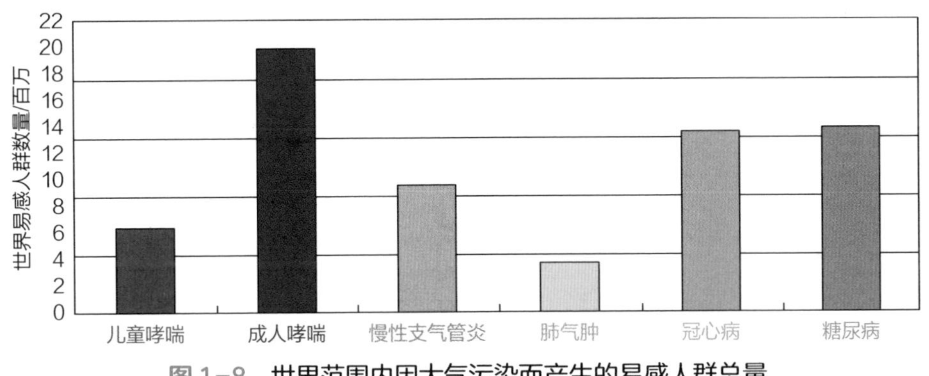

图 1-8　世界范围内因大气污染而产生的易感人群总量

死亡率是衡量汽车尾气污染物危害人体健康的核心指标。通过对全球 499 个城市的死亡率分析发现，大气中 $PM_{2.5}$ 浓度每增加 10 微克 / 米 ^{3} 会导致总死亡率上升 0.68%、心血管疾病死亡率增加 0.55%、呼吸系统疾病死亡率增加 0.74%。此外，尾气污染物对抵抗力弱的老年人和新生儿健康的影响更加显著。2019 年，一项研究发现，$PM_{2.5}$ 的浓度每增加 1 微克 / 米 ^{3} 就会导致老人因急性呼吸窘迫综合征入院率增长 0.72%。2018 年，一项研究调查了 2001—2015 年间撒哈拉沙漠以南非洲地区 30 个国家中新生儿 $PM_{2.5}$ 暴露情况，结果表明，空气中的 $PM_{2.5}$ 浓度每增加 10 微克 / 米 ^{3} 可导致新生儿死亡率增加 9‰（图 1-9）。不仅如此，在调查地区内 22% 的新生儿死亡可归因于空气中的 $PM_{2.5}$，其中仅 2015 年就有 45 万名新生儿因暴露于高浓度 $PM_{2.5}$ 而死亡。更令人吃惊的是，尾气污染的危害甚至具有遗传性。《美国心脏协会杂志》曾发文称孕妇在怀孕前持续接触 $PM_{2.5}$ 也会对子代心脏功能造成严重损害，后续工作通过以小鼠为研究对象证实了这一观点。基于上述原因，有必要严格控制汽车尾气污染物的排放，保护人类身体健康。

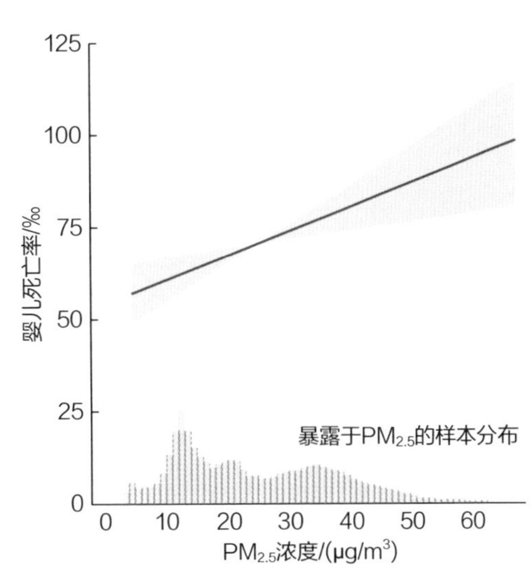

图 1-9　非洲婴儿死亡率与大气中 $PM_{2.5}$ 浓度的关系

1.3 如何实现汽车尾气减排?

1.3.1 世界各国排放法规简介

在历经“光化学烟雾”袭扰十余年后，由哈根·施密特发起，美国加州在1959年成立了加州机动车污染控制委员会。该委员会迅速通过了一项针对汽车曲轴箱HC排放的控制标准，要求从1963年起生产的新车都需安装曲轴箱强制通风系统（即PCV阀）。PCV阀可以将曲轴箱内的混合气通过连接管导向进气管的适当位置，从而将未燃尽的油气“返送回”气缸内燃烧，避免HC通过曲轴箱逸散至大气。后来的实践证明，PCV阀技术是一项可以有效控制汽油车曲轴箱HC排放并提高燃油经济性的技术，因此要求新车安装PCV阀的标准被认为是世界汽车行业内最早的一项针对空气污染物排放控制的法规。

同样在1963年，美国众议院在强大民意的压力下通过了《清洁空气法》。该法案在1970年得到了重大修订，允许政府采取一切必要的措施，不计成本地实现空气质量达标。针对汽车尾气污染排放，《清洁空气法》规定未来5年内新车的HC、CO和NO_x排放量下降90%，排放超标的汽车将被处以每车一万美元的罚款。在政府和汽车行业的反复协商下，这一空前严格并原定在1975年新款车上全面实施的标准经历了多次延期，最终明确在1980年开始限制CO和HC排放，并将NO_x排放限值从原定的0.4克/英里宽限到1.0克/英里。此外，还对油品质量建立了标准体系，并针对汽油中的铅含量制定了严格的限值（0.8克/美加仑[1]）。此后，虽然洛杉矶地区的汽车数量持续上升，大气中尾气污染物浓度反而持续降低，空气质量得到显著改善。

从世界各国过去50年的实践来看，不断加严强制性汽车排放法规是有效控制汽车尾气污染物排放的最主要政策途径。各国通常会根据与环境健康相关的研究确定国家环境空气质量标准，进而制定与各排放源相适应的污染物排放标准。其中包括道路源轻型车和重型车排放标准。在制定标准时，还要考虑空气污染治理进度、排放控制技术成熟度和成本费用、政府监管能力等多方面因素。

日本的汽车尾气污染物排放法规基本与美国同步推行，加拿大、澳大利亚

---

[1] 1美加仑=3.785升。

和几个欧洲国家在1970—1972年间紧随其后。欧盟于1992年对欧洲各国的排放标准进行了统一，发布了“欧Ⅰ”标准，该标准随后历经了一系列升级（“欧Ⅰ”→“欧Ⅵ”）。参照欧盟体系，中国于2000年至今发布了“国Ⅰ”到“国Ⅵ”系列排放标准。如图1-10所示，近年来中国是世界范围内汽车尾气排放法规迭代速度最快的国家。中国即将全面推行的轻型车第六阶段排放标准（即所谓“国Ⅵ b”标准）在根据欧盟排放体系近期发展内容（如WLTC测试工况和RDE实际道路排放测试要求）的基础上，充分吸收了美国排放标准的优点（如蒸发排放、加油排放测试要求）。在短短十几年内，中国排放标准发展的程度相当于欧美国家半个世纪走过的道路。

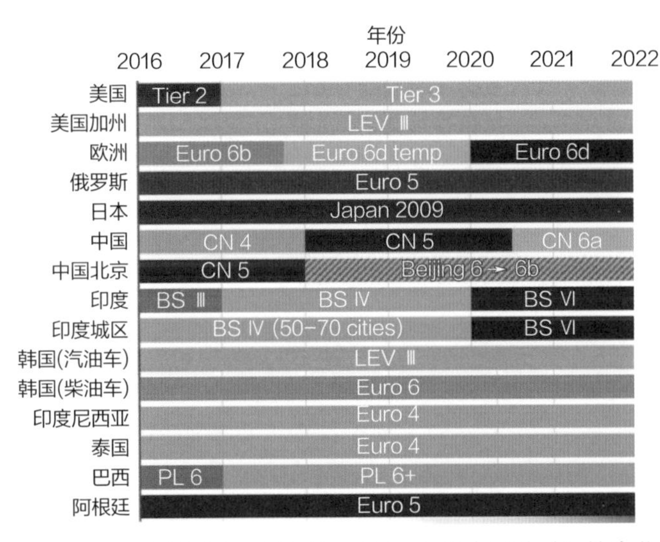

图1-10 部分国家和地区汽车尾气排放法规随时间的变化

目前，中国、美国、欧洲和日本所制定的系列法规是世界上最主要的汽车尾气排放法规体系，其他国家和地区则不同程度地采用或借鉴了上述几类排放法规体系。先进的汽车尾气排放标准包括了在多种条件下具体的测试要求。以“国Ⅵ”排放标准为例，新车型认证测试除了最主要的尾气管污染物常温冷启动排放测试（即“Ⅰ型试验”）外，还包括了实际道路排放测试（RDE）、曲轴箱排放测试、蒸发排放和加油排放测试，并对低温冷启动排放、车载诊断系统和排放控制耐久性有明确要求。对于安装添加反应剂或周期性再生的后处理系统和混合动力系统的车辆，该标准也提出了专门的测试范围说明。

图1-11展示了上述主要国家和地区轻型车尾气排放标准中四类主要污染物[CO、NMHC（甲烷以外的HC）、NO_x和PM，Ⅰ型试验]中的排放限

值。虽然各个国家和地区的尾气排放测试规程有所差异，但相对于无控制阶段，目前排放标准中的 CO、NO_x、HC 和 PM 排放限值分别加严了约 20 倍、50 倍、100 倍和 100 余倍。其中，美国的“Tier 3/LEV Ⅲ”排放标准（被认为是世界上最严格的轻型车辆排放标准之一）要求车辆在 15 万英里的耐久性要求下 NO_x 和 HC 总排放量低于 0.02 克 / 千米；中国的“国Ⅵ b”排放标准要求车辆在 20 万公里的耐久性要求下 NO_x 和 HC 总排放量低于 0.07 克 / 千米，分别相应地比两国 2016 年的限值水平降低约 80%。如果所有车辆都能满足目前的排放标准，那么由车辆尾气造成的污染将大幅度减小，空气质量将得到显著提高。

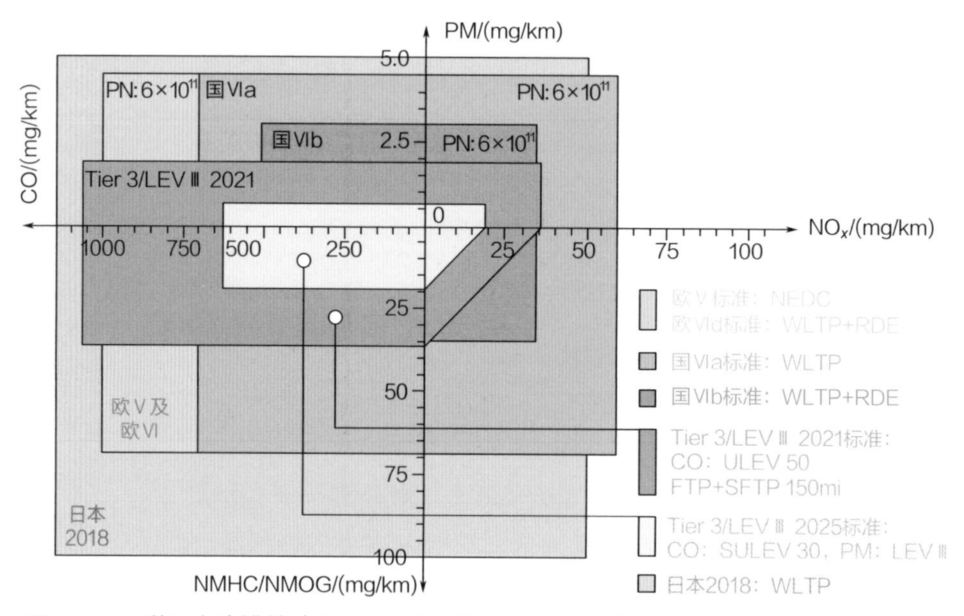

图 1-11 世界主流排放法规体系目前对轻型汽车四类典型尾气污染物［CO、NMHC（甲烷以外的 HC）、NO_x 和 PM］的排放限值及相应测试方法比较

汽车尾气排放法规与标准的制定是一个复杂的过程，要考虑技术可行性、成本、车辆及燃油特性、测试方法等。合适的标准既有利于大气环境的改善，又可推动相关技术的发展。中国的汽车尾气排放法规一直以来借鉴欧美标准，而不同国家和地区的具体国情可能有所不同，因此在讨论“中国采用何种排放标准才能客观代表国内道路实际情况”这一问题上仍然存在一些分歧。目前“国Ⅵ”标准中的部分条款还有待根据中国具体的道路排放情况进行修正，预计在不久的将来，还会有更新、更完善的尾气排放法规出台。

1.3.2 汽车尾气污染物控制技术简介

如前所述，1963 年起被用于控制汽车曲轴箱 HC 排放的 PCV 阀技术是推广最早的尾气污染物控制技术之一。然而，曲轴箱的 HC 排放仅占当时汽车 HC 排放总量的 1/3 左右，给新车加装 PCV 阀并不能完全解决汽车尾气排放导致的严重空气污染。美国加州地区的空气质量监测结果也显示，该地区在 1963—1974 年间臭氧峰值浓度都超过或接近 0.5ppm。所以，进一步着手治理汽车尾气管污染物排放成为贯穿 20 世纪 60 年代空气污染治理的一个焦点问题。当时提出的尾气管 HC 排放治理主要有两条技术路径：①应用燃烧效率更高的发动机来降低 HC 排放。这条技术路线发展为包含电控系统、精准进油 / 进气、涡轮增压、废气再循环等技术在内的“机内净化”系统；②在汽车尾气管上加装后燃烧装置，使得汽车尾气中的 HC 在排入大气前能够得到充分燃烧。这条技术路线逐渐发展为借助催化剂实现汽车尾气充分净化的“尾气后处理”系统。现代新型汽车一般都依靠这两个系统紧密配合实现尾气排放“达标”（图 1-12）。

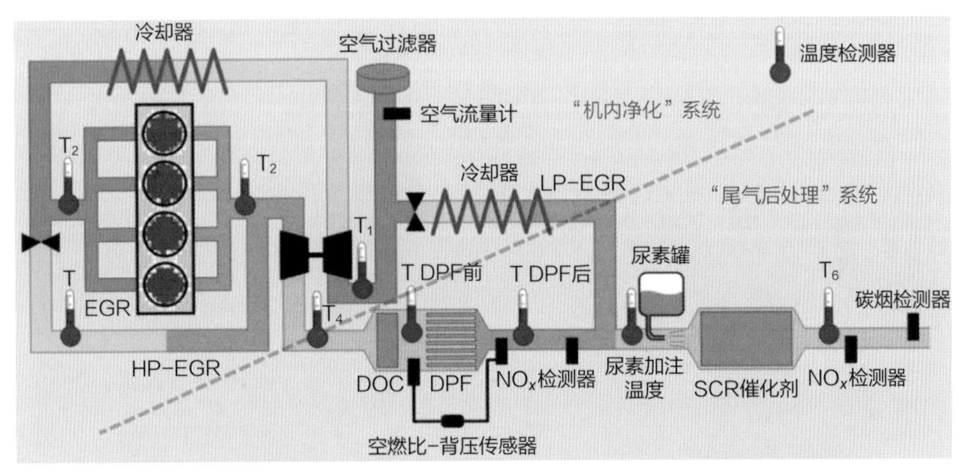

图 1-12 典型柴油车“机内净化”与“尾气后处理”系统联用示意图

(1)“机内净化”技术简介

“机内净化”是指从污染物的生成机理出发，改良发动机以实现精细化燃烧控制，进而抑制主要污染物的一系列技术。汽油发动机和柴油发动机由于燃烧方式不同，其采用的“机内净化”技术路线也存在很大差异。在过去的数十年间，汽油发动机技术最显著的变化是在燃油电控喷射基础上实现了包括电子点火、废气再循环、可变气门定时等在内的全面电控，特别是燃油电控喷射闭环控制与三效后处理催化器的结合，一直是现代汽油车尾气减排的核心技术。相对而言，柴油发动机的"机内净化"则呈现出技术多样性的特点，诸如电子控制技术、燃油高压喷射技术、可变截面涡轮增压器、先进的废气再循环技术等都在现代柴油车中有所应用。对"机内净化"系统的介绍详见本书第2章，此处仅对电控燃油喷射、废气再循环和涡轮增压这几类典型技术做简单梳理。

汽油机和柴油机基于类似的原理工作，它们也面临共同的基本问题，即如何有效地混合空气和燃料以实现充分燃烧。19世纪80年代出现的"化油器"技术为这个问题提供了初步答案。该技术基于文丘里效应，利用吸入空气流的动能实现燃油的雾化和油气均匀混合。在爱德华·巴特勒（Edward Butler）于1900年对其改进后，这种机械装置一直在汽油车供油系统中发挥关键作用。然而，1963年《清洁空气法》推行后，人们逐渐认识到无法精准控制空燃比的化油器技术不可能满足法案对HC排放的限值。此后，化油器开始被能带来更高燃油效率和更低排放的"电控燃油喷射"技术（EFI）所取代（图1-13）。首个相对成熟的EFI系统（D-Jetronic）于1967年搭载于大众1600TL车型，很快拓展至奔驰、保时捷、沃尔沃、丰田等品牌。1992年后，在欧洲已无法买到不加装EFI系统的新车了。于1995年问世的车载诊断Ⅱ（OBD-Ⅱ）技术为EFI系统填上了最后一块拼图，该技术可通过实时监测汽车的动力和排放控制系统来监控汽车的尾气状态，由此判断是否出现尾气排放超标。

借助EFI系统精准的空气/燃料递送，发动机可以尽可能减少由于燃料不充分燃烧导致的HC和CO排放。然而，充分的燃烧会使发动机保持极高的缸

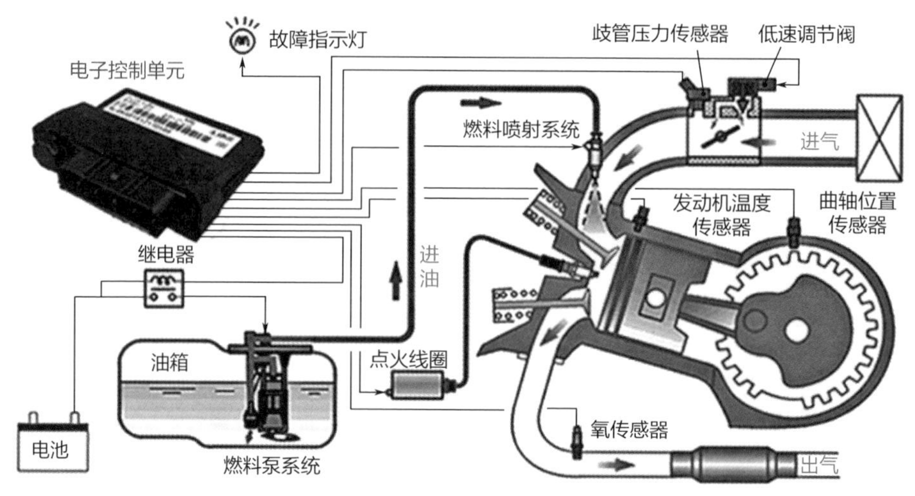

图1-13 典型的汽油车电控燃油喷射（EFI）系统示意图

内温度，进而催生大量 NO_x 污染物。随着1981年汽车 NO_x 排放限值的全面实施，废气再循环（EGR）技术开始登上历史舞台。如图1-14所示，废气再循环技术的基本原理是将一部分冷却后的发动机废气“送回”发动机气缸，从而在不改变空燃比的前提下降低缸内峰值温度。从1972年到20世纪80年代后期，EGR通常用于新生产的汽油车尾气 NO_x 控制。20世纪90年代，EGR技术被逐步引入柴油车，到2000年前后，该技术已在大部分重型柴油车中得到应用。值得一提的是，2010年后，EGR的应用又得到了进一步拓展——不是为了控制 NO_x 污染物，而是为了提高燃油经济性。人们发现EGR的合理利用可以减少泵送损失、提高燃烧效率、提高抗爆震性并减少对燃料浓缩的需求，因而将其与选择性催化还原（SCR）等后处理技术组合实现汽车 NO_x 超低排放。一个典型案例是2013年沃尔沃推出的D11和D13发动机，它们在载荷较低时利用EGR技术来控制机内产生的 NO_x，在发动机充分运转时则切换为依赖尿素SCR后处理系统。

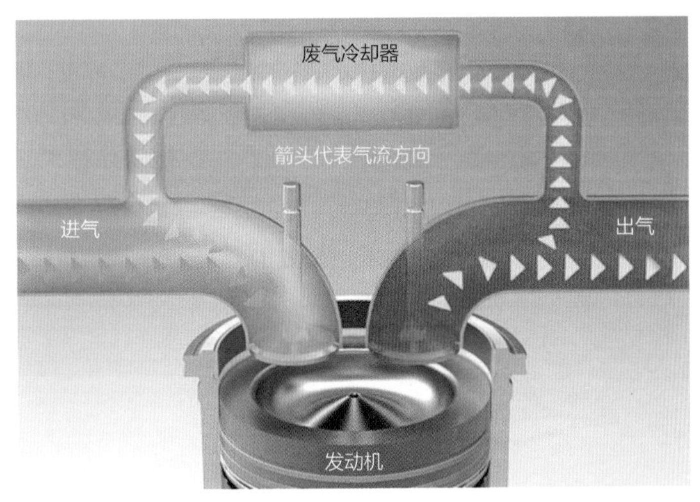

图1-14　废气再循环（EGR）系统工作原理示意图

除了像EFI、EGR这类旨在直接减排的技术以外，另一种间接减排的思路是提高发动机效率，在相同汽车里程下减少燃料消耗，进而从源头“遏制” CO_2 等燃烧产物的排放。这一技术路线的代表性产品是涡轮增压器，其一般由通过锻钢轴连接的两部分组成（图1-15）。当发动机运转时，热的尾气驱动涡轮机，由此传动压缩机叶轮高速旋转，吸入外界“冷”空气并将其压缩。压缩机外壳通过扩散过程将高速、低压气流转换为高压、低速气流。这些被强制注入发动机的“冷”压缩空气可在不牺牲峰值扭矩的前提下显著提升发动机输出功率，降低油耗。1962—1963 年，最早的涡轮增压乘用车——雪佛兰 Oldsmobile Jetfire 和 Corvair Monza Spyder 相继亮相北美，但强烈的振动和涡轮迟滞使这两款新车很快被市场抛弃。20 世纪 70 年代，涡轮增压技术在高性能赛车（尤其是一级方程式赛车）中得到不断改进，曝光度极高的赛车运动也将这一技术推广到大众熟悉的程度。第一辆成熟的涡轮增压柴油车梅赛德斯 - 奔驰 300SD 于 1978 年推出。由于具有较低的排放、较高的效率和类似于汽油车的驾驶性能，300SD 被广泛认为是一款“突破性”的汽车，其成功带动了涡轮增压技术在各类乘用车中的使用。2000 年后，涡轮增压的汽油车和柴油车都已经变得十分常见。除了提高发动机的功率外，现代涡轮增压技术的不断改进使得发动机可稳定运行在高度“稀燃”（超高空燃比）的状态下，这可大幅度减少发动机运行产生的 HC 和 CO 排放。

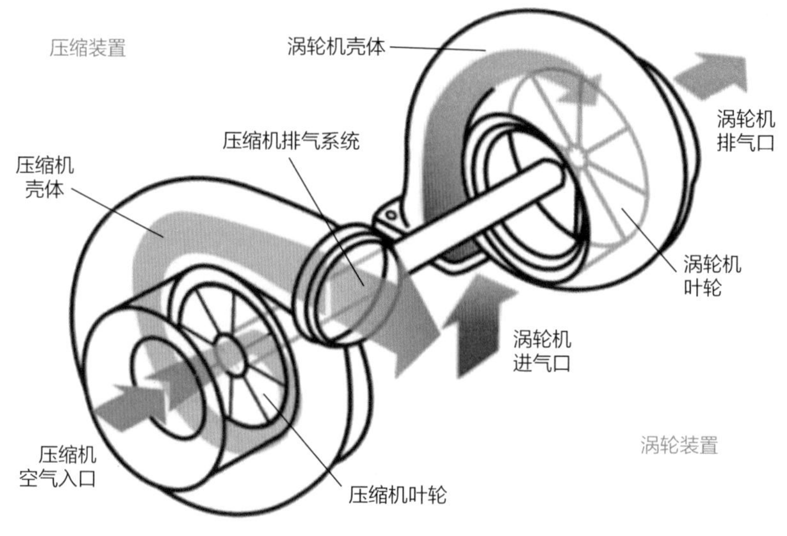

图 1-15　涡轮增压器工作原理示意图

（2）“尾气后处理”技术简介

汽油车与柴油车尾气成分存在很大差异（图 1-1），因此其后处理也采用截然不同的技术路线。汽油车的后处理技术主要是在三效催化转化技术的基础上不断发展，以满足日益严格的排放标准。2010 年后，汽油直喷式发动机开始流行，行业也开始关注汽油颗粒物过滤技术。柴油发动机由于自身技术复杂的特点，研究开发的后处理技术包括氧化催化技术、颗粒物过滤技术和 NO_x 净化技术等。重型和轻型柴油发动机的后处理技术路线往往有所区别，不同公司在对待同一机型时所选择的技术也存在分歧。但无论如何，催化转化器都是两类车型尾气后处理系统的核心，对其介绍详见本书第 3、4 章，此处仅对三效催化转化、颗粒物过滤和尿素选择性催化还原 NO_x 这几类典型技术做简单梳理。

尤金·霍德里是一位法国工程师，他在 1920—1930 年发展了给石油工业带来革命性变革的催化裂化技术。当洛杉矶光化学烟雾的早期研究结果公布后，霍德里开始关注汽车尾气在空气污染中的作用，并于 1956 年率先发明了用于去除汽车尾气中 CO 和 HC 排放的催化转化器。这种装置主要依靠含铂（Pt）和钯（Pd）的催化剂，在尾气温度下将 CO 和 HC 通过深度氧化的方式脱除（$CO + O_2 \longrightarrow CO_2$，$HC + O_2 \longrightarrow CO_2 + H_2O$）。

1970 年，美国韦恩州立大学、福特汽车公司和安格公司（2006 年被巴斯夫公司收购）合作发现，如果将汽油车尾气空燃比控制在 14.7 附近，则 CO、HC 的氧化反应与 NO_x 的还原反应有可能同时进行（$CO + HC + NO_x + O_2 \longrightarrow CO_2 + H_2O + N_2$）。基于此原理和早期的催化转化器原型，1974 年安格、沃尔沃和博世三家公司合作开发了能够同时控制 CO、HC 和 NO_x 排放的“三效催化转化器”（图 1-16）。与传统的铂 / 钯氧化型催化剂相比，三效催化剂引入了能够有效还原 NO_x 的铑（Rh）组分，进而可将 NO_x 排放控制在 0.2 克 / 英里以下。

1981 年后，三效催化技术在北美新车市场上得到了普遍使用，并且成为满足后来汽油车排放标准的标配技术。在此后的四十余年中，燃油电控喷射、无铅低硫汽油和催化剂灵活涂覆等技术的进步显著提高了三效催化转化器的催化

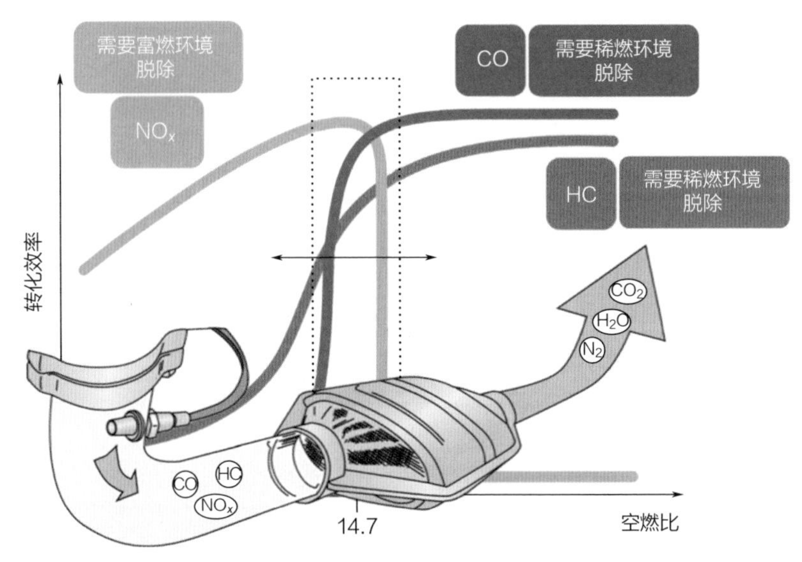

图 1-16　汽油车三效催化转化系统机理及效果示意图

效率、耐久性、热稳定性及抗中毒性等指标，使其成为各国汽油车尾气污染物排放标准能够持续加严的技术基础。

颗粒物（PM）常见于老式柴油车排放的“黑烟”，可能是汽车尾气污染物中最有辨识度的一种。目前，颗粒物过滤器是去除汽车尾气中PM最有效的手段。然而，由于1987年之前的排放法规均未对汽车尾气颗粒物排放进行限制，该技术直至20世纪80年代末期才在一些公交车上得到示范性应用，当时还存在过滤器堵塞、熔毁等多方面的问题。成熟的柴油颗粒物过滤（DPF）系统于1994年前后投入使用，代表性产品包括安格公司的DPX®系统和庄信万丰公司的CRT®系统。标致雪铁龙集团的PSA技术和丰田公司的DPNR技术随后于2000—2003年搭载不同车型上市。上述几类技术都有着共同的核心——壁流式陶瓷颗粒物过滤器。如图1-17所示，蜂窝状过滤器的相邻孔道两端交替堵孔，迫使尾气气流通过多孔的陶瓷壁面，PM即被捕集在壁面孔内以及入口壁面上，其捕集效率可达95%以上。PM一般不被认为是汽油机的主要污染物，但日本三菱公司1995年开发出的缸内直喷式汽油机（GDI）大幅提高了燃油经济性并减少了温室气体排放，已在世界范围内得到越来越多的应用。由于该技术的燃

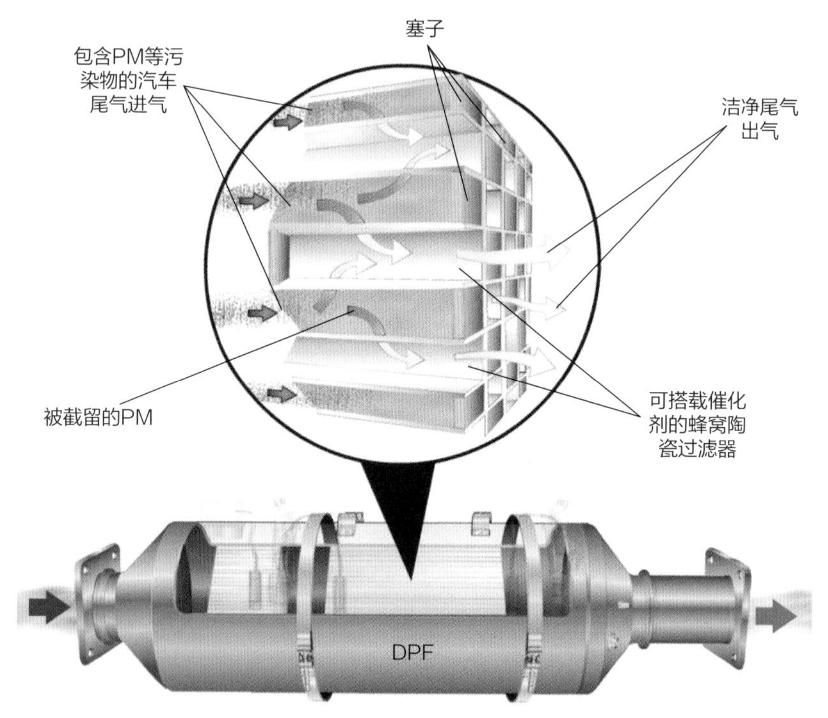

图1-17 柴油车颗粒物过滤器（DPF）工作原理及效果示意图

料混合方式与柴油机相仿，使得冷启动阶段PM的排放不可避免，因此2014年之后世界主流汽油车排放标准也加入了GDI发动机PM的排放限值。近年来，人们正尝试开发适用于汽油车PM减排的颗粒物过滤系统。

在早期排放法规对尾气NO_x要求不高时，大部分柴油车仅利用EGR技术即可“达标”。从2010年起，柴油车的排放标准大幅提高，仅靠EGR已不可能达到减排要求，必须引入适当的NO_x后处理技术。由于柴油车具有远高于汽油车的尾气氧含量（详见图1-1），必须提供额外的还原剂与NO_x反应。经研究发现，氨（NH_3，可由尿素分解获得）是柴油车尾气工况下理想的NO_x还原剂，将二者共同转化为氮气（$NH_3 + NO + O_2 \longrightarrow N_2 + H_2O$）的选择性催化还原技术（$NH_3$或尿素-SCR）也成为柴油车首选的$NO_x$净化手段。事实上，早在1957年安格公司即探索了这一技术路线，但当时仅尝试使用贵金属作为催化剂，发现NO_x净化效果不佳。1960—1970年，NH_3-SCR技术传入日本。日立造船、三菱、武田化工等公司开发了高效的V_2O_5/TiO_2催化剂用于火电厂烟气脱硝，这一配方演变为$V_2O_5/WO_3/TiO_2$并沿用至今。2008年后，人们发现汽车尾气的温度波动会导致含V_2O_5的催化剂在冷启动阶段失活，而在快速行驶时则产生毒性蒸气。因此，后续NH_3-SCR的研究和应用均转向综合性能更为优异的小孔菱沸石分子筛催化剂（图1-18）。以此为基础，世界范围内主流重型和轻型柴油车分别于2010年和2015年完成了NH_3-SCR技术的搭载。

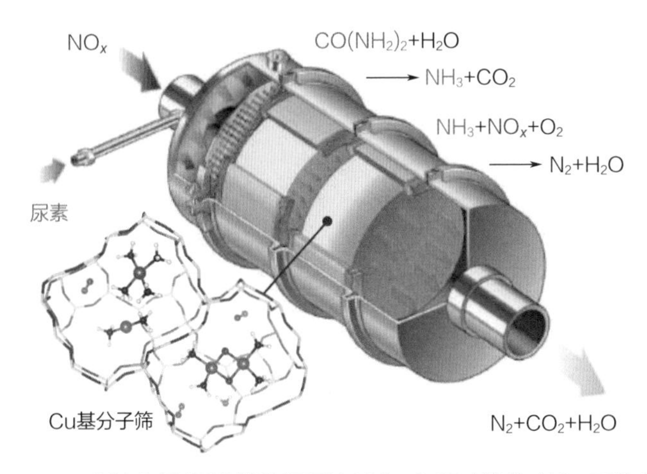

图1-18 柴油车选择性催化还原（NH_3-SCR）净化NO_x工作原理

参考文献

[1]中国移动源环境管理年报 2022[R] . 中华人民共和国生态环境部，2022.

[2]Kašpar J，Fornasiero P，Hickey N. Automotive Catalytic Converters：Current Status and Some Perspectives[J] . Catal. Today，2003，77：419-449.

[3]van Setten B A A L，Makkee M，Moulijn J A. Science and Technology of Catalytic Diesel Particulate Filters[J] . Catal. Rev.，2001，43：489-564.

[4]Thomson M，Mitra T. A Radical Approach to Soot Formation[J] . Science，2018，361：978-979.

[5]Schmitz T，Hassel D，Weber F. Determination of VOC-components in the Exhaust of Gasoline and Diesel Passenger Cars[J] . Atmos. Environ.，2000，34：4639-4647.

[6]Carslaw D C，Farren N J，Vaughan A R，et al. The Diminishing Importance of Nitrogen Dioxide Emissions from Road Vehicle Exhaust[J]. Atmos. Environ. X，2019，1：100002.

[7]Zhang R，Wang G，Guo S，et al. Formation of Urban Fine Particulate Matter[J]. Chem. Rev.，2015，115：3803-3855.

[8]Harrison R M，Hester R E. Environmental Impacts of Road Vehicles：Past，Present and Future[M] . London：Royal Society of Chemistry，2017.

[9]Gentner D R，Jathar S H，Gordon T D，et al. Review of Urban Secondary Organic Aerosol Formation from Gasoline and Diesel Motor Vehicle Emissions [J] . Environ. Sci. Technol.，2017，51：1074-1093.

[10]Huang R J，Zhang Y，Bozzetti C，et al. High Secondary Aerosol Contribution to Particulate Pollution during Haze Events in China[J] . Nature，2014，514：218-222.

[11]Mott J A，Wolfe M I，Alverson C J，et al. National Vehicle Emissions Policies and Practices and Declining US Carbon Monoxide–related Mortality[J] . Jama，2002，288：988-995.

[12]Sircar K，Clower J，Kyong Shin M，et al. Carbon Monoxide Poisoning Deaths

in the United States, 1999 to 2012 [J] . Am. J. Emerg. Med., 2015, 33: 1140-1145.

[13] Rose J J, Wang L, Xu Q, et al. Carbon Monoxide Poisoning : Pathogenesis, Management, and Future Directions of Therapy [J] . Am. J. Resp. Crit. Care, 2017, 195: 596-606.

[14] Liu C, Yin P, Chen R, et al. Ambient Carbon Monoxide and Cardiovascular Mortality : A Nationwide Time-series Analysis in 272 Cities in China [J] . Lancet Planet. Health, 2018, 2: e12-e18.

[15] Valavanidis A, Fiotakis K, Vlachogianni T. Airborne Particulate Matter and Human Health : Toxicological Assessment and Importance of Size and Composition of Particles for Oxidative Damage and Carcinogenic Mechanisms [J] . J. Environ. Sci. Heal. C, 2008, 26: 339-362.

[16] Wargo J, Wargo L, Alderman N. The Harmful Effects of Vehicle Exhaust : A Case for Policy Change [R] . Environment and Human Health, Inc, 2006.

[17] Kampa M, Castanas E. Human Health Effects of Air Pollution [J] . Environ. Pollut. 2008, 151: 362-367.

[18] Liu C, Chen R, Sera F, et al. Ambient Particulate Air Pollution and Daily Mortality in 652 Cities [J] . New Engl. J. Med., 2019, 381: 705-715.

[19] Heft-Neal S, Burney J, Bendavid E, et al. Robust Relationship between Air Quality and Infant Mortality in Africa [J] . Nature, 2018, 559: 254-258.

[20] Continental A G. Worldwide Emission Standards and Related Regulations [R]. CPT Group GmbH, 2019.

[21] 贺泓，翁端，资新运 . 柴油车尾气排放污染控制技术综述 [J] . 环境科学，2007，28：1169-1177.

[22] 张昭良，何洪，赵震 . 汽车尾气三效催化剂研究和应用40年 [J]. 环境化学，2021，40：1-8.

[23] Johnson T. Vehicular Emissions in Review [J] . SAE Int. J. Engines, 2014, 7: 1207-1227.

[24] Farrauto R J, Deeba M, Alerasool S. Gasoline Automobile Catalysis and Its Historical Journey to Cleaner Air [J] . Nat. Catal., 2019, 2: 603-613.

[25] Kalghatgi G T, Agarwal A K, Leach F, et al. Engines and Fuels for Future Transport[M] . Singapore : Springer Nature Singapore Pte Ltd., 2022.

[26] Karjalainen P, Rönkkö T, Simonen P, et al. Strategies to Diminish the Emissions of Particles and Secondary Aerosol Formation from Diesel Engines [J] . Environ. Sci. Technol., 2019, 53: 10408-10416.

第2章

机内净化——控制尾气污染物“产出”

“人类的创造力啊……至今竟还未能找到一种足以替代马匹的车辆动力……”一家法国报纸在1893年12月写下了这样的叹息。仿佛为了回应这个感慨，在第二年的7月，从巴黎到鲁昂的“无马力车”竞赛上，涌现出了使用蒸气、汽油、电力、压缩空气和液压的102辆参赛车，其中超过21辆完成了这126公里的竞赛。这一赛事吸引了无数观众，而最终的大赢家是——内燃机。从此往后的一百多年里，内燃机走上了能源工业的大舞台，在不断完善自身结构的同时深刻地改变了世界。目前，全球石油消费量在一次能源中占比超过三分之一，运输用内燃机则消耗了世界每天使用9650万桶原油的60%以上。由这些原油提炼的汽油和柴油为全球超过10亿辆汽车提供动力，由此也排放了大量包括CO_2在内的污染物。为了解决这些问题，世界各国均对汽车尾气排放进行了限制（详见第1章），国际能源署（IEA）更是制定了“2050年将世界范围内所有汽车的燃料使用量减少30%～50%”的远景路线图。多方数据表明，虽然面临电动、混合动力等技术的冲击，未来数十年内全球轻型汽车发动机仍将以内燃机为主，而中型和重型商用车所依赖的柴油发动机则缺少有足够竞争力的替代品。发动机和汽车工程研究人员在未来将持续优化汽油机与柴油机结构，由此最大限度地提高其效率并减少污染物排放，这也是所谓“机内净化”的要义所在。

2.1 汽油车机内净化技术

2.1.1 汽油喷射与点火系统优化

1885年，基于对自行车设计的爱好和经验，德国人卡尔·本茨推出了第一辆“奔驰专利汽车”（图2-1）。它具有三个钢丝轮，在后轮之间有一台他自己设计的四冲程发动机、一个震颤点火线圈和一根油绳（以类似油灯的方式）为发动机提供燃料。当奔驰汽车公司于1888年将其改进后推向市场，使其成为历史上第一款量产商用汽车时，其最高速度仅为16千米/时。经过不断改造，该车型在1897年巴黎-图维尔拉力赛中的平均速度达到45千米/时。到20世纪10年代，由燃油驱动的内燃机汽车已在世界汽车领域占据主导地位。

除了对发动机的调制外，“奔驰专利汽车”随后历经的主要改进均在其汽油注入和点火系统。事实上，早在1824年的实验中，美国人塞缪尔·莫雷（Samuel Morey）就发现与空气混合的松节油蒸气会变得可燃，并于两年

图 2-1　卡尔·本茨发明的第一款“奔驰专利汽车”

后推出了一种可以点燃燃油的双缸发动机，但该装置与现代发动机在原理上有很大不同。1875 年，德国人齐格弗里德·马库斯（Siegfried Marcus）推出了第一辆“由汽油发动机驱动的汽车”，该汽车使用了一种称为“雾化器”的设备，主要使用钢刷喷洒燃油液滴。1882 年，意大利的恩里科·贝尔纳迪（Enrico Bernardi）使用伯努利原理设计了第一个真正的“化油器”。如图 2-2 所示，该装置借助文丘里管中段狭窄区域增加的气体流速，降低气体压力，从而由侧管中吸入一定量的燃油。

1886 年，卡尔·本茨和当时奔驰汽车公司的竞争对手——由威廉·迈巴赫（Wilhelm Maybach）等人创立的戴姆勒汽车公司，各自独立开发了浮筒式化油器以取代供油速度过慢的“油绳式化油器”。这类化油器中有一个圆筒状的“浮子室”（图 2-3），以类似于抽水马桶水箱的工作方式连续补充被发动机消耗的燃油。不过，随着汽车速度不断提高，该装置的供油速度时常跟不上发动机的油耗需求。1887 年，英国发明家爱德华·巴特勒（Edward Butler）在他的三轮车上使用了第一台现代化油器，借此提出了能够快速喷油的针阀装置，该

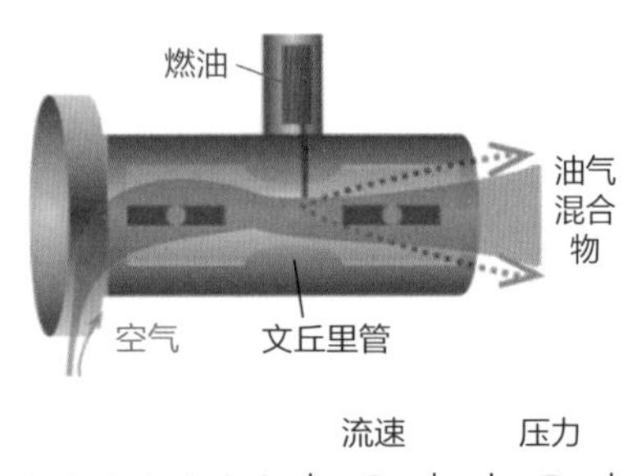

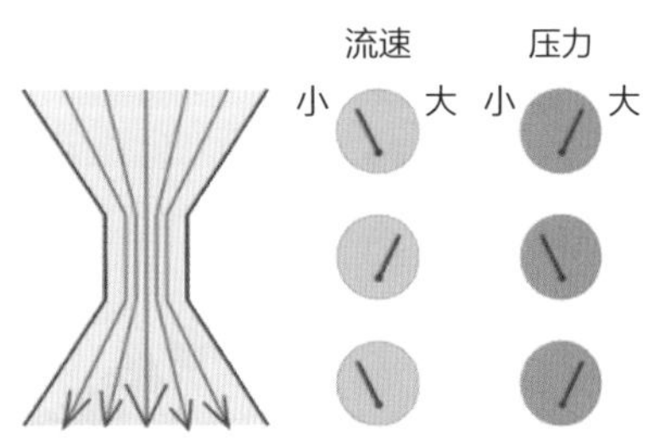

图 2-2　现代化油器燃油吸入原理（与建筑物间风哨原理相同）示意图

设计于 1896 年被戴姆勒汽车公司融入浮筒式化油器中，使之商业化。1900 年，巴特勒又将贝尔纳迪早期提出的文丘里管系统（图 2-2）纳入浮筒式化油器，给该领域带来了一次真正的革命。根据此项设计制造的化油器继续发展到 20 世纪 20 年代，期间只改进了少量细节，典型的品牌包括“ZENITH”“SOLEX”和“PALLAS”等。此后，现代化油器被广泛用于各类汽车发动机系统，一直沿用到 20 世纪 90 年代初。为了尽量使化油器与越来越强劲的发动机相匹配，每个发动机均配有多个为之供油的化油器系统。

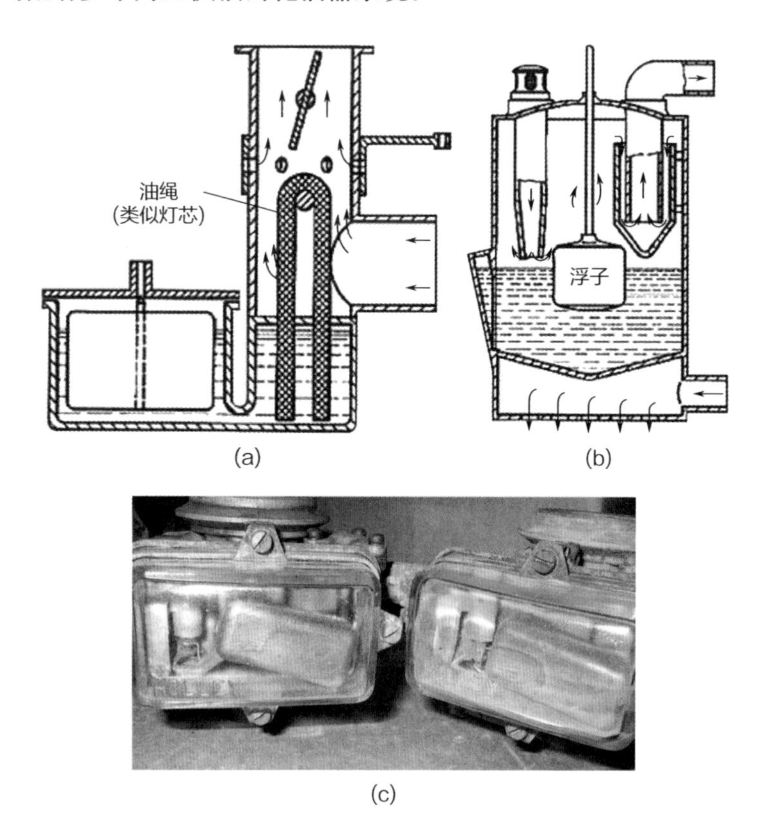

图 2-3　早期的油绳（灯芯）式化油器（a）、浮筒（表面）式化油器（b），以及优化后的浮筒式化油器实物图（c）

在化油器时代，一般利用节气门上方文丘里管产生的真空将燃油从浮子室中连续吸出，令其与空气形成油气混合物，由此也产生了精度和稳定性方面的诸多问题。一方面，被吸出的燃油需要经过节气门和进气歧管，难免会有一部分沾在节气门和歧管壁上，难以实现对燃油加注量的精确控制；另一方面，文丘里管基于伯努利原理运行，对于空气温度等条件的要求较高，气温较低时严重影响燃油和空气的混合。这两方面的问题均与空燃比密切相关，且难以通过优化化油器结构而改善。因此，使用化油器的汽车时常出现燃油不充分燃烧和污染物超量排放等现象。这在汽车发展的早期不是问题，但1963年《清洁空气法》推行后，各国政府均开始加强对汽车尾气排放的限制，化油器的劣势就开始显现，逐步被同领域的后起之秀——汽油喷射技术所取代。

20世纪30年代，在化油器应用的“黄金时期”，由瑞典工程师乔纳斯·赫塞尔曼（Jonas Hesselman）发明的直喷式汽油机（准确地说，这是一种介于汽油机和柴油机之间的混合发动机）刚刚开始在飞机中得到应用。由于燃油喷射系统不像化油器那样依赖重力，搭载前者的飞机可以进行更灵活的操控，实现诸如翻转飞行、高速转向等技术动作。体现这一优势最著名的案例发生在第二次世界大战的英国上空，英国空军最先进的喷火战斗机（Supermarine Spitfire）和飓风战斗机（Hawker Hurricane）在与德国空军的梅塞施米特式战斗机（Messerschmitt Bf109）的混战中吃了败仗。其主要原因在于英国战机均搭载由化油器供油的劳斯莱斯 - 梅林发动机，导致战斗机高负重、快速机动时燃油供应中断，但德国战斗机上的戴姆勒 - 奔驰601V12汽油直喷式发动机（图2-4）则没有遇到这个问题。

图2-4　奔驰汽车公司于1939年开发的汽油直喷式航空发动机（总长2.15米）

直到第二次世界大战结束，汽油喷射技术才逐渐由军用转向民用，被应用到汽车发动机上。20世纪40年代，赛车手开始尝试利用机械喷油装置提高赛车的耐力和速度。1952—1954年，名不见经传的宝沃公司在其“Gutbrod Superior 600”和“Goliath GP 700”车型上进行了首次燃油喷射尝试，所用的发动机由博世公司提供，基本是柴油机的改造版。1954年，梅赛德斯 - 奔驰一级方程式车队为其“银箭”W196赛车安装了与德国空军梅塞施米特式战斗机同款汽油喷射发动机，使其产生了 257 马力[1] 的功率——这在当时是一个相当惊人的数值。1955 年生产的梅赛德斯 - 奔驰 300SL 是第一款采用现代汽油直喷技术（机械直列泵）的乘用车，也是当时世界上最快的汽车。20 世纪 60 年代，保时捷、标致、奥迪、宝马、阿斯顿马丁、凯旋和大众等公司均开始配备机械燃油喷射发动机，不过大部分汽车制造商选择了技术更简单、生产成本更低、发动机寿命更长的“歧管喷射（即间接喷射，最早由美国通用汽车公司搭载于雪佛兰车型推出）”而非奔驰的“燃油直喷”设计（图 2-5）。在此期间，《清洁空气法》的推行使人们更加注重对燃油喷射量和喷射时机的精准控制，它们均与发动机尾气污染物的产生密切相关。但机械燃油喷射系统的调控精度已达到极限，很难应对由于发动机模式变换（例如怠速或全速运转）和缸内温度变化（例如冷启动或高温）导致的供油波动。这些问题推动了电子燃油喷射系统（EFI）的开发和应用。

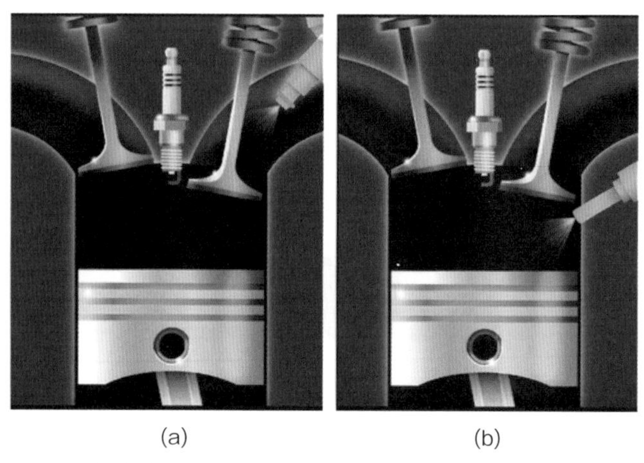

(a)　　　　　　(b)

图 2-5　歧管喷射（a）与燃油直喷（b）发动机结构对比示意图

本迪克斯（Bendix）是一家已被霍尼韦尔收购的美国公司，其于 1957 年为美国汽车公司（AMC）的几款车型提供了史上首个 EFI 系统“Electrojector”。事实证明，Electrojector 非常“喜怒无常”，其在温暖的天气中运行良好，但在较冷的温度下难以启动。到 1958 年，美国汽车公司解决了 Electrojector 的一些问题，使其成功搭载于克莱斯勒公司推出的 300D、DeSoto Adventurer、道奇 D-500 和 Plymouth Fury 等车型。这些车型的汽车也被认为是第一批电子燃油喷射汽车。然而，由于早期的 EFI 组件故障率过高，克莱斯勒最终只生产了 35 辆电子燃油喷射汽车，且其中大多数包含经过改装的化油器系统。Electrojector 专利随后被

[1] 1 马力 =735.499 瓦。

出售给博世公司，后者于 1967 年推出了相对成熟的“D-Jetronic”系统（图 2-6）。该系统使用发动机转速和进气歧管空气密度来计算“空气质量”流量，从而计算燃料需求，其在大众、奔驰、保时捷、雪铁龙、沃尔沃和其他汽车上的成功应用被普遍认为是 EFI 在商业上的重要突破。1973 年，博世公司推出了新一代“L-Jetronic”和“K-Jetronic”多点喷射系统，后者于 1976 年又加装了氧传感装置，以更好地控制尾气空燃比，使下游的三效催化净化器有效运作（见 3.1.1 节）。同时，丰田、日产和三菱等日本汽车制造商也开始提供配备 EFI 的汽车。

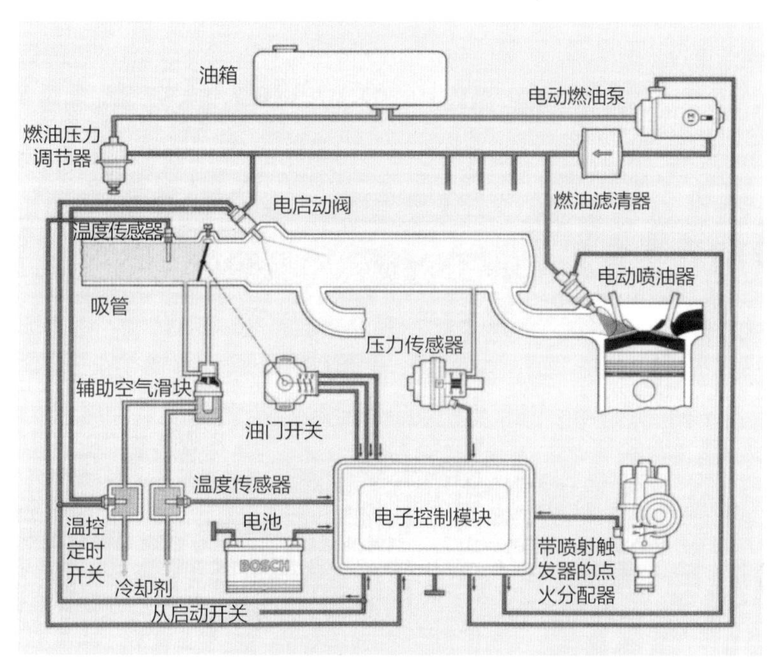

图 2-6　博世公司推出的 D-Jetronic 燃油喷射系统

值得一提的是，博世公司取得巨大成功的“Jetronic”系列燃油喷射系统直至 1979 年才具有充分整合的电子控制单元（ECU）“Bosch Motronic”，该模块随后被更实用的“EEC- Ⅲ”（美国摩托罗拉公司开发）所取代。到 20 世纪 80 年代中期，为了满足排放法规要求并提升汽车驾驶性能，大部分汽车制造商均开始停用化油器，转用 EFI 系统。1992 年后，在欧洲已无法买到不加装 EFI 系统的新车了。1995 年，传统的电控系统进一步升级为车载诊断 Ⅱ（OBD- Ⅱ）技术，这种一直沿用到现在的技术可将发动机所有状态（点火、正时、冷却、燃料输送）结合到计算机控制的操作中，使发动机能够以最少的燃料产生最大的功率，并尽可能降低尾气排放。同一时期，整个汽油车发动机产业开始重新启用早期出现，后因为技术问题而没有普及的“燃油直喷式（GDI）”构型（图2-5）。与当时流行的歧管（间接）喷射系统相比，GDI 发动机能够在更稀燃的状态下运转（类似于柴油发动机的燃烧模式），进而有效提高了汽车动力，大幅降低了油耗和 NO_x 等污染物的排放（图 2-7）。第一款乘用车共轨汽油直喷系统由日本三菱汽车公司于 1995 年推出，迅速在日本汽车市场一炮走红。随后该系统被丰田、雷诺、大众、宝马等汽车公司广泛采用，使其在 2016 年占据了约 2/3 的欧洲新车市场。截至 2018 年，配备 GDI 发动机的汽油车在世界范围内占比已超过 50%，目前这一比例还在快速增长中。需要注意的是，GDI 发动机会像柴油机那样产生一定量的 PM 污染物。除了充分优化喷射模式外，这

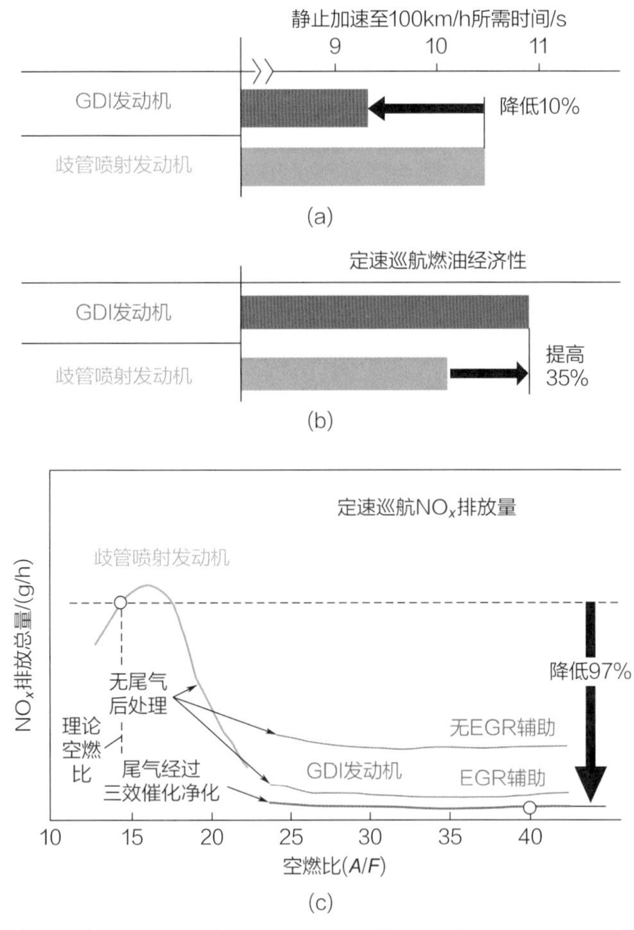

图 2-7 与歧管（间接）喷射系统相比，GDI（燃油直喷）系统在动力（a）、油耗（b）以及 NO_x 减排（c）方面的优势

个问题还需要进一步升级尾气后处理系统来解决（详见 3.1.3 节）。

几十年来，与燃油喷射系统同步发展的汽油车点火系统在设计上已经彻底改变，但其基本工作原理——将点火线圈充满电荷，再通过火花塞释放电荷，点燃燃油——从未变化。第一辆“奔驰专利汽车”的震颤点火线圈主要利用接触断路器（或称震颤器）原理生成电弧（图 2-8）。震颤点火线圈的问题在于其会在整个燃烧冲程中持续产生火花，这妨碍了汽车的高速运行，还使得触点容易烧损。在 1886 年进行实车测试时，本茨差不多每行驶 10 公里就需要更换受损的点火线圈。随着时间推移，震颤线圈的市场份额首先被博世公司开发的“磁电机”蚕食，之后又被查尔斯·凯特林（Charles F. Kettering）发明的“电池点火系统”彻底挤占。后者使用铅酸电池向点火线圈供电，并利用“分配器”将电流按需分配到各个火花塞完成点火。在 1910 年搭载于通用公司的凯迪拉克车型推出后，该系统很快就成为最主流的汽油车点火系统。20 世纪 70 年代，新出现的“电子点火（EI）”系统使用晶体管点火器等装置取代了机械断路器，实现了更灵敏、更精准的点火控制。20 世纪 80 年代，人们将 EI 与电控燃油喷射（EFI）系统整合，由 ECU 一并控制。机械分配器大约在 20 世纪 90 年代被传感

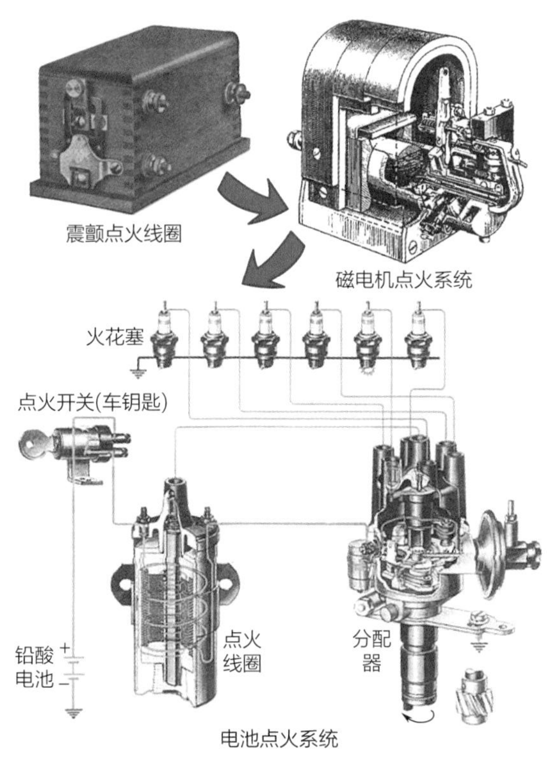

图 2-8　汽油车点火系统的早期演变过程

器组所取代，这种现代的“无分配器点火系统”可以生成远强于传统 EI 系统能够产生的电火花。

汽油车点火系统的演变在两个层面上推动了发动机减排。一方面，20 世纪 70 年代后，为了满足较低的排放标准，很多汽车制造商被迫将乘用车和轻型卡车发动机设计成更多地进行稀燃运行（即图 2-9 中 λ 超过 1，详见 2.1.2 节）。传统的断路器点火系统输出电压一般很难超过 2 万伏，不能有效点燃这种稀薄的油气混合物。EI 系统（以及随后的无分配器点火系统）的出现使汽车工程师能

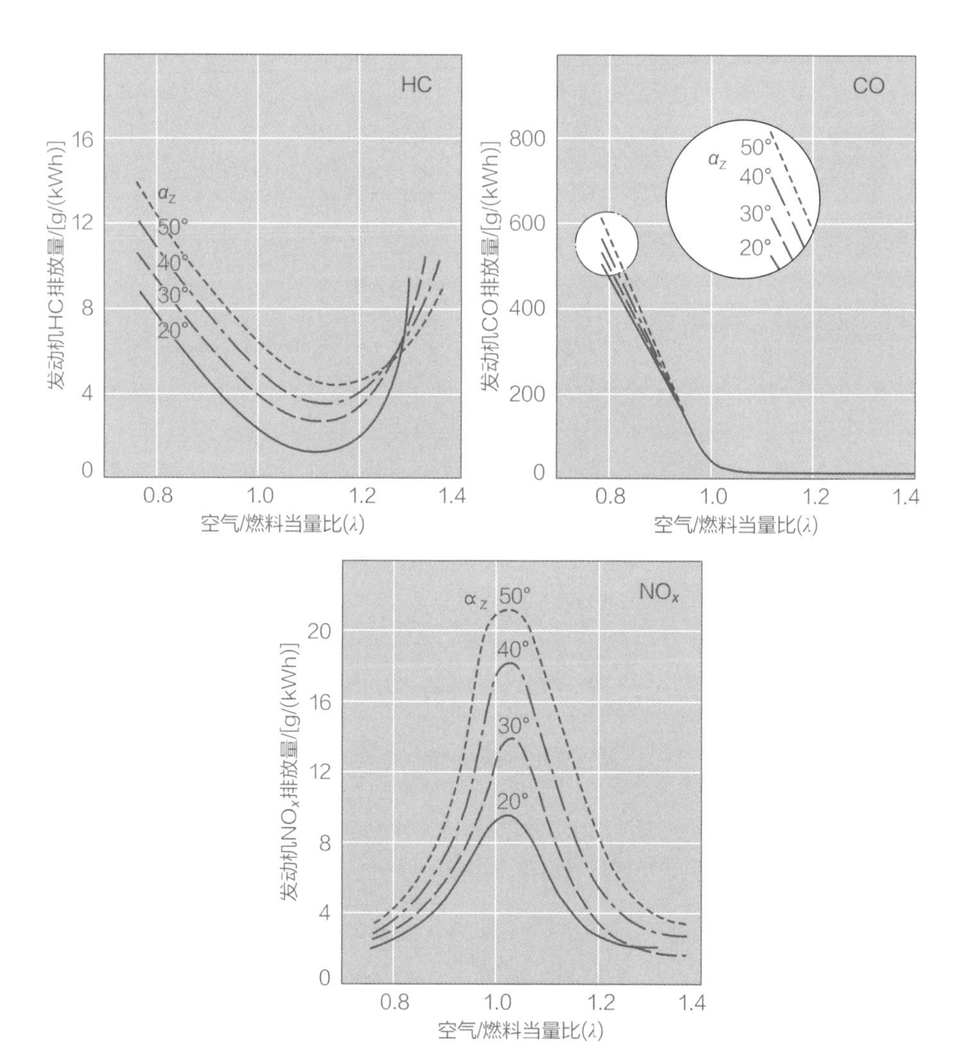

图 2-9 空气 / 燃料当量比和点火正时对汽油发动机尾气污染物含量的影响（点火提前角 α_z 较大说明点火时机较早，反之则较晚）

够重新设计点火组件以产生更高的电压，在晶体管点火器和传感器组等装置的辅助下，这些新系统的点火电压可以轻易超过4万伏，充分满足稀燃发动机的点火需要；另一方面，现代电控装置使得点火时机（即所谓“点火正时”）变得越来越精准可控。如图2-9所示，配合具体的λ值，在适当的时刻点火可将汽油发动机CO、HC和NO_x的排放量降到最低。这对于无法精准调控正时的传统机械式点火系统（例如震颤线圈）而言是一个不可能完成的任务。

2.1.2 汽油燃烧系统优化

汽油机中的燃烧过程可分为两大类（图2-10）：均质燃烧和分层燃烧。“均质燃烧”指汽油与空气在被点燃前已形成具有化学计量空燃比（$A/F = 14.7$或$\lambda = 1$）的均匀油气混合物。这是人们为了实现汽油车尾气减排，在设计传统歧管（间接）喷射系统时力争实现的目标，也是汽油发动机与下游的三效催化系统实现联动，由此彻底净化CO、HC和NO_x等污染物的技术基础（详见3.1.1及4.2.3节）。“分层燃烧”在GDI发动机中较为常见，即油气混合物在点燃前靠近火花塞处燃料浓度较高，远离火花塞处燃料浓度较低，总体空燃比（A/F）可达20～25甚至更高。这种燃烧模式较为接近柴油车的稀燃状态，可以有效提高汽油发动机效率，降低燃油消耗和温室气体（主要是CO_2）排放。

事实上，借助先进的电控系统，现代GDI发动机的燃烧模式可以随着发动机转速及载荷实时改变。如图2-11所示，分层燃烧模式一般在发动机低负载和

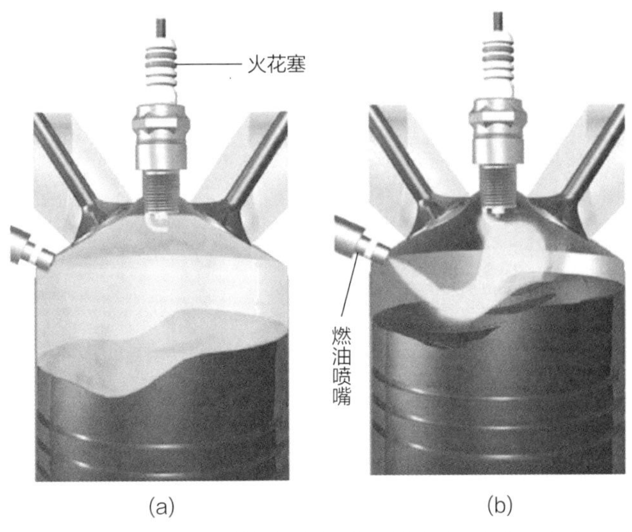

图2-10　汽油发动机均质燃烧（a）与分层燃烧（b）模式点火前状态比较

低转速时（例如冷启动阶段）启用，以此降低油耗和污染物排放（图 2-9）。由于稀燃状态下尾气 O_2 过量，CO 和 HC 较少，三效催化系统无法净化 NO_x，电控单元会主动开启 EGR 系统以求将大多数 NO_x 在发动机内部“消化”。对于不能机内净化的 NO_x，一般需要借助 LNT 等后处理技术才能实现尾气脱硝（详见 3.2.3 节）。反之，当汽车处于加速、满载和 / 或发动机高转速时，缸内湍流的存在使得分层燃烧不能持续，此时 GDI 发动机旋即转入均质燃烧模式。在理论空燃比状态下，三效催化装置可以有效净化尾气中的 CO、HC 和 NO_x，因此无须激活 EGR 系统。在上述两种燃烧模式之间的过渡区域，通常进行双喷射（进气冲程主喷射 + 压缩冲程二次喷射）以减少 PM 排放。需要注意的是，当发动机转速低、负荷高时，燃料燃烧时间长，缸内温度高，这些因素可能诱发发动机爆震（详见 4.1.1 节）。此时需通过双喷射和调整点火正时以防止爆震。

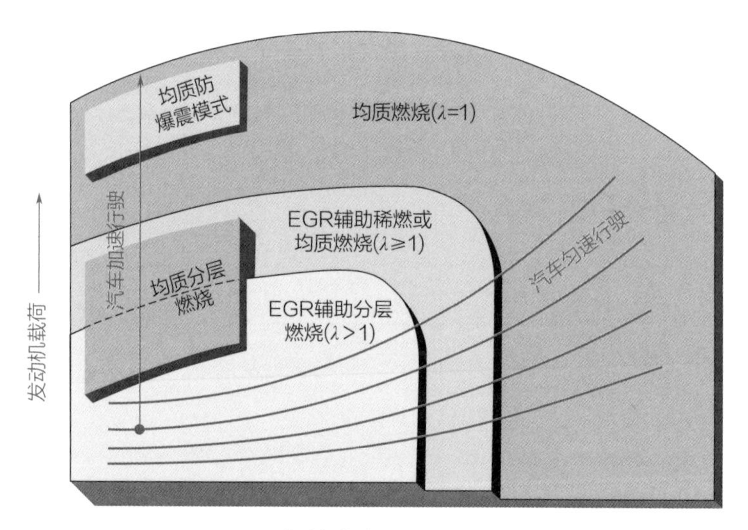

图 2-11　GDI 发动机的运行模式随转速及载荷转变示意图

从原理上讲，均质燃烧产生的过程较为简单，给予汽油蒸气和空气足够的时间进行混合即可。分层燃烧则需要在较高的喷油压力下，借助“壁面 / 气流引导”或“喷雾引导”精确地调控才能产生（图 2-12）。早期的 GDI 发动机均采用壁面 / 气流引导，即利用活塞顶部的凹槽直接碰撞高压燃料流（50 ～ 100 巴[1]），或利用燃烧室中的（旋转运动或上下翻滚的）气流将燃料间接“托送”至火花塞。这类系统的普遍问题在于：①活塞顶部一直存在残留的燃料，进而在

[1] 1 巴（bar）=1 × 10^5 帕（Pa）。

发动机运行过程中（尤其是冷启动阶段）产生额外的 HC 污染物排放；②在汽车变速（即活塞运动模式改变）时难以协调燃油喷射和点火正时，继而影响了发动机效率。

为了解决这些问题，宝马和奔驰等汽车公司于 2006 年推出了喷雾引导 GDI 系统。如图 2-12 所示，该系统的火花塞紧贴燃油喷嘴，使得油气在有限的时间内混合，因此与壁面 / 气流引导相比需要更高的喷油压力（约 200 巴）、更精准的燃油喷射和点火正时，但能够最大幅度地抑制发动机 HC 排放并提高燃油经济性。目前大多数 GDI 发动机均采用喷雾引导模式实现分层燃烧。

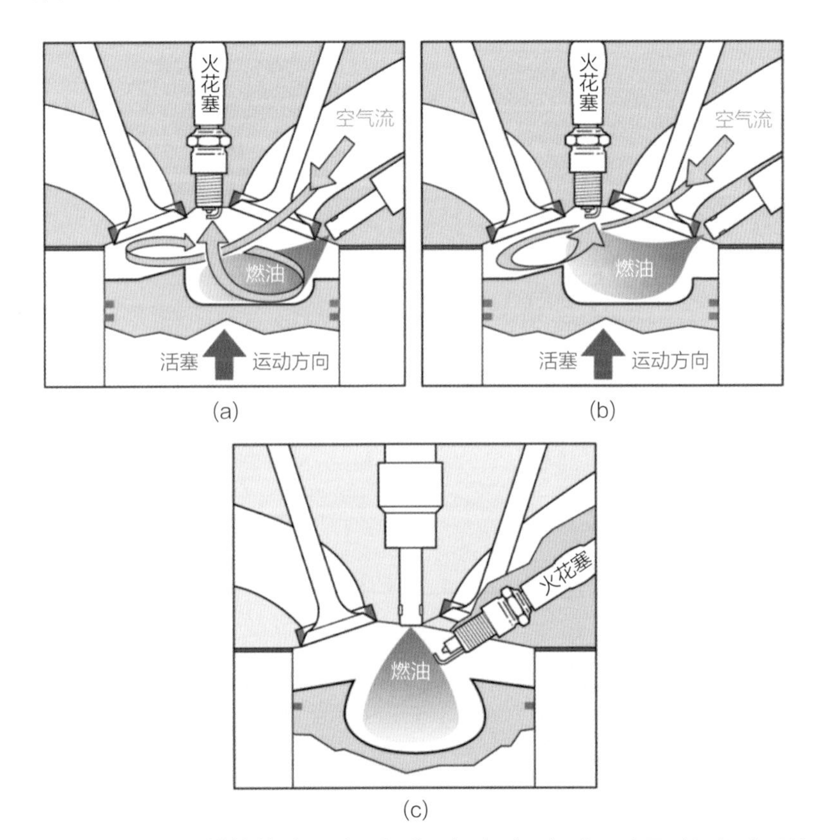

图 2-12　用于造成分层燃烧的壁面引导（a）、气流引导（b）及喷雾引导（c）系统示意图

喷射正时一般被认为是影响喷雾引导 GDI 系统燃烧特性和排放最重要的操作参数。如图 2-13 所示，如果燃料喷射时间过早，则会与空气形成较为稀薄的均质混合物。这种混合物不易被有效点燃，也很难充分燃烧（燃烧火焰不显色，或呈现暗淡的蓝色），导致较低的发动机效率和较高的 HC 排放（即所谓“过度混合效应”）。反之，如果喷射时间太迟，则在点火前留给燃料和空气混合的时间过短，被点燃的将会是“混合不足”的分层油气混合物。这类混合物存在严重分离的富燃区域和稀燃区域，富燃的油气混合物点火后可能由于氧气供应不足，在明亮的橙色火光中产生大量烟尘；稀燃的油气混合物则由于浓度过低难以被点燃，最终可能转变为 HC 污染物排放。此外，受到变化的燃烧相位影响，喷射时机越早则发动机 NO_x 排量就越大、指示平均有效压力就越小。可见，为了兼顾 GDI 发动机效率（保证燃油充分燃烧）和 HC、NO_x 等污染物减排，必须精确地控制汽油喷射正时，这对于如今先进的 GDI 电控系统而言是不难实现的。

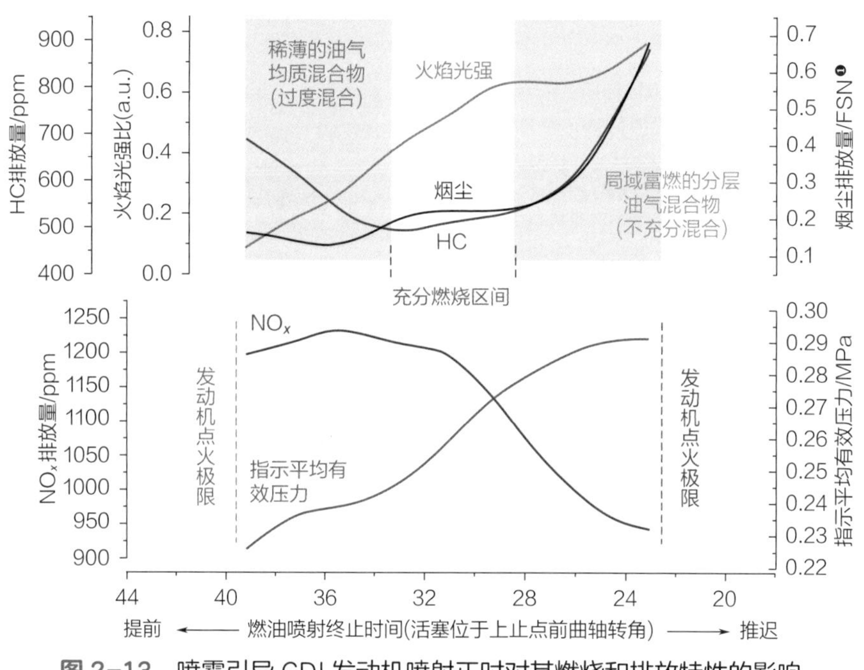

图 2-13　喷雾引导 GDI 发动机喷射正时对其燃烧和排放特性的影响

GDI 汽油车绝大多数尾气排放均在其冷启动阶段产生。此时，除了需降低发动机自身的排放外，还可能需要喷入额外的燃油以快速提升尾气温度，由此满足下游尾气后处理系统（主要是三效催化装置，见 3.1.2 节）的需要。如图 2-14 所示，若采用传统喷油方式，则大量燃油深入喷进燃烧室，可能出现燃油流撞击活塞，在其表面成膜的现象（类似于壁面 / 气流引导造成的结果）。为了解决该问题，现代喷雾引导 GDI 发动机一般采用少量、多次的喷油模式，尽

❶ 1FSN 为 25℃、1bar 下，有效烟柱长度为 405mm 时滤纸式烟度。

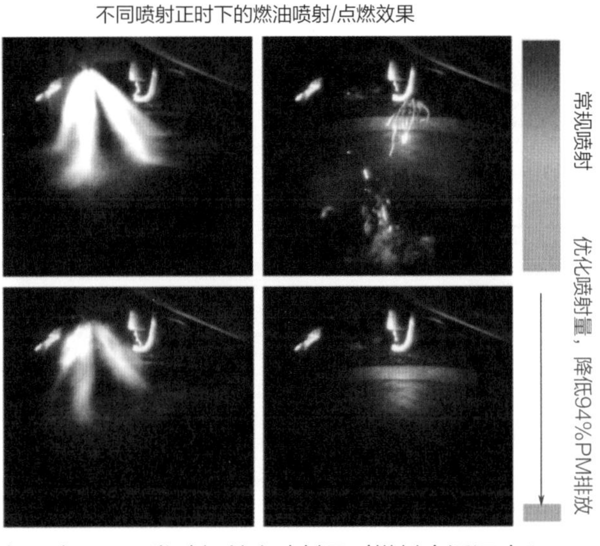

图 2-14 喷雾引导 GDI 发动机单次喷射量对燃料穿透深度和 PM 排放的影响

可能降低燃油喷雾的穿透力，使活塞顶部保持清洁。宝马等汽车公司在 21 世纪 10 年代的研究结果表明，经过充分优化的燃油喷射模式可大幅降低 GDI 发动机 PM（减少 94%）与 HC（减少 57%）排放，同时缩短下游催化系统达到起活温度所需的时间，最大程度降低冷启动阶段尾气污染物排放。

目前，很多汽车制造商正在探索令 GDI 发动机运行于高度稀燃（$A/F>30$）状态的工艺，以尽可能提高发动机效率。例如，丰田公司的 45% 热效率技术解决方案提到了稀燃技术；日产公司的“e-Power”发动机利用稀薄燃烧作为关键技术之一，预期可实现 50% 的热效率；日本 SIP 联盟采用稀薄燃烧、隔热涂层等技术，有望将热效率进一步提高至 51.5%（对先进燃烧工艺更详细的介绍见 2.2.2 和 2.3 节）。由于传统的电火花塞很难将这些高度稀薄的燃料点燃，各类新型的点火方案（如激光点火、微波点火等）应运而生。在未来，这些新技术有望进一步改善现有汽油发动机的功率和排放，使其变得更加清洁高效。

2.1.3 汽油机气路系统优化

如前文所述，当 GDI 发动机处于稀燃（如 $\lambda > 1.4$）状态时，虽然其产生的 NO_x 总量远小于化学计量燃烧（$\lambda = 1$，对比数据见图 2-7 及图 2-9），但由于尾气 O_2 浓度过高，三效催化系统无法有效净化这些 NO_x（图 2-15，详见 3.1.1 及 4.2.3 节）。因此，必须有适当的机内净化技术避免 NO_x 进入排气管。

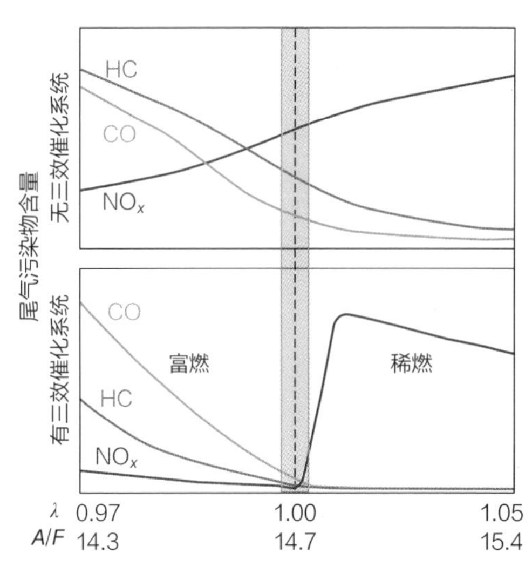

图 2-15 空燃比与三效催化系统对汽油车尾气污染物含量的影响

废气再循环技术（EGR，准确地说是“外部 EGR”）是迄今为止最有效的机内 NO_x 净化技术。如图 2-16 所示，汽油车尾气中污染物所占比例远小于水（H_2O）和二氧化碳（CO_2）。如能将部分尾气“返送”回发动机气缸，则大量的 N_2 可稀释缸内反应气体，减慢燃烧速度；高比热容的 H_2O 和 CO_2 升温会吸收较多的热量，进而更有效地降低缸内峰值温度，由此抑制 NO_x 的产生和排放。虽然早在 1940 年就有报道说明了 EGR 的 NO_x 减排潜力，但其具体效果直至 20 世纪 60 年代才在汽油发动机中得到实验验证。在 1970—1980 年间，EGR 开始被用于轻型汽油车 NO_x 减排，随后又被引入柴油车。2002 年底，在北美市场大规模推出的重型柴油发动机冷却 EGR 引起了人们对该技术的广泛关注。2010 年后，随着 GDI 发动机在汽油车中的普及，使 EGR 与 GDI 系统适配成为相关领域最重要的研究方向，其成功也促进了现代 GDI 系统的快速发展。

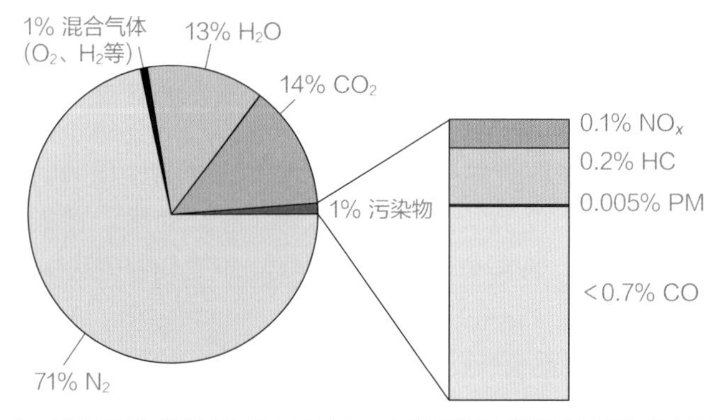

图 2-16 运行于化学计量状态下（$\lambda=1$）的汽油发动机所产生的尾气成分

EGR 率定义为总气体质量中排放到发动机中的废气百分比。例如，33% 的 EGR 率意味着进入气缸的气体中有三分之一实际上是废气，67% 是新鲜空气。显然，EGR 率是影响废气再循环综合效果最核心的系统参数。如图 2-17 所示，运行在较高的 EGR 率下的 GDI 发动机可以排放更少量的 NO_x，这在发动机冷启动、采用分层燃烧模式时至关重要（详见图 2-11）。然而，过多的废气进入气缸会减少氧浓度，使得燃烧稳定性和燃烧速度下降，进而降低扭矩输出（增加汽车油耗）并导致更多的 HC 排放。因此，常见的汽油发动机一般不会采用超过 20% 的 EGR 率。相比之下，充分稀燃的柴油车可以采用较高的 EGR 率。例如，配备固定截面涡轮增压器的涡轮增压柴油发动机可以将高达 45% ～ 50% 的废气再循环回气缸，而不会对燃料消耗和其他污染物排放产生明显影响（详见 2.2.3 节）。

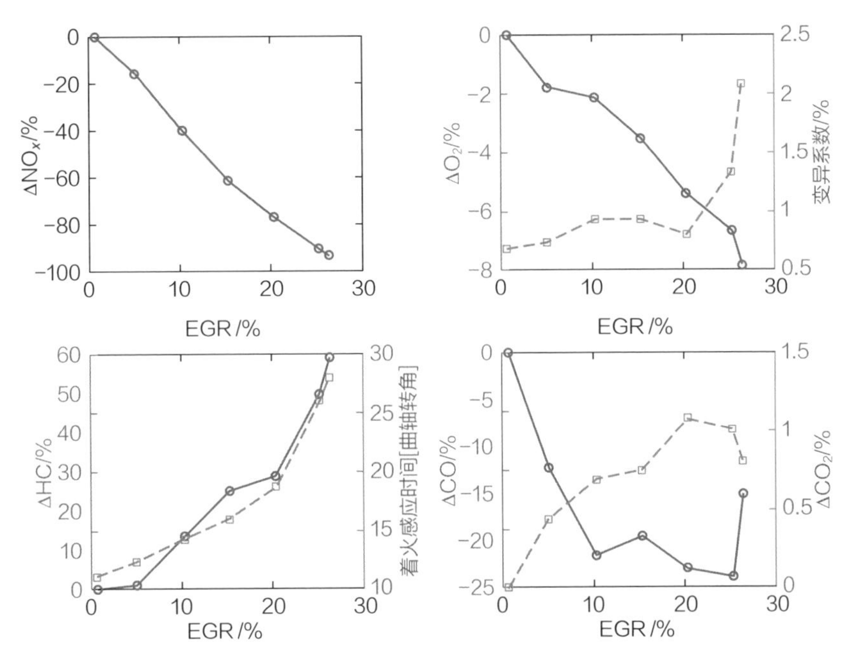

图 2-17 EGR 率对几种典型汽油车尾气成分的影响

在实际应用中，EGR 系统往往与增压系统联动，用后者带来的发动机功率提升补偿前者可能造成的燃烧效率损失。增压技术的发明比 EGR 早得多，在 20 世纪 20 年代，“机械增压系统”即被应用于梅赛德斯、宾利、阿尔法罗密欧等品牌的赛车和豪华型乘用车。双螺杆增压器是最典型的机械增压装置，其工作原理如图 2-18 所示。利用汽车发动机的动力带动两个螺杆（转子）相对旋转，可捕获并压缩它们之间的空气，再将空气“螺旋”向前排出，“挤入”发动机气缸内，由此突破传统自然吸气发动机进气量的限制。因此，装有增压器的发动机在单位时间内可以喷入更多燃料参与燃烧，显著提高发动机输出功率。

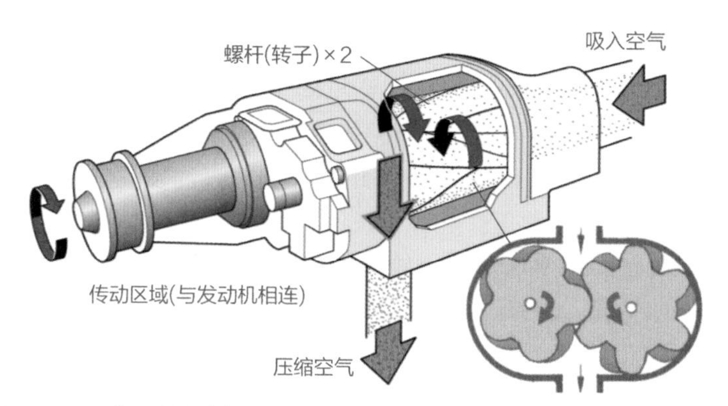

图 2-18　典型的机械增压装置——双螺杆增压器的工作原理示意图

20 世纪 40 年代后期，航空燃气轮机的出现引起了材料技术与设计方面的重大革新，其中包括耐热材料的发展、高温材料的精密铸件技术的开发等，也间接推动了新型增压技术——“废气涡轮增压”的开发和应用。与机械增压技术不同，废气涡轮增压由（通常被浪费的）尾气冲量而不是发动机自身驱动，因此可带来更强劲的发动机动力和更好的燃油经济性。其运行原理如图 2-19 所示，涡轮部分（也称为涡轮增压器的“热侧”或“排气侧”）是产生旋转力的地方，经过特殊设计的叶轮在发动机废气冲击下能以高达 250000 转 / 分的速度旋转。旋转的动量传输给压缩机叶轮后，后者可通过发动机的进气系统大量吸入并压缩外界空气，最后将压缩空气“灌入”发动机气缸内参与燃烧反应。燃烧产生的废气又进入涡轮部分，如此周而往复。由于空气在压缩过程很容易发热，有的涡轮增压系统还设有中冷器，可有效降低压缩空气的温度，提高其密度，防止大量热空气涌入发动机引起爆震和额外的 NO_x 排放。

20 世纪 50 年代，康明斯、沃尔沃和斯堪尼亚等主要的发动机制造商开始研究在卡车上运用废气涡轮增压器技术。1954 年，沃尔沃成功将废气涡轮增压技术搭载于“TD96AS”型柴油卡车，使其额定功率提高了 23% 以上。第一款搭载涡轮增压技术的量产汽车是雪佛兰“Oldsmobile Jetfire”，在其于 20 世纪 60 年代的应用中，人们发现了涡轮增压系统的固有问题——涡轮迟滞。大部分涡轮增压器必须要发动机转速达到 1000 ～ 1500 转 / 分才能有效压缩空气，由此会导致显著的油门响应延迟。出于这个原因和其他技术问题，几款搭载涡轮增压技术的早期汽油车（如雪佛兰的 Corvair Monza Spyder、宝马的 BMW 2002 Turbo 等）推出后很快被停产。直至 1978 年，第一辆成熟的涡轮增压柴油车梅赛德斯 - 奔驰 300SD 终于获得了商业上的成功，进而带动了涡轮增压技术在各类乘用车中的使用。2010 年后，随着“可变几何截面涡轮增压器”等抑制涡轮迟滞技术的

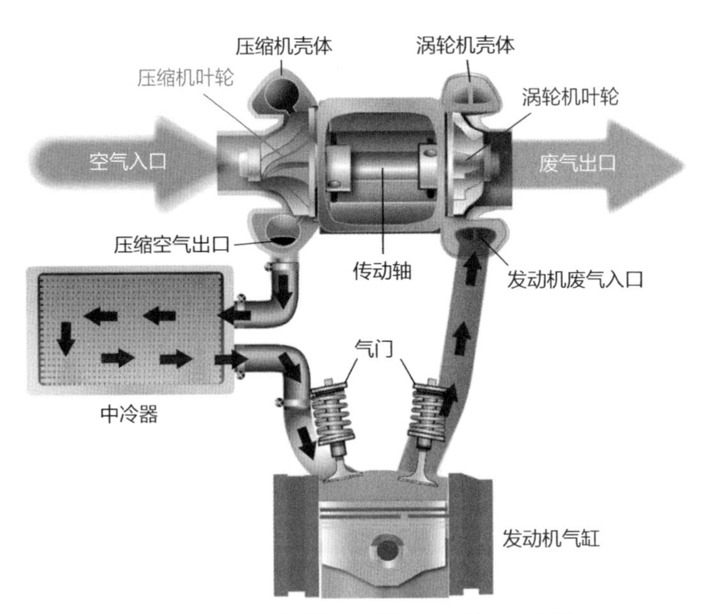

图 2-19 涡轮增压系统工作原理示意图

普遍应用，涡轮增压（尤其是小排量涡轮增压）在汽油车中几乎已经完全取代了机械增压装置，其搭载可使得发动机峰值扭矩和功率翻倍、油耗降低超过 30%。此外，如图 2-20 所示，得益于燃烧过程的优化，涡轮增压技术还可在一定程度上降低 CO、HC 和 NO_x 排放，并且显著减少由燃烧而产生的 CO_2。

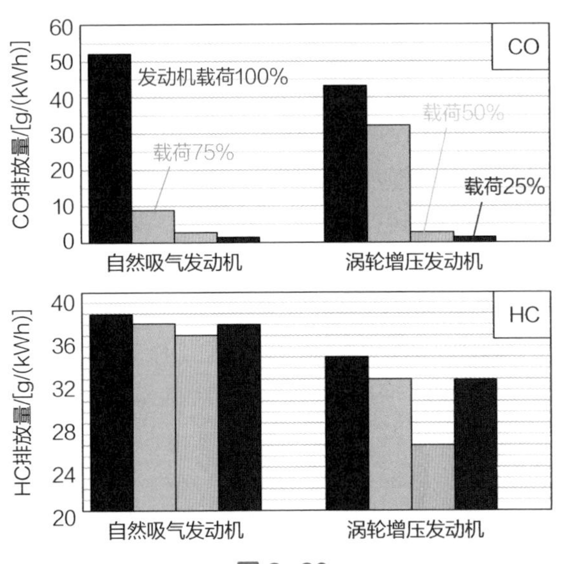

图 2-20

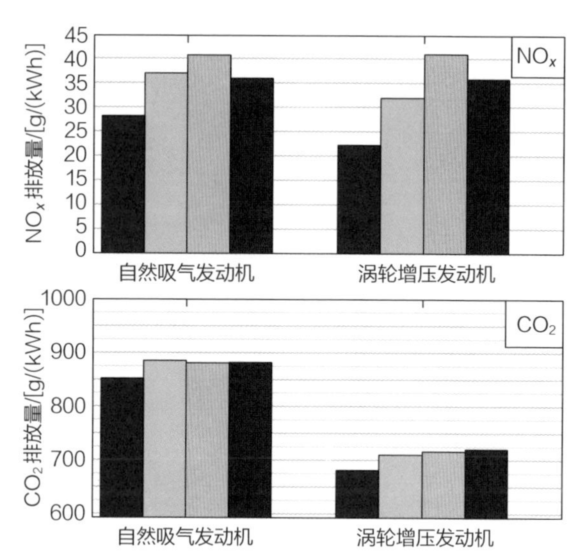

图 2-20 汽油发动机不同载荷下废气涡轮增压系统对尾气污染物的影响

2.2 柴油车机内净化技术

2.2.1 柴油喷射系统优化

1885 年（与卡尔·本茨推出第一辆“奔驰专利汽车”同年），德国人鲁道夫·狄赛尔（Rudolf Diesel）在巴黎开设了他的第一家工厂，开始研发压燃式发动机。在历经多次失败后，他的第三台原型机“250/400 号”（缸径 250 毫米，活塞冲程 400 毫米）终于在 1897 年成功运转[图 2-21（a）]。该发动机最早为燃烧煤粉和煤油而设计，在实现柴油燃料标准化以前，也尝试过植物油、汽油、瓦斯油、矿物油以及这些燃料的混合物。柴油发动机一般具有相当高的效率（燃油利用率），如早期的“250/400 号”就具有 26.2% 的惊人效率，大幅领先当时最先进的蒸汽机（效率约 16%）和汽油机（效率约 11%）。在狄赛尔装置成功的推动下，第一台车用柴油机“Antoinette 8V”（一款 50 马力的八缸发动机）于 1902 年问世，并于 1906 年大规模投产。借助法国航空先驱莱昂·勒瓦瓦瑟尔（Léon Levavasseur）精巧的结构设计，Antoinette 8V 的总重量仅为 95 千克[图 2-21（b）]。

(a)

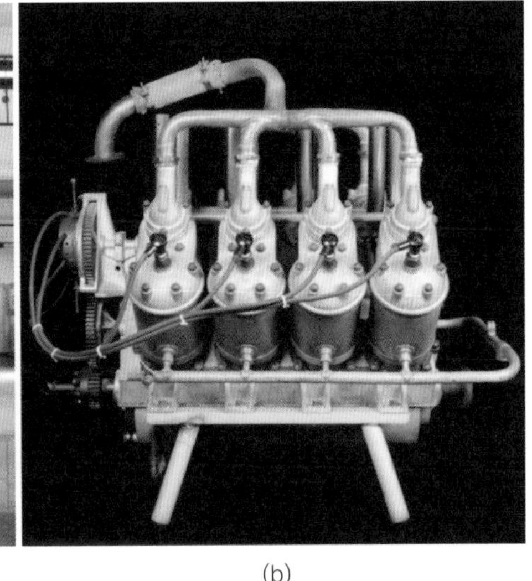
(b)

图 2-21 鲁道夫·狄赛尔设计的“250/400”型柴油机（a）以及莱昂·勒瓦瓦瑟尔设计的“Antoinette 8V”型车用柴油机（b）

由于没有“点燃”过程，早期柴油机最核心的部分非“柴油喷射系统”莫属。它的功用是结合发动机工况，在适当的时机将适量柴油喷入燃烧室。与早期汽油机利用文丘里管从浮子室中“吸油”并点燃不同，狄赛尔的柴油机采用了蓄压式供油系统，相关概念最早来源于英国工程师赫伯特·斯图尔特。1885年，斯图尔特自称“得心应手地”将一瓶煤油倒入装满熔锡的锅中，随后发生的火灾给相关领域带来了一项核心发现：尽管液体煤油不易被点燃，但热煤油蒸气很容易燃烧。借助这一发现，“250/400 号”在运行时先将空气吸入气缸中，利用活塞压缩并加热空气至 500 ～ 700℃，此时再将燃料液滴喷入高温空气使其变为热蒸汽并自燃，喷油过程类似于汽油机的“燃油直喷”（GDI）技术。自“250/400 号”等一系列原型机问世以来，柴油喷射技术在保持基本原理（缸内直喷）不变的前提下，又历经了三个重要的发展阶段。

第一阶段的核心技术是 20 世纪 20 年代末博世等公司开发的“机械式喷油系统”，它们对传统蓄压式供油系统实现了有效的取代。直列泵、分配泵是这个时期的典型产品，前者的特点是对应一个发动机气缸应要有一组驱动、泵油和调节元件，由一个泵体把多组相同的元件组合起来，并在外部加装调速器、自动提前器等部件（图 2-22）；第二阶段可以归属为 20 世纪 50 年代增压技术的广泛应用。该技术利用压气机使气缸内空气密度增大，进而可以在保证“稀燃”的前提下将喷油量和柴油机功率提高 30% ～ 100%。“废气涡轮增压”（见图 1-15

和图 2-19）是相关技术的代表，它利用废气驱动涡轮增压器旋转，压缩并将冷却的空气送入发动机进气管中，有效增加了进入燃烧室的空气密度和柴油机输出功率。

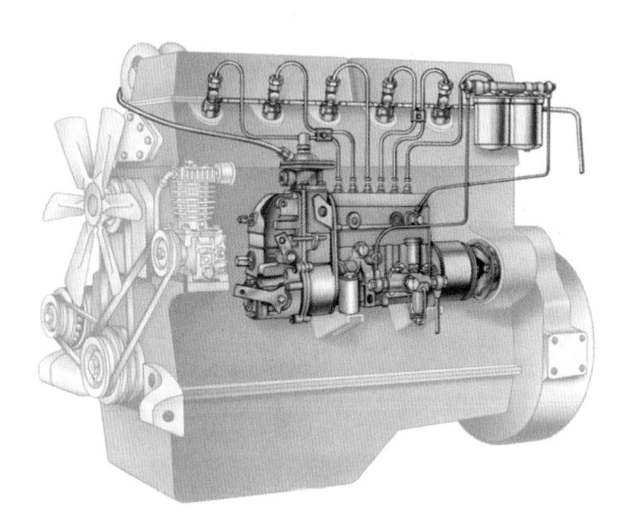

图 2-22　直列泵基本结构示意图

到了 20 世纪 80 年代，机械式柴油喷射系统的固有问题（磨损、惯性冲击等）变得非常突出，其精度也不再能满足新型柴油车对动力、燃油经济性和尾气排放等方面的需要，因此逐步为“电控喷射系统”所取代。

早期的电控喷射系统是“位置控制”式的，即保留传统直列泵或分配泵的“泵 - 管 - 嘴”基本结构和脉冲高压供油原理，但引入传感器、处理器和执行器所组成的控制单元精确调控齿条（直列泵）或滑套（分配泵）等“位置控制”装置，进而提高了燃油喷射系统的控制精度、响应速度及适应性；随后，灵活度更高的“时间控制”技术登上历史舞台，该技术利用高速电磁阀的开闭来实现对喷油量和喷油定时的控制，由此可令泵油装置和油量控制装置相互独立，赋予了整个系统高度的灵活性。到了 20 世纪 90 年代初期，“时间控制”技术（即电磁阀构建的燃油喷射系统）与高压（超过 200 兆帕）燃油轨的融合使高度雾化的柴油液滴得以充分、精准地与空气接触，由此可实现更高效的燃烧。这也就是一直沿用至今的电控燃油喷射技术——高压共轨。事实上，这个现代技术的前身可追溯至 1913 年，当时为了取代蒸汽机，位于英国西北部的维克斯造船厂设计了一个纯机械控制的高压供油系统，该系统于 3 年后被搭载于“G”级潜艇上。它使用四个柱塞泵持续旋转，确保油轨中的燃油压力恒定为 21 兆帕。共轨系统随后在船舶上应用了一段时间，“Cooper-Bressemer GN-8”型液压驱动共轨柴油发动机是这个阶段的代表产品，其多缸往复式燃油泵可使柴油压力提升至 60 兆帕。

图 2-23　维克斯造船厂于 1917—1919 年为“L”级潜艇生产的高压供油引擎

如图 2-23 所示，早期的共轨系统具有体积庞大、部件复杂的特点，其在应用中也时常出现漏油、机械故障等问题。在随后很长一段时期，各个发动机制造商都在努力解决这些问题，同时积极减小发动机的尺寸和重量以使其与汽车适配。在此期间，瑞士工程师罗伯特·胡贝尔（Robert Huber）于 20 世纪 60 年代开发了电磁燃油喷射阀，法国雷诺汽车公司积极与胡贝尔等人合作，为上述“时间控制”技术和高压共轨系统的出现奠定了基础。20 世纪 70 年代，同样来自瑞士的马可·甘瑟（Marco Ganser）对胡贝尔的早期发明进行了长足改进，并与大众、戴姆勒、梅赛德斯、通用、五十铃和雅马哈等汽车制造商合作，使得接近现代意义的“高压共轨发动机”于 20 世纪 80 年代开始涌现。例如，1984 年推出的“8140.21 号”发动机（图 2-24）能将油轨压力提升至可观的 200 兆帕，这引起了意大利菲亚特汽车公司的极大兴趣，该公司在随后进行的研究中解决了很多高压共轨发动机制造方面的难题。可惜的是，当时市售电磁阀性能有限，以此为基础的共轨系统在综合性能上难以与处于优势地位的“位置控制”系统媲美，将前者集成于汽车中的努力也未获得成功。一个典型案例是德国 IFA 公司的 MN 106 共轨柴油发动机，它于 1985 年被集成到“W50”型卡车中。由于缺乏进一步改进的资金，此类卡车最终未实现规模化生产。大约在同一时间，通用汽车公司也在开发一种用于其轻型 IDI 发动机的共轨系统。然而，随着该公司在 20 世纪 80 年代中期取消轻型柴油机计划，进一步的开发也停止了。

图 2-24　搭载有早期高压共轨系统的“8140.21 号”发动机

第一个搭载高压共轨系统商用车的成功案例来自日本。日本电装公司早期从雷诺公司收购了尚在雏形的高压共轨系统，经过改进开发了“ECD-U2”型共轨系统，并于 1995 年将其安装于第四代“日野游侠”商用卡车出售。同一时期，德国博世公司从财务状况不佳的菲亚特集团收购了较为成熟的共轨喷射“UNIJET”技术（事后看来，这笔交易对菲亚特而言很可能是一个战略失误），并在 1997 年将其成功整合至配备 2.4-JTD 发动机的“阿尔法罗密欧 156（Alfa Romeo 156）”紧凑型行政车中。同年晚些时候，奔驰汽车公司也在其 W202 车型中引入了共轨系统。2003 年，菲亚特公司又为 Multijet Euro4 发动机推出了能够在每次发动机循环内进行 3 ～ 5 次喷射的第二代共轨系统。第三代共轨系统在 2008 年首次亮相，搭载于阿尔法罗密欧 JTDm2 发动机。经过进一步改进的第四代共轨系统随后于 2013 年在大众 2.0TDI、2.7TDI 和 3.0TDI 发动机上推出，其特点是采用了新型的 CP4 高压泵和精密的压力调节系统。

如图 2-25 所示，这些现代化的高压共轨装置均配备有闭环的高压控制系统，在电子控制单元的调节下通过两种方式向油轨加压：

❶ 利用高压泵提供远超所需的燃料，并在高压回路中使用压力控制阀将多余的燃料溢出回油箱，此时压力控制阀对系统压力起到关键的调节作用；

❷ 利用计量控制阀精确量化高压泵处的燃料，确保只有喷射器所需的足量燃料被供应到共轨，此时系统压力由计量控制阀控制。

在两类方式中，前者常见于一些早期的燃油喷射系统（如带有博世 CP1 泵的燃油喷射系统），可能存在效率低下（过量回流）和压力过高导致回流燃油超温的问题；后者系统更为复杂，且一般也需加装压力控制阀进行辅助配合（压力微调），是现在高压共轨燃油喷射系统的常规配置。

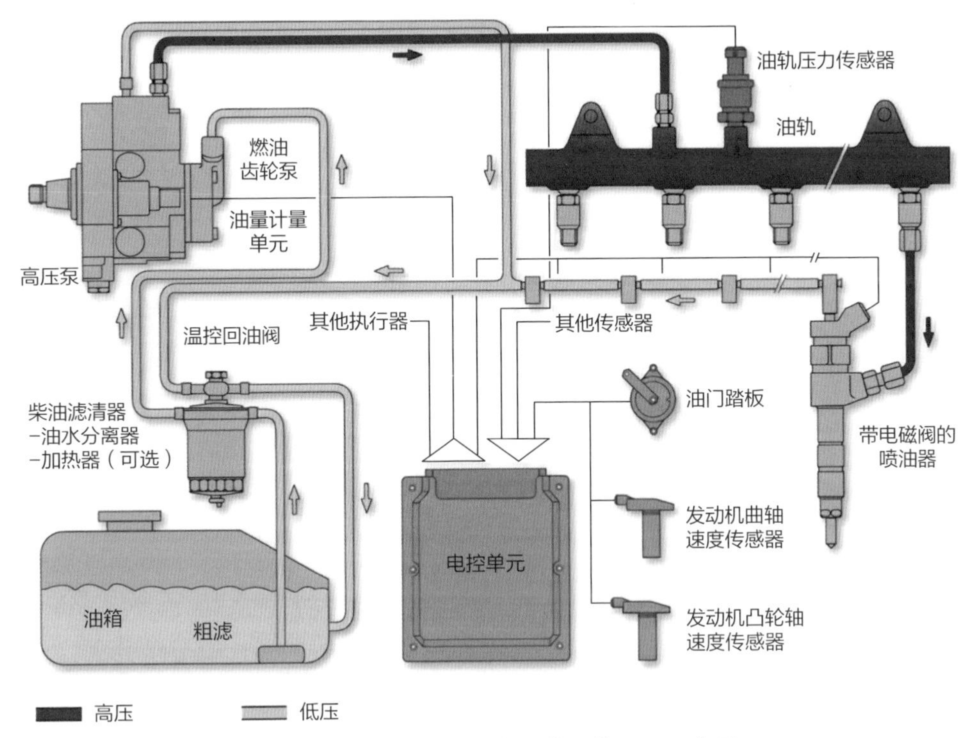

图 2-25　现代高压共轨系统工作原理示意图

长期以来，高压共轨系统的开发目标包括让柴油车获得与汽油车相媲美的驾驶舒适性、更高的燃油经济性和符合未来法规限制的低排放。与其他常见燃油喷射系统（喷射压力随着发动机转速的增加而增加，见图 2-26）相比，高压共轨系统内高度稳定的燃油压力允许发动机在低转速下产生更高的扭矩，这对于使用可变几何截面涡轮增压器的发动机格外重要。此外，这一特性还允许高压共轨系统灵活控制燃油喷射量和喷射时机，即使在发动机低转速和低负载的情况下也很好地实现油气混合。最后，共轨系统中的燃油压力还可以根据发动机转速和负载进行精确控制，以优化柴油机动力性能，同时确保发动机的耐用性不受影响。

除了增强柴油机输出功率外，高压共轨系统的应用还可促进尾气减排。当柴油发动机转速提高时，颗粒物（PM）的排放和积累会变得越来越显著。而高压喷射可导致均匀的油气混合和更有效的柴油燃烧，因此在提高燃油利用率的同时也可大幅降低未燃烧含碳物质（包括 PM 和 HC）的排放（图 2-27）。一

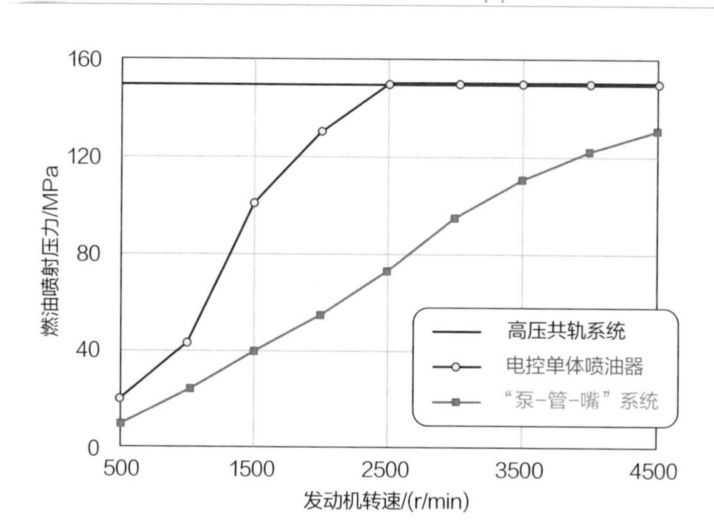

图 2-26　高压共轨、“时间控制”以及传统系统燃油喷射压力与发动机转速的关系

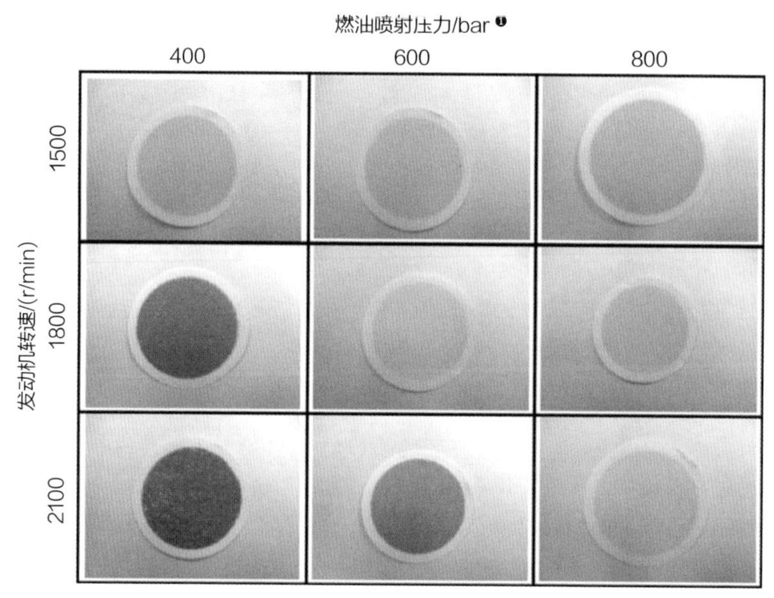

图 2-27　高压共轨系统不同燃油喷射压力和发动机转速下颗粒物排放量比较
（颜色越深，说明颗粒物排放越多）

❶ 1bar=10^5Pa。

般认为，高压共轨系统的引入可使柴油发动机 PM 排放降低 40% ～ 60%。需要注意的是，柴油的充分燃烧会产生较高的缸内温度，带来额外的 NO_x 排放，因此必须再借助共轨系统灵活的喷射时机（即所谓“喷射正时”）实现综合减排。

一般而言，柴油发动机过早喷油会使得在点燃前积累较多的油气混合物，此时压缩气缸可能会导致爆燃，使得缸内温度和压力急剧升高，催生大量 NO_x；相对地，过分推迟喷油时间则会导致燃烧时间过短、燃油利用率降低。因此，利用电控系统精准地控制喷油延迟，即可在不过分损失燃油效率的前提下有效降低 NO_x 排放（当然，延迟喷油会在一定程度上增大 PM 排放量）。值得注意的是，在高压共轨系统应用初期，废气再循环系统（EGR）能够在更省油的前提下实现与之相当的 NO_x 减排效果（图 2-28），因此后者在一段时期内比前者更受发动机制造商欢迎。在美国 EPA（美国国家环境保护局）2004 重型卡车排放限值出台之前，几乎全部柴油车 NO_x 减排的任务都是由这两类机内净化技术配合实现的。

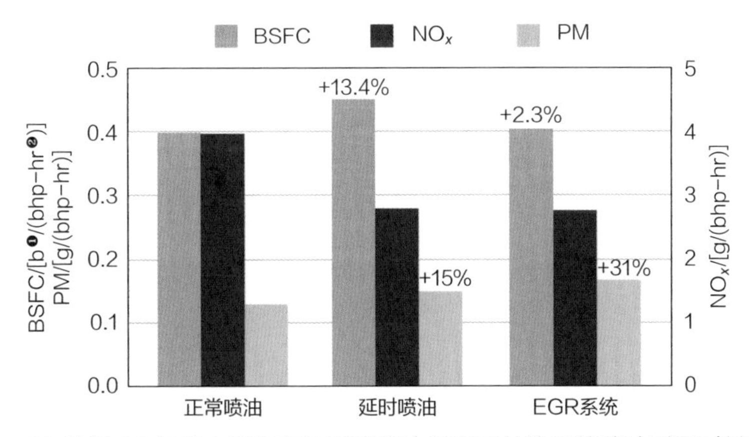

图 2-28 20 世纪 90 年代中期生产的重型柴油机高压共轨系统喷油时间对其燃油效率（BSFC）、PM 和 NO_x 排放量的影响，以及与当时 EGR 系统效果的比较

2.2.2 柴油燃烧系统优化

在柴油发动机中，燃烧过程是一个非常复杂的现象。燃油喷射、雾化、气

❶ lb（磅）=0.4536kg。

❷ 1bhp-hr（制动马力小时）≈0.746kWh。

化、混合和燃烧在燃烧室内同时发生。如图 2-29 所示，在高压共轨系统的驱动下，柴油在离开喷油嘴时会迅速雾化成直径约 10 微米的细小液滴，喷射的动量令它们形成“射流”进入燃烧室。当缸内的热空气被卷入射流时，就形成了初级的油气混合物（柴油液滴、蒸气 + 空气，温度约 825K），其总体体积随着射流深入气缸而不断扩大。随后，高度富燃（燃料 / 空气当量比 Φ，即 $1/\lambda \approx 2 \sim 4$）的射流前端发生低温氧化，形成“预混火焰”，温度进一步升高至 1150K。柴油燃料分子至此开始分解，快速消耗周围氧气，释放总化学能的 10% ～ 15%，并逐渐达到 1600K 左右的温度。此时，碳氢化合物碎片（包括 PAH 等）开始形成，为不断“生长”的碳烟颗粒提供“养料”（详见图 1-3）。碳烟颗粒逐渐凝聚为成熟的 PM，在大量积存于燃油喷雾的前导区域的同时也部分扩散至喷雾外围。在足量的缸内氧气支持下，温度极高（约 2700K）的“扩散火焰”在此生成，一方面将残留的燃料蒸气、HC、CO 和部分碳烟氧化成 CO_2 和 H_2O，彻底释放燃料的化学能；另一方面促进氮气和氧气反应，催生大量的 NO_x。

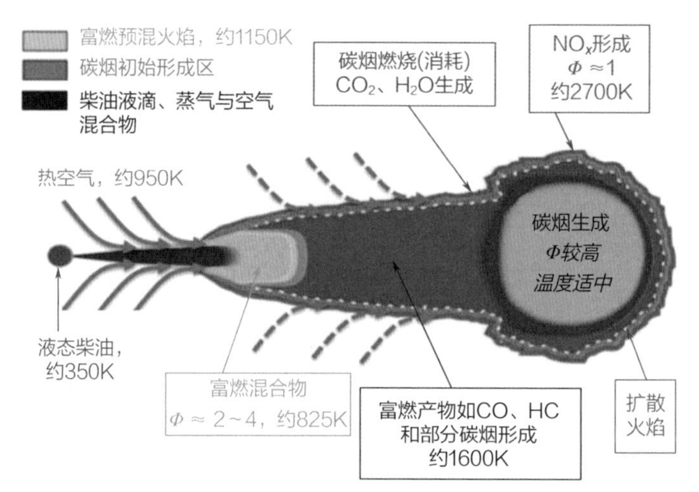

图 2-29　基于平面激光成像的准静止柴油喷雾燃烧概念模型

由上述分析可知，局部燃料 / 空气当量比（Φ）与局部温度是影响柴油机燃烧产生污染物最关键的因素，这些影响均可在 Φ-T 关系图中得到量化。如图 2-30 所示，碳烟（PM 的核心成分）一般在 1800 ～ 2000K 的富燃状态下生成。当 $\Phi < 2$ 或温度低于 1500K 时，无论燃烧状态如何改变都不会有碳烟产生；NO_x 则需要在氧气充足（$\Phi < 1.5$）、温度较高（$T > 2200K$）时才能产生。对于传统柴油发动机，虽然缸内整体气氛是稀燃的（$\Phi < 1$），但燃烧反应会在富燃

的混合物（$\Phi=4$，低温）中开始，并在满足化学计量（$\Phi=1$，高温）的扩散火焰中完成，遍历 Φ-T 关系图中的碳烟（高 Φ、中等 T）和 NO_x（低 Φ、高 T）形成区（即图 2-30 中的黑线），由此导致较高的 NO_x 和 PM 排放。基于图 2-30 展示的关系，如果希望通过降低燃烧温度或提高 Φ 值而减少 NO_x 生成，则会将柴油的燃烧"推向"易产生碳烟的状态，反之亦然。这就是传统柴油发动机中 NO_x 和碳烟生成"权衡（trade-off）"关系的来源。除非对燃烧模式进行根本性调整，否则不可能同时减少这两种污染物的产生。与之相比，传统汽油发动机因为燃烧温度较高，仅生成 NO_x、CO 和 HC，基本"避开"了碳烟颗粒的生成范围。

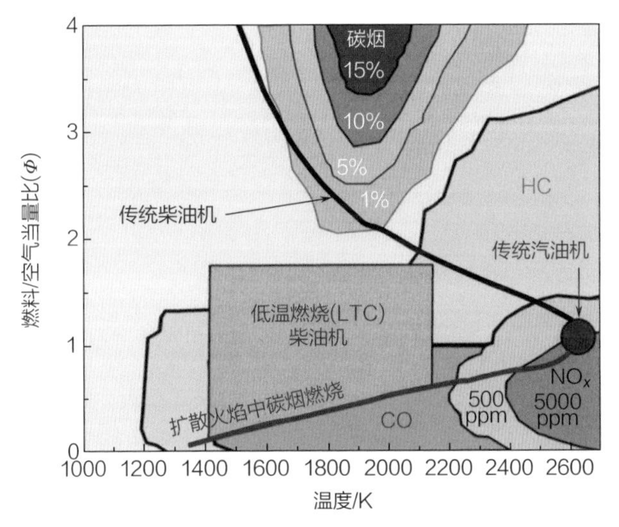

图 2-30 内燃机温度与燃料 / 空气当量比对典型污染物生成的影响

为了开发一种能够同时降低 NO_x 和碳烟排放的发动机，人们在过去的二十余年中不断尝试将缸内燃烧温度降低，同时避开 NO_x 和碳烟生成的基本条件，这就是所谓"低温燃烧（LTC）"策略的基本原则（图 2-30）。如图 2-31 所示，LTC 策略可根据油气混合物的预混程度分为两大类，即均质充量压燃（HCCI）和分层充量压燃（SCCI）。HCCI 策略中燃料和空气在压缩冲程之前充分混合，发动机在稀燃状态下运行。SCCI 策略则分为气缸内的热分层和燃料浓度分层两种状态，前者又存在压缩点火（TSCI）和火花辅助压缩点火（SACI）两种策略。在燃料分层技术中，预混充气压燃（PCCI）和双燃料控制压燃（RCCI）是两个重要的燃烧概念。它们因具有良好的燃烧相位控制、较低的排放以及较高的热效率而被广泛研究，在过去的几年中还取得了双燃料直喷分层（DDFS）等技术上的突破。使用（类）汽油燃料和不同喷射技术的其他燃烧策略包括汽油压燃（GCI）、汽油直喷压燃（GDCI）等。受限于篇幅，此处仅介绍采用压燃（类似传统柴油机）的 HCCI、PCCI 和 RCCI 技术。

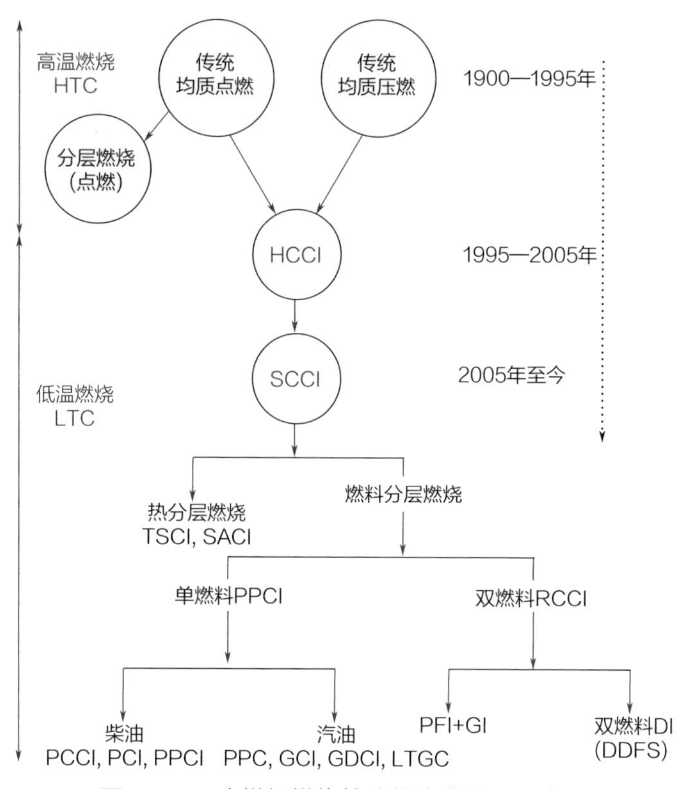

图 2-31　内燃机燃烧策略的演变过程示意图

在现代 LTC 发动机中，通常会采用 EGR 或涡轮增压等手段来“稀释”燃料并降低缸内燃烧温度（降低 T 值），同时为燃料和空气的预混合预留足够多的时间（降低局部 Φ 值）。从历史角度看，该策略的雏形在一个多世纪以前就已经出现。1897 年，德国人卡尔 · 韦斯为他设计的“热球发动机”申请了专利，该装置使用炽热的金属球蒸发燃料形成均匀的燃油蒸气，随后将空气压入气缸，点燃燃料。由于具有极高的热效率和极低的造价，热球发动机曾在拖拉机等非道路机动车中风靡一时（图 2-32），直至 20 世纪 50 年代才被更先进的柴油机取代。关于 LTC 燃烧过程的系统性研究首先在日本开展。20 世纪 70 年代末，基于对二冲程发动机点火过程的深入分析，日本清洁发动机研究所和丰田汽车 / 日本综研公司分别提出，足够高的缸内温度可促使均质混合的燃料高效自燃，且不会出现如图 2-29 所示的火焰传播现象。20 世纪 80 年代，人们在四冲程发动机中复现了上述现象，并将其命名为“均质充量压燃（HCCI）”。自 20 世纪 90 年代以来，HCCI 燃烧（有时也称为“受控自动点火”，CAI）已发展成为 LTC 领域最重要的研究课题。2007 年之后，通用汽车、奔驰、大众、现代、本田、马自达等公司陆续推出了能够在类似 HCCI 模式下运行的汽车发动机，实车测试表明，该技术可以大幅降低油耗并减少污染物排放。

图 2-32　使用热球发动机的“兰兹斗牛犬”拖拉机构造示意图

作为 LTC 概念的理想形式，HCCI 发动机可视为点燃式（SI，如传统汽油机）和压燃式（CI，如传统柴油机）内燃机的混合体。如图 2-33 所示，HCCI 的进气冲程与 SI 很像，都是将近乎均匀的油气混合物送入气缸（与此不同，CI 是将燃油喷入缸内的大量空气中，见图 2-29）；在随后进行的压缩冲程中，HCCI 与 CI 相似，均利用压缩冲程的高压使燃料升温、自燃。由于无须像 SI 那样借助火花塞点火且油气比例较低（稀燃），HCCI 策略理论上可在整个气缸内产生均匀、低温的燃烧反应，既没有像 SI 发动机般的火焰传播，也不会出现 CI 发动机中常见的扩散燃烧。借助较低的燃烧温度，HCCI 可抑制 90% 以上的 NO_x 和碳烟污染物生成，这是 SI 和 CI 燃烧所难以做到的。HCCI 仍会产生 CO 和 HC 排放，这两类污染物可通过柴油氧化催化剂（DOC）净化（详见 3.2.1 节）。此外，由于 HCCI 具有较高的压缩比、较低的泵气损失（无节气门）、较高的比热比（稀燃燃烧）、较低的辐射热损失（无烟燃烧）、较低的热传递损失和较少的气体分子离解（低燃烧温度），因此 HCCI 发动机具有比传统 SI 和 CI 发动机更高的热效率和更好的燃油经济性。最后，HCCI 燃烧过程具有燃料灵活性，理论上只要适当调制点火程序即可使用汽油、柴油和其他类似的燃料，这意味着 HCCI 发动机在概念上已经超越了传统意义的汽、柴油机。

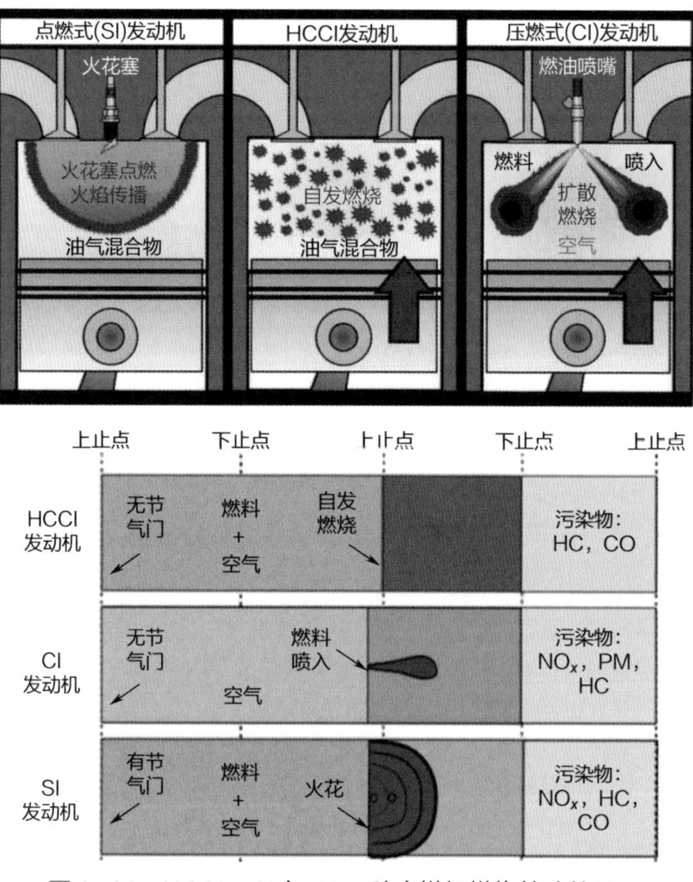

图 2-33 HCCI、CI 与 SI 三种内燃机燃烧策略的异同

值得注意的是，HCCI 发动机也存在一些局限，其核心问题在于 HCCI 只能在非常小的发动机转速和载荷范围内才能维持。在低转速、低负荷下，缸内较低的温度可能导致压燃过晚、燃烧效率低下；在高转速、低负荷下，由于压燃反应的时间不够，容易失火；在高转速、高负荷下又可能压燃过早，产生剧烈燃烧和爆震。由于没有火花塞，HCCI 发动机又很难对燃烧正时和燃烧过程进行控制，导致 HCCI 概念很难应用于车载发动机。为了摆脱这一困境，后续发展的 LTC 技术开始采用“分层燃烧”替代“均质燃烧”，在压缩冲程之前有意地在缸内创造燃料和 / 或热分层，这就是“分层充量压燃（SCCI）”概念的由

来。燃油直喷是在缸内形成燃料分层最实用的方式（见 2.1.2 节），以此为基础的 SCCI 技术即被称为“预混充气压燃（PCCI）”。与传统柴油机相比，由于较高的燃料稀释度及较冷的气缸状态，PCCI 发动机中火焰传播较慢且存在“两级放热”现象，其缺点在于需要在较高的 EGR 率和较高的发动机载荷下才能实现 NO_x 与碳烟减排。21 世纪 10 年代，美国威斯康星大学麦迪逊分校的罗尔夫·莱兹（Rolf Reitz）教授团队提出了“双燃料控制压燃（RCCI）”技术。该技术利用油气预混的低反应性燃料（如汽油、醇类等）和缸内直喷的高反应性燃料（如柴油、二甲醚等）协同作用，优化燃烧相位、持续时间和幅度，其 PM 和 NO_x 排放量分别是传统柴油机的 1/6 和 1/1000，热效率可达 PCCI 的 1.5 倍。几类主流 LTC 技术减排效果如图 2-34 所示，它们理论上均无须加装尾气后处理装置即可满足“欧Ⅵ”排放标准。另外，也可看出 RCCI 比 PCCI 排放更少量的 PM、CO 和 HC 污染物，同时还能显著降低尾气中 CO_2 的浓度。当然，即使是 RCCI 技术仍会以较低的尾气温度排放相当含量的 CO 和 HC，这对尾气后处理装置提出了一定挑战，也意味着该概念在成为实用的先进燃烧技术之前还需经过进一步优化。

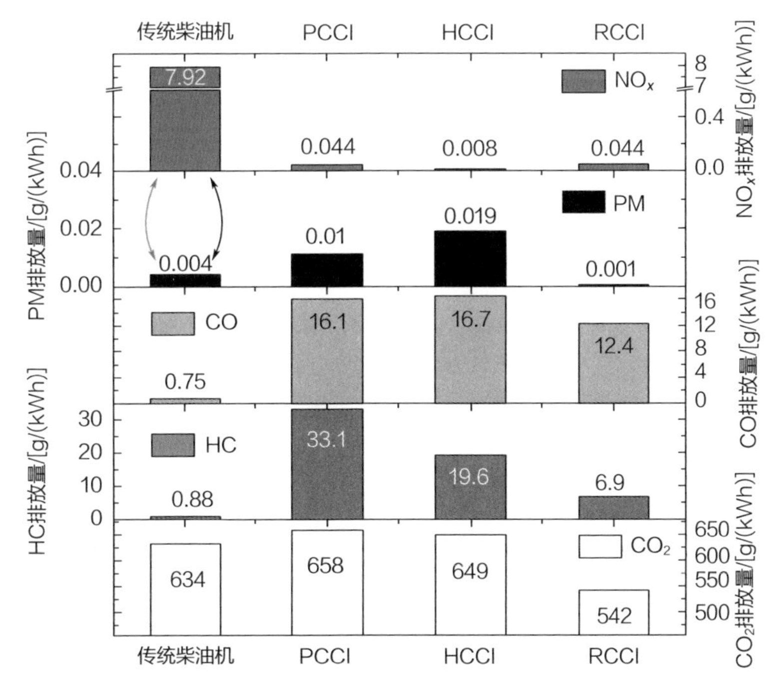

图 2-34　几种燃烧策略污染物排放量的比较（传统柴油机的 NO_x 和 PM 排放量存在此消彼长的“权衡”关系，此处展示的是 NO_x 较多、PM 较少的情况）

2.2.3 柴油机气路系统优化

与 GDI 汽油机的情况相似，废气再循环（EGR）技术在降低柴油机（包括较为先进的 HCCI 发动机）NO_x 排放方面发挥着至关重要的作用。20 世纪 90 年代，基于在汽油车平台上取得的成功，EGR 技术被逐步引入柴油车。2000 年前后，该技术已在大部分重型柴油车中得到应用。图 2-35 展示了柴油车用 EGR 系统的基本构造。“高压 EGR”是最早被研发和应用的架构，其中 EGR 阀被置于涡轮增压系统之前，处于发动机排气歧管和进气歧管之间的高压区。2010 年前后，世界主流尾气排放法规大幅加强了对 NO_x 污染物的限值，由此也催生了“低压 EGR”系统。在该系统中，废气在涡轮增压器之后被 EGR 阀吸入，并在压缩机之前被重新引入进气歧管，因此 EGR 装置处于排气歧管和进气歧管的低压区。由于废气温度较低，降低了 EGR 部件（阀门、冷却器、节气门）上的热应力，同时（与高压 EGR 相比）实现了更高效的 NO_x 减排。2008

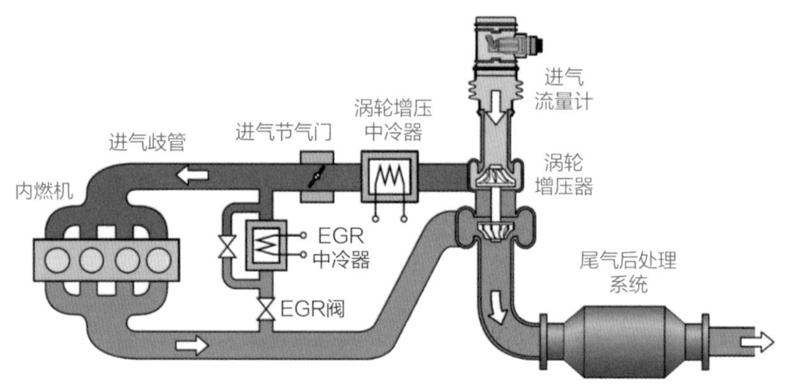

(a) 高压废气再循环(HPL-EGR)系统

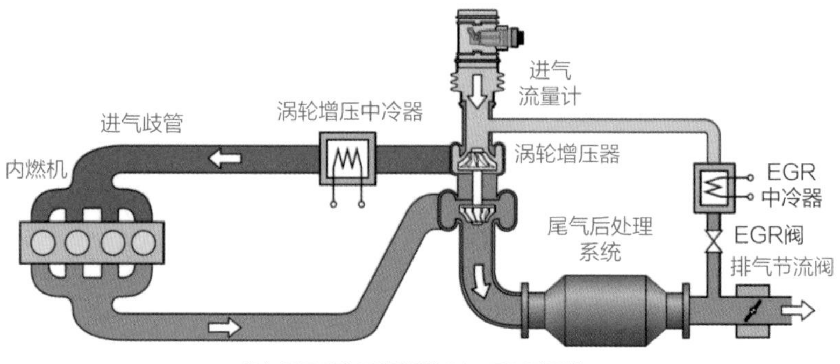

(b) 低压废气再循环(LPL-EGR)系统

图 2-35 高压、低压废气再循环系统架构示意图

年，第一款低压 EGR 系统配备于具有 2.0 升 TDI 发动机的大众捷达车型上市。以上述构架为基础，近年来又出现了将高 / 低压 EGR 集成在一起的“双回路 EGR”系统（如宝马汽车公司 2016 年搭载于其 30D 和 40D 车型 6 缸柴油发动机推出的 HP/LP 并联系统），以及由氢气和 / 或 CO 驱动的“专用 EGR”系统，等等。最后，在柴油 HCCI 发动机中，EGR 系统除了肩负减排功能，还被用于控制点火正时（避免柴油提前自燃）和燃烧速率（减少爆震）。

如前文所述，由于废气循环和中冷（常见为水冷）装置的使用，EGR 装置可显著降低气缸内燃烧温度，进而规避了 NO_x 产生的基本条件（高温、相对稀燃，详见图 2-30）。因此，提高 EGR 率（总气体质量中排放到发动机中的废气百分比）可显著抑制柴油机中 NO_x 的产生（图 2-36）。然而，过低的燃烧温度不利于柴油扩散火焰中碳烟、CO 和 HC 的燃烧消耗（详见图 2-29），进而会导致 PM、CO 和 HC 的超量排放。此外，过高的 EGR 率还会大幅降低做功冲程中燃烧气体的比热比，从而降低热力学效率，增加油耗。综合上述因素，常见的柴油机一般采用 45% ～ 50% 的 EGR 率，以同时满足节油和 NO_x 减排的需要。

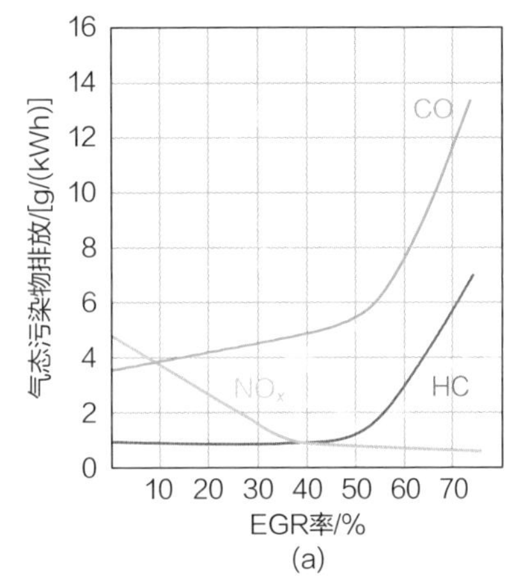

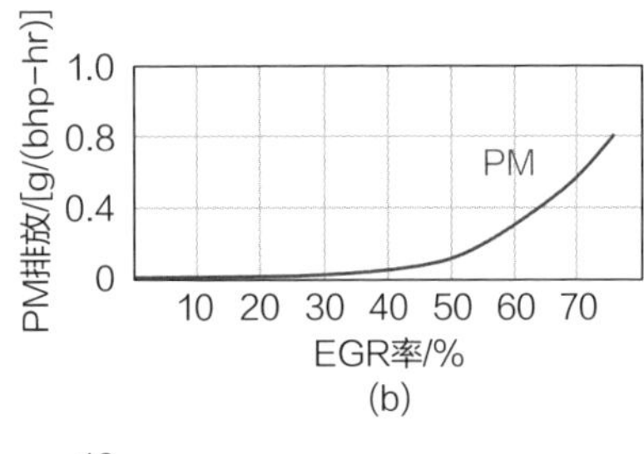

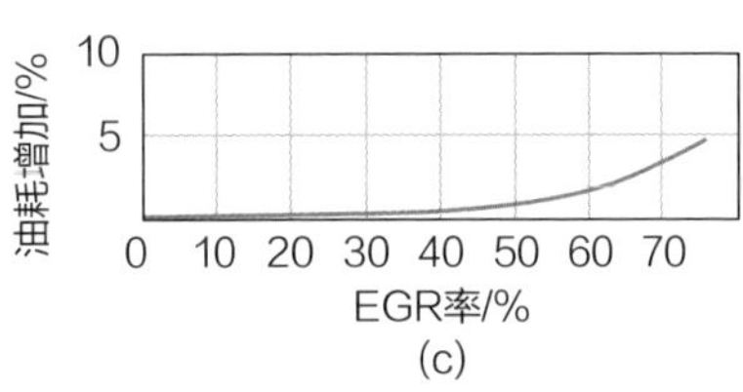

图 2-36　EGR 率对柴油车污染物排放和油耗的影响

除了污染物排放的权衡外，在柴油发动机中使用 EGR 还会造成一些技术性问题。早期的 EGR 系统将废气直接送回气缸进气口，由此也将具有磨蚀性的 PM 引入了发动机系统，导致发动机磨损显著增加、使用寿命缩短。此外，PM 的积累对于 EGR 系统自身而言也是问题。如图 2-37 所示，在运行了 20 万英里后，大众捷达 TDI 发动机的 EGR 阀内积累了大量的 PM，极高的背压对整个气路系统造成严重的负面影响。目前，解决柴油机 PM 磨蚀和堵塞的基本策略是在 EGR 阀之前加装颗粒物过滤器。借助陶瓷过滤载体（及其表面负载的催化剂）可将机内循环的 PM 总量降低 80% 以上，有效提升发动机和 EGR 系统的使用寿命。此外，由于废气中含有水蒸气，现代冷却 EGR 系统还可能诱导硝酸和硫酸的形成。这些酸可能腐蚀燃烧室和曲轴箱中的金属部件，需要予以关注。

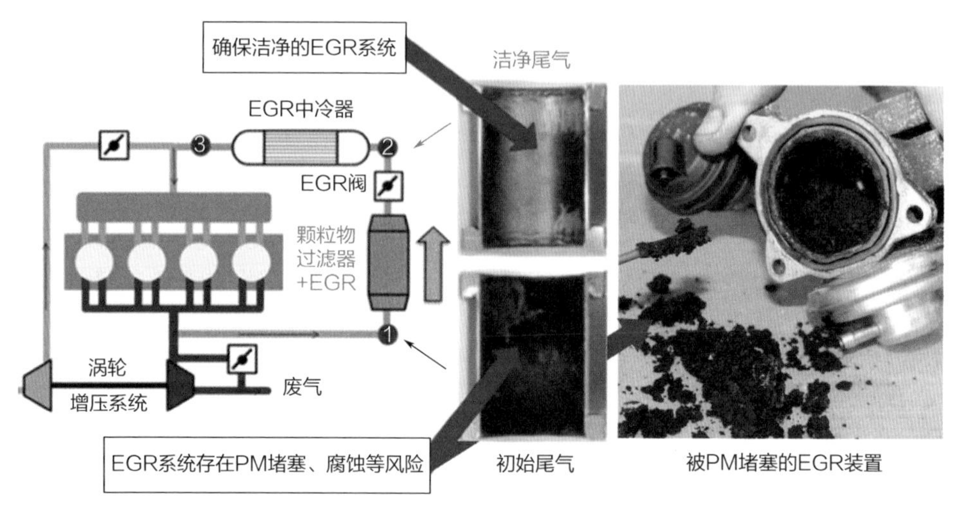

图 2-37　柴油车 EGR 系统与颗粒物过滤器的联用

与 EGR 类似，涡轮增压系统已成为现代柴油机不可或缺的组件。由于以下两个原因，柴油发动机非常适用涡轮增压：

❶ 当涡轮增压器向发动机供应多余的空气时，形成的“稀薄”空燃比对本就在稀燃状态下运行的柴油发动机不会造成负面效果；

❷ 在汽油发动机中，涡轮增压造成的高压缩比会导致预点火和高废气温度，但由于柴油机压缩冲程期间燃烧室内没有燃料，所以改变其压缩比并不会引发自燃。

因此，与在汽油车上应用的坎坷波折不同，涡轮增压器最早即为柴油发动机设计，后续应用也十分自然顺畅。例如，德国 Preussen 和 Hansestadt Danzig 号客船早在 1925 年就使用了 10 缸涡轮增压柴油发动机，涡轮增压装置的应用使其输出功率提高了 40% 以上。20 世纪 50 年代，德国曼恩集团推出了一系列涡轮增压柴油车（如 MAN MK26、MAN 750TL1 等），其在商业上的成功带动了小型涡轮增压柴油机的研发和应用。1978 年，第一款柴油涡轮增压乘用车梅赛德斯 - 奔驰 300SD 的畅销进一步扩大了涡轮增压技术在柴油车领域的影响力。需要补充的是，自 20 世纪 90 年代以来，涡轮增压柴油发动机的压缩比一直在下降，这是由于压缩比较低的涡轮增压发动机具有更好的比功率和更好的废气排放行为。早期间接喷射发动机的压缩比曾经为 18.5 或更高。在 1995 年柴油车引入高压共轨发动机后，压缩比下降到 16.5 ～ 18.5 的范围。自 2016 年以来为符合世界主流尾气排放法规而制造的一些柴油发动机的压缩比为14.0。

考虑到涡轮增压与EGR在柴油车气路中并联使用，二者之间可能存在协同/干扰现象，在使用前需要加以调制。如图2-38所示，EGR在柴油发动机中的应用可有效抑制NO_x的产生和排放，此时再启用涡轮增压系统对NO_x减排效果影响不大。如前文所述，EGR率较高时会导致尾气中PM含量“超标”（图2-36），此时若利用涡轮增压系统引入过量空气和湍流，则可有效提高燃烧效率，促使碳烟在扩散火焰中燃烧消耗。因此，困扰EGR系统的PM排放问题可借助涡轮增压系统的联用得以缓解；最后，涡轮增压系统可以提高发动机热效率，但该效果会被EGR系统部分抵消。总体而言，在污染物减排方面，EGR和涡轮增压系统存在一定的互补效应，其联用可有效降低尾气中的NO_x和PM浓度；在发动机增效方面，涡轮增压系统可以补足由EGR造成的热效率损失。基于上述原因，目前大部分先进的柴油车发动机均同时搭载了这两类系统，以求最大限度地提高其效率并减少污染物排放。

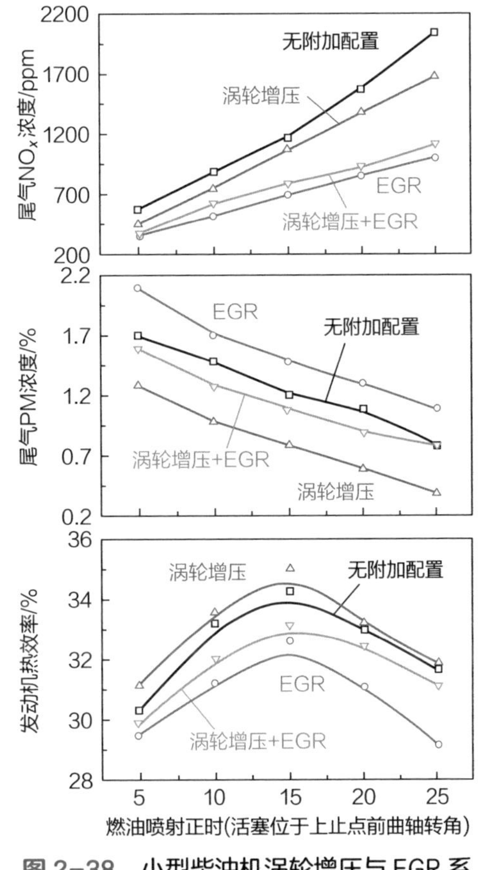

图2-38 小型柴油机涡轮增压与EGR系统联用效果

2.3 机内净化技术展望

对燃烧的控制是机内净化的核心要旨，也是各类机内净化技术中难度最大、未来发展潜力最大的部分。当然，新型燃烧概念的实现一般也离不开对燃油喷射、点火和气路等系统的调制。如前文所述，理想燃烧模式——均质充量压燃（HCCI）的提出令现代汽油与柴油发动机之间的界线变得模糊。理论上讲，HCCI 可实现比柴油机更高的效率和比汽油机更清洁的排放，但狭窄的运行工况阻碍了其在车载发动机中的应用（详见 2.2.2 节）。

为了将这一清洁高效的燃烧概念实用化，汽车领域近年来先后推出了图 2-39 中的 SACI（SPCCI）、PCCI 和 RCCI 等一系列相对成熟的“改造版” HCCI 技术。其中，SACI（火花控制压燃点火）是 HCCI 和传统汽油机的结合，即通过火花塞引燃的方式诱发汽油均质燃烧；PCCI（部分混合充量压燃）是 HCCI 和传统柴油机的结合，即对不均匀混合的油气混合物进行压燃；RCCI（双燃料控制压燃）则是基于 HCCI 的全新技术，需要同时使用两类燃料诱发反应，系统复杂程度较高。综合而言，各类新发展的“先进燃烧技术”多具有燃烧温度低、排放少、发动机效率高等特点。但由于技术落地难度有差异，目前仅有 SACI（SPCCI）这一项技术实现了车载量产。

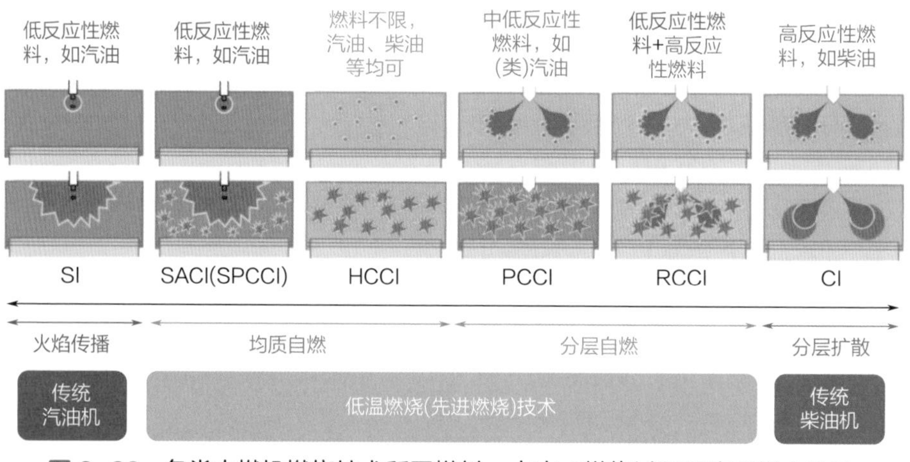

图 2-39　各类内燃机燃烧技术所需燃料、点火 / 燃烧过程和应用场合比较

2019 年 6 月，马自达汽车公司在新推出的第四代“马自达 3”车型中搭载了 Skyactiv-X 发动机，该发动机采用了被称为“SPCCI（火花控制压燃点火，同 SACI）”的燃烧技术，使其成为第一台真正兼容 HCCI 的商用汽车发动机。在精密的传感系统、高压燃油喷射系统、冷却 EGR、涡轮增压器和气门正时系统的辅助下，SPCCI 可以先将油气混合物压缩到接近燃烧的临界点，再二次注入少量燃油并用火花塞点燃，由此可控地提高缸内压力，诱发均质压燃。如图 2-40 所示，SPCCI 可以与 CI 和 SI 模式“无缝衔接”，极大地提高了汽车的操控性能。与“先进燃烧”的目标一致，搭载 Skyactiv-X 发动机的车型表现出极高的热效率（接近 50%）、优秀的燃油经济性和极低的尾气污染物排放。以此为基础，业内一般认为下一项有望大规模应用的先进燃烧技术是 PCCI 中的“汽

油压燃（GCI）”。其落地将进一步拓展 HCCI 发动机可用的燃料范围（例如价格低廉的低辛烷值汽油、各类生物燃料等），使其在经济性和环保性上更占优势。

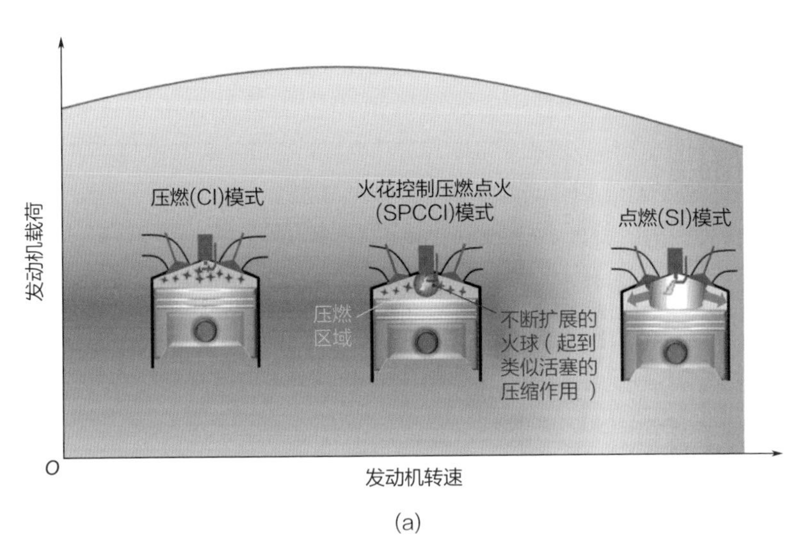

(a)

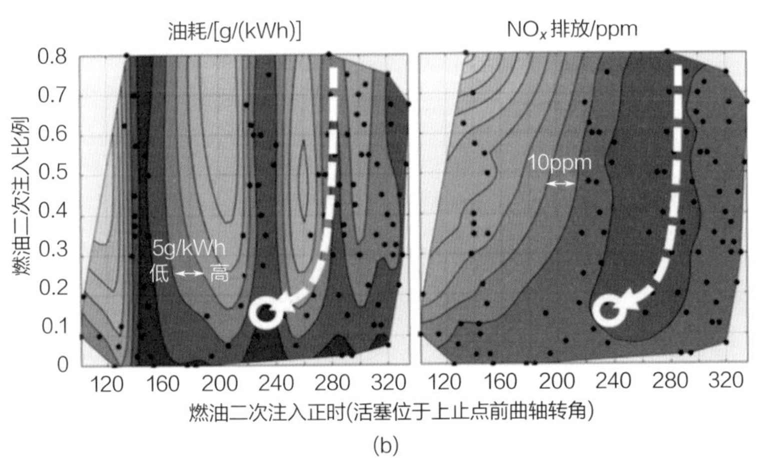

(b)

图 2-40　马自达的 SPCCI 技术工作情景（a）以及具体效果（b）示意图

参考文献

[1] 姚昌晟 . “内燃机之死”：今天的经济学人头条都说了些什么 [EB/OL] .（2017-08-11）[2022-10-10] . https://zhuanlan.zhihu.com/p/28451104.
[2] Eckermann E. World History of the Automobile [M] . Warrendale：Society of Automotive Engineers，Inc.，2001.
[3] Reif K. Gasoline Engine Management：Systems and Components [M] . Wiesbaden：Springer Fachmedien Wiesbaden GmbH，2015.
[4] Heywood J B. Internal Combustion Engine Fundamentals [M] . 2th ed. New York：McGraw-Hill Education，2018.
[5] Mitsubishi A. Gasoline Direct Injection Engine [EB/OL] .（2000-06-21）[2022-10-10] . http://personales.upv.es/ ～ jlpeidro/gdi/gdi.htm#intro.
[6] Dunn-Rankin D, Therkelsen P. Lean Combustion：Technology and Control [M]. London：Elsevier Inc.，2016.
[7] Singh A P，Kumar D，Agarwal A K. Alternative Fuels and Advanced Combustion Techniques as Sustainable Solutions for Internal Combustion Engines [M] . Singapore：Springer Nature Singapore Pte Ltd.，2021.
[8] Oh H，Bae C. Effects of the Injection Timing on Spray and Combustion Characteristics in a Spray-guided DISI Engine under Lean-stratified Operation [J] . Fuel，2013，107：225-235.
[9] Klauer N，Zülch C，Schwarz C，et al. The New BMW Turbocharged SULEV 2.0-l four-cylinder Gasoline Engine [J] . MTZ Worldwide，2012，73：20-26.
[10] Luszcz P，Takeuchi K，Pfeilmaier P，et al. Homogeneous Lean Burn Engine Combustion System Development-concept Study [M] . Wiesbaden：Springer Fachmedien Wiesbaden GmbH，2018.
[11] Piqueras P，Morena J D，Sanchis E J，et al. Impact of Exhaust Gas Recirculation on Gaseous Emissions of Turbocharged Spark-ignition Engines [J] . Appl. Sci.，2020，10：7634.
[12] Hiereth H，Prenninger P. Charging the Internal Combustion Engine [M] . Vienna：Springer-Verlag，Wien，2007.

[13] Mahmoudi A R, Khazaee I, Ghazikhani M. Simulating the Effects of Turbocharging on the Emission Levels of a Gasoline Engine[J]. Alex. Eng. J, 2017, 56: 737-748.

[14] Isenstadt A, German J, Dorobantu M, et al. Downsized, Boosted Gasoline Engines[C] . The International Council on Clean Transportation, 2016.

[15] Knecht W. Some Historical Steps in the Development of the Common Rail Injection System[J] . Trans. Newcomen Soc., 2004, 74: 89-107.

[16] Brijesh P, Sreedhara S. Experimental and Numerical Investigations of Effect of Split Injection Strategies and Dwell between Injections on Combustion and Emissions Characteristics of a Diesel Engine [J] . Clean Technol. Environ. Policy, 2016, 18: 2325-2334.

[17] Prabhakar B, Boehman A L. Effect of Common Rail Pressure on the Relationship between Efficiency and Particulate Matter Emissions at NO_x Parity [J] . SAE Technical Paper, 2012, 2012-01-0430.

[18] Abdullah N R, Mamat R, Wyszynski M L, et al. Effects of Pilot Injection Timing and EGR on a Modern V6 Common Rail Direct Injection Diesel Engine [J] . IOP Conf. Ser. : Mater. Sci. Eng. IOP Publishing, 2013, 50: 012008.

[19] Sher E. Handbook of Air Pollution from Internal Combustion Engines : Pollutant Formation and Control[M] . New York : Academic Press, 1998.

[20] Maurya R K. Characteristics and Control of Low Temperature Combustion Engines[M] . Cham : Springer International Publishing AG, 2018.

[21] Farrukh M A. Advanced Chemical Kinetics[M] . London : Intechopen, 2018.

[22] Agarwal A K, Singh A P, Maurya R K. Evolution, Challenges and Path Forward for Low Temperature Combustion Engines [J] . Prog. Energy Combust. Sci., 2017, 61: 1-56.

[23] Shim E, Park H, Bae C. Comparisons of Advanced Combustion Technologies (HCCI, PCCI, and Dual-fuel PCCI) on Engine Performance and Emission Characteristics in a Heavy-duty Diesel Engine[J] . Fuel, 2020, 262: 116436.

[24] Kokjohn S L, Hanson R M, Splitter D A, et al. Fuel Reactivity Controlled Compression Ignition (RCCI): A Pathway to Controlled High-efficiency Clean Combustion[J] . Int. J. Eng. Res., 2011, 12: 209-226.

[25] Duan X, Lai M C, Jansons M, et al. A Review of Controlling Strategies of the

Ignition Timing and Combustion Phase in Homogeneous Charge Compression Ignition (HCCI) Engine[J]. Fuel, 2021, 285: 119-142.

[26] Fischer M, Kreutziger P, Sun Y, et al. Clean EGR for Gasoline Engines-innovative Approach to Efficiency Improvement and Emissions Reduction Simultaneously[J]. SAE Technical Paper, 2017, 2017-01-0683.

[27] Dond D K, Gulhane N P. Effect of a Turbocharger and EGR on the Performance and Emission Characteristics of a CRDI Small Diesel Engine[J]. Heat Transf., 2022, 51: 1237-1252.

[28] Advanced Combustion Literature Survey [R]. Coordinating Research Council, Inc., 2021.

[29] Kalghatgi G, Agarwal A K, Goyal H, et al. Gasoline Compression Ignition Technology[M]. Singapore : Springer Nature Singapore Pte Ltd., 2022.

第3章

后处理技术——防止尾气污染物“逃逸”

汽车尾气是差异性大、流动分散的污染源，治理汽车尾气是一个世界性难题。如第 2 章所述，经过多年努力，人们对发动机结构进行了充分的优化，同时在汽车使用的过程中形成了一套完整的识别、诊断、维修排放控制部件监管制度，使汽车从生产到使用的生态链上有效地防控废气产生。然而，早在 1970 年新版《清洁空气法》出台时，汽车制造商们就发现仅依靠“机内净化”不可能满足法规对尾气排放的要求，因此开始紧急研发早期不被看好的“尾气后处理”技术。正如康宁公司催化转化器项目的核心工程师罗德尼·巴格利（Rodney Bagley）所说：“汽车公司认为在车底悬挂一个化学转化装置只是一个权宜之计，稍后他们就可以通过设计新型发动机来彻底解决尾气排放的问题。”

20 世纪 80 年代，在巴斯夫、庄信万丰、优美科等厂商的助推下，三效催化转化器在主流汽油车市场得到了广泛应用，其空前的成功也推动了现代汽油车与三效催化技术的深刻绑定，“权宜之计”变成了“长久之计”。

汽油车之后是柴油车，在 20 世纪 90 年代，SCR 催化剂开始被应用于重型柴油车，当时催化系统的体积是发动机排量的 6 倍，但 NO_x 净化效率最高只有约 60%。现在，SCR 催化剂的体积接近发动机排量的一半，但效率可达 95% 以上。当催化剂对污染物的转化率达到一定程度后，继续优化的难度极大，这也促使当代汽车工程师与科学家们不断合作，开发日臻完美的“尾气后处理”系统，以满足日益严苛的汽车尾气排放标准。

3.1 汽油车后处理技术

3.1.1 三效催化

如前文所述，早在 1956 年，尤金·霍德里就发明了能够同时去除汽车尾气中 CO 和 HC 排放的催化转化器（也被称为“两效催化转化器”，见图 3-1）。这个装置的早期版本是一个长方体金属盒子，其中交错排列着 71 根涂有氧化铝的陶瓷圆柱。当尾气从其中通过时，CO 和 HC 可被氧化铝表面的微小铂颗粒转化为 CO_2 和 H_2O。霍德里曾自豪地宣称：“把它们放到所有的汽车里，你就能看到肺癌患者的数量越来越少。”

1960 年后，安格公司和 3M 公司将霍德里装置中的陶瓷棒改进为由氧化锆-莫来石组成的波纹板陶瓷，生产了一批催化转化器，用于控制矿山和仓库等封闭空间中叉车排放的 CO。以此为基础，康宁公司开发了具有极高抗热震性和机械强度的堇青石蜂窝陶瓷，这为催化转化器在汽车尾气减排中的应用指明了方向。然而，当时汽油抗爆震添加剂四乙基铅会导致铂（或钯）催化剂中毒，使转化器运行超过 1 万英里就彻底失效。由于频繁更新催化剂会大幅提高汽车的使用成本，催化转化器在此后多年内一直得不到推广。1970 年，修订的《清洁空气法》制定标准对汽油铅含量做出了限制，全面淘汰了含铅汽油，由此才为两效催化转化器的大规模应用提供了必要条件。

图 3-1 尤金·霍德里手持催化转化器原型

令人意想不到的是，1973 年，美国国家环境保护局（EPA）的一项研究几乎摧毁了整个催化转化技术的应用。该研究表明，两效催化转化器会将汽油中的硫污染物与氢气和氧气结合起来制造硫酸。EPA 局长罗素·特雷恩（Russell Train）主持了一次内部会议，以决定如何处理此事。“会议上两个机构的成员激烈对抗，”特雷恩回忆道，“支持催化转化器的人基本都是工程师，而另一边则主要是健康科学家。后者认为催化转化器会释放出硫酸气溶胶，这对高速公路周边人群的健康极为有害。经过长时间艰难的讨论，我们最终决定站在催化转化器的一边，事后看来这是非常明智的决定。”另一个相关的担忧是催化器表面贵金属细颗粒的脱落和排放。广泛的测试表明，这个问题和硫酸排放都不是显著的。到 1975 年，获得专利支持的康宁公司和安格公司已经合作生产了足以让数百万辆汽车满足当时《清洁空气法》要求的两效催化转化器。

到了 1981 年，随着汽油车新车 NO_x 排放限值的全面实施，不能降低尾气中 NO_x 浓度的两效催化转化器已经无法满足主流市场需求。为了实现尾气“达标”，最初的设计是在发动机的出口处安装两级催化剂（先将 NO_x 还原为 N_2，再引入空气将 CO 和 HC 点燃），但这样的设计会令整个汽油车尾气后处理系统臃肿而昂贵。如前所述，安格等公司率先发现，如果催化转化器内部的气氛处于化学计量条件附近，则有可能在同一个催化装置中实现 HC、CO 和 NO_x 三种污染物的去除（即“三效催化”，也称“三元催化”，见图 1-16）。通过将博世和福特汽车公司开发的氧传感器（监测氧浓度）与二氧化铈储氧材料（稳定氧浓度）联用，安格公司得以将尾气中的空燃比保持在可以发生三效催化的范围内。庄信万丰公司（及其美国子公司万丰比绍）经过大量催化剂配方试错，发现在铂中添加少量铑（铂铑比例约 5 ：1～10 ：1，共同负载于三氧化二铝表面）就可以赋予催化剂还原 NO_x 的能力。在上述几家公司的共同推动下，初具雏形的三效催化装置在汽油车新车中快速普及，大幅降低了尾气中 HC、CO 和 NO_x 的含量（图 3-2）。

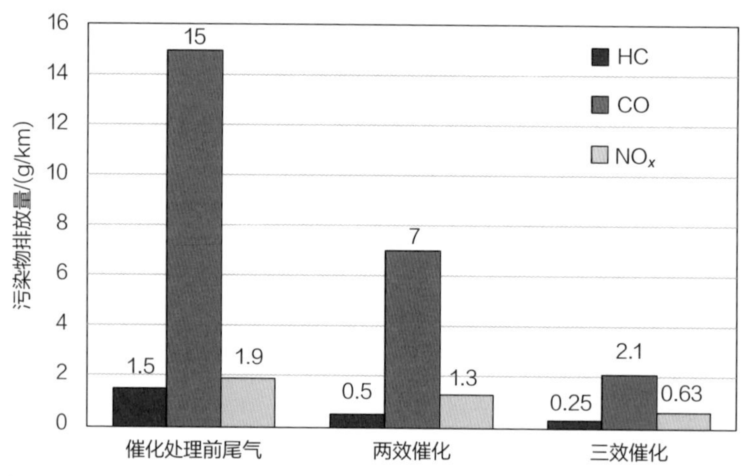

图 3-2　1990 年各类催化转化技术对汽油车尾气污染控制效果对比

20 世纪 80 年代末 90 年代初，汽车工业有了新的发展。车辆平均速度的提高使得发动机出口温度显著提高。同时，为了实现更好的燃油经济性，先进的发动机技术一般会在汽车减速时停止向发动机供油（即所谓“减速关油措施”，DFSO），这就使得催化剂经常暴露于高温（≥ 800℃）富氧环境（图 3-3）。一方面，在富氧工况下铑组分会和催化剂载体三氧化二铝反应生成惰性的铝酸铑（$RhAlO_x$），降低其 NO_x 净化效率。为了保持铑组分价态的稳定，一般在短暂的 DFSO 后自动启用降低空燃比的运行模式，向三效催化剂提供过量的还原剂令 $RhAlO_x$ 分解生成铑组分，由此实现催化剂“再生”；另一方面，高温工况会使得贵金属铂、铑和储氧材料二氧化铈烧结团聚（详见 4.2.2 节），载体三氧化二铝则会发生相变和坍塌（详见 4.2.1 节）。这些因素都会造成三效催化装置不可逆转的失活。为了提高催化剂的耐久性，研究人员在配方中引入 La、Ce、Ba 等元素以稳定贵金属和 γ-Al_2O_3，同时采用更稳定的铈锆固溶体（$Ce_xZr_{1-x}O_2$）取代原有的储氧材料二氧化铈（详见 4.2.3 节）。由此获得的三效催化剂可在 950℃高温富氧环境下长期使用，与新型汽油车不断提高的有效里程相匹配。

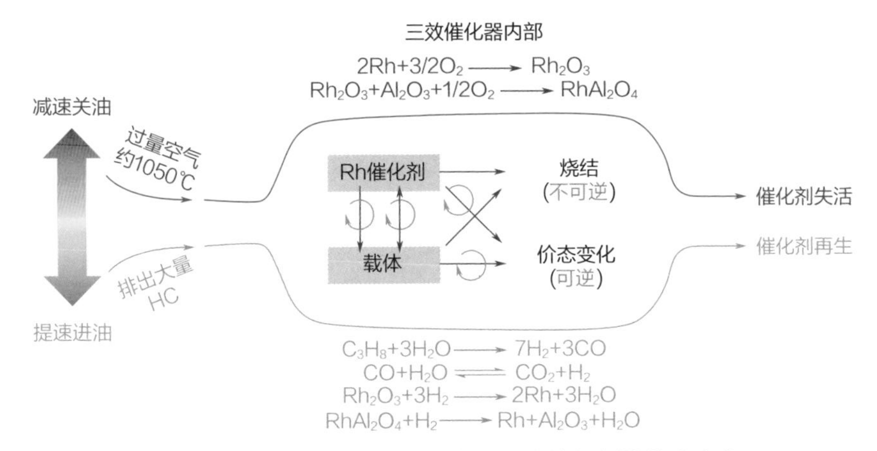

图 3-3　运行在高温富氧环境下三效催化剂的状态变化

汽车作为一种高度市场竞争的产品，其成本对产品的产销影响巨大。三效催化剂作为汽车的一部分，其发展也受到了价格和成本的制约。如图 3-4 所示，三种用作催化剂的贵金属价格一般遵循铑（Rh）>> 铂（Pt）> 钯（Pd）规律。从成本考虑，显然应该尽量多使用钯而尽量少使用铑。最初的三效催化剂使用铂添加铑（Pt/Rh）的配方，在当时的使用条件下获得了所需要的转化率。但是出于对成本的考虑，业界逐步开始转向对 Pd/Rh、Pd/Pt 乃至纯钯三效催化剂的研发。20 世纪 90 年代中期，随着含铅汽油的彻底淘汰，容易铅中毒的钯得到了极佳的应用空间。1994—1995 年，在安格和庄信万丰公司的支持下，福特汽车公司推出了首款搭载全钯三效催化剂的车型。在制作此类催化剂时，需将碱金属和稀土金属氧化物小心地分散在钯的周围，利用水煤气反应产生的氢气促进 NO_x 的分解和转化。最后，整车的排放测试表明，全钯三效催化剂的性能甚至超过当时的 Pd/Rh 型催化剂，且该催化剂的热稳定性也有所提高。

20 世纪末至 21 世纪初，贵金属的价格又发生了变化。尤其是铂和钯的价格相差幅度变小，有时甚至相互交错（图 3-4）。因此，汽车厂商将三种贵金属结合，灵活使用，以达到性能和成本的最优结合。2000 年前后，随着法规的进一步严格、发动机结构变化和将三效催化剂置于紧密耦合位置（即更靠近发动机端口）的设计变更（详见 3.1.2 节），Pd/Rh 再次成为最主流的三效催化剂配方。如今，三效催化剂成分基本已经定型：活性组分为贵金属 Pt、Pd、Rh，其余涂层材料包括 $Ce_xZr_{1-x}O_2$、γ-Al_2O_3、BaO、La_2O_3 等。现代三效催化剂中贵金属含量比以前显著降低（贵金属总量约 50 克 / 英寸[1]^3，低于 20 世纪 90 年代所

---

[1] 1英寸（ft）=2.54厘米（cm）。

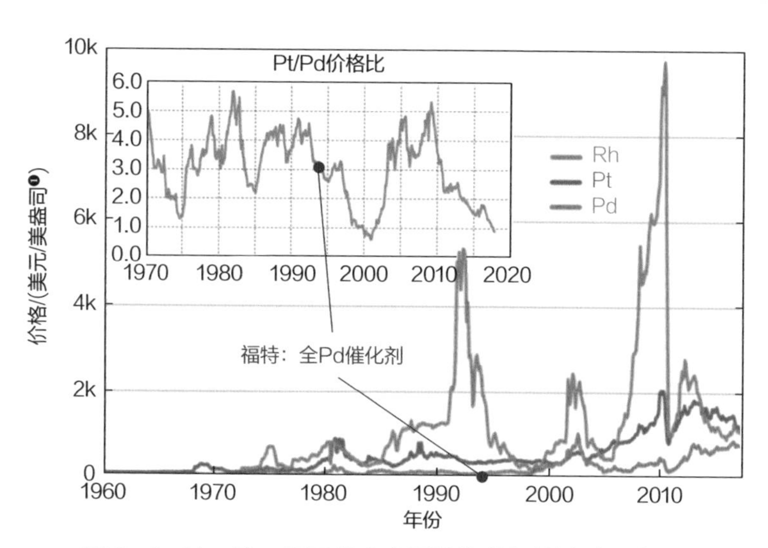

图 3-4 铂、铑、钯三类贵金属价格随年份波动示意图

用贵金属的一半，其中铑的比例一般小于 5%)，但催化剂综合性能更好。

除了催化剂成分外，随着涂覆技术的不断改进，人们也致力于实现不同载体 / 贵金属的分段、分层组合（图 3-5)。例如，将含有 $Rh/Ce_xZr_{1-x}O_2$ 和 Pt-Pd/

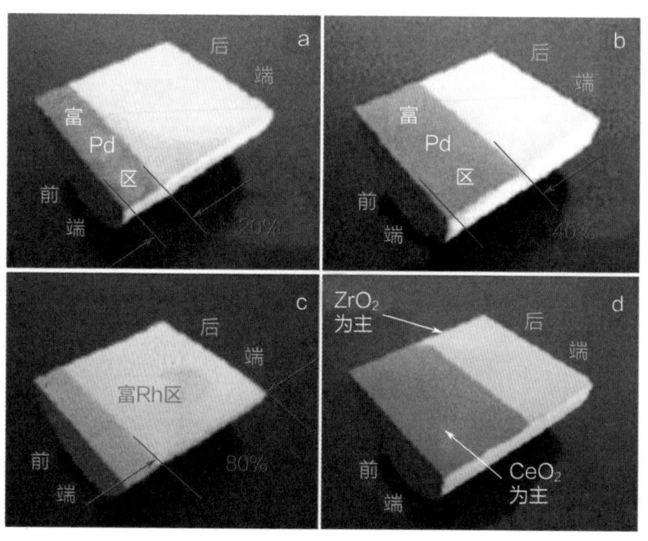

图 3-5 部分现代三效催化剂涂覆效果示意图（截面图）：蜂窝陶瓷前端可控涂覆含钯催化剂（a、b)，蜂窝陶瓷后端涂覆含铑催化剂（c）以及储氧组分的分区域涂覆（d）

❶ 1美盎司（金衡盎司）=31.1035 克。

γ-Al_2O_3 的浆料分层涂覆于蜂窝陶瓷表面，进而抑制铑与三氧化二铝之间的不良反应；对于紧密耦合催化剂，将净化 HC 最有效的钯集中在催化剂入口处，以在发动机点火后几秒内有效降低 HC 排放；对于底盘催化剂，在催化剂前半段使用低贵金属含量的配方以预防硫、磷、锌中毒，在后半段使用高贵金属含量的配方以满足三效净化效果。多涂层催化剂还有很多其他种类，在此不一一列举。

如图 3-6 所示，成型的蜂窝陶瓷催化剂一般被“膨胀垫”锁定在不锈钢壳体内部。封装好的催化剂需在出厂前加热一次，由陶瓷纤维制成的垫料会发生不可逆转的膨胀，填满蜂窝陶瓷和不锈钢壳体之间的空隙，这样既可以防止气体的短路泄漏，也可以避免催化剂在汽车颠簸时松脱。

目前，较为先进的汽油车尾气后处理系统一般包含至少两级三效催化剂（前者钯含量较高，后者则必须有足量的铑），以同时满足汽车冷启动和行驶过程中的三效减排。随着催化剂成分、涂覆技术、封装工艺和装置布局的不断优化，三效催化转化器的效率越来越高，正在向超低排放甚至零排放的工业目标靠拢。

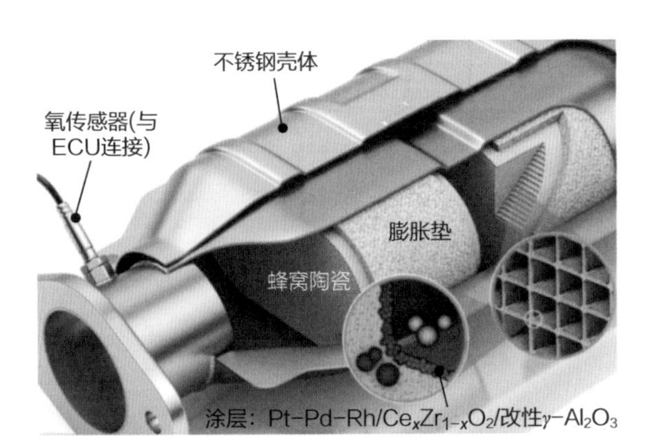

图 3-6　现代三效催化装置示意图

3.1.2　冷启动催化减排

“从前，有一家人住在一座大山脚下的小镇上。在那座山的山顶有一条无人能敌的巨龙，守卫着通往下一个山谷的通道，据传说那里有宝藏。家里的两个儿子一直在尝试翻过山岭、寻找宝藏，以帮助他们的家人。但陡峭的山路和山顶的恶龙每一次都让他们食物短缺、能量耗尽，被迫无功而返。一天，在回来的路上，一个陌生巫师出现在他们面前，声称知道一条穿过山脉的秘密通道。跟随着他的脚步，兄弟二人走入了隐秘而崎岖的小道，经过几个小时的跋涉，他们径直地穿过了高山，找到了山谷中的宝藏。”

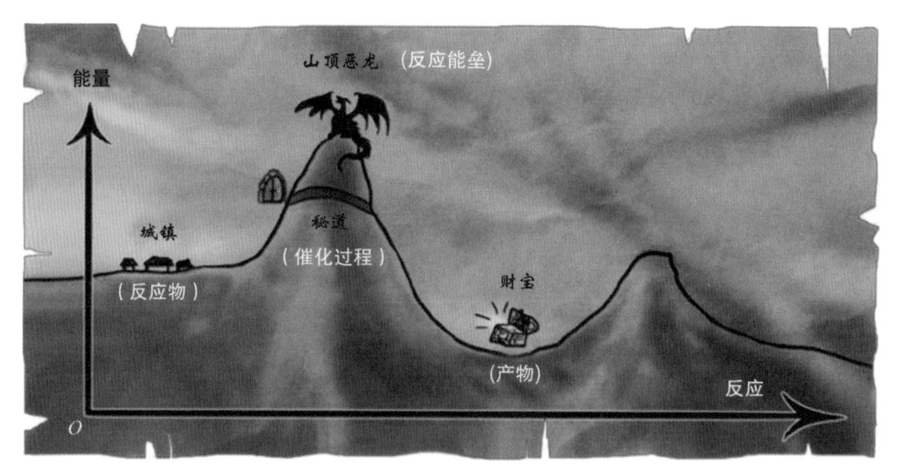

图 3-7　化学反应过程中催化剂的作用示意图

图 3-7 描绘的故事暗含了催化反应的基本原理：由巫师（催化剂）揭示的秘道提供了在能量上可行的反应路线，使探索者们（反应物）能够不必反复尝试爬山甚至面对恶龙（反应能垒）就可直达宝藏（产物）。换言之，催化剂的主要作用是降低反应活化能（E_a），从而在较低温度下得到理想的反应速率（r）。根据阿伦尼乌斯方程，假设某一反应只有一种反应物 A，反应速度和 A 的浓度（C_A）成正比，那么 r 的表达式如式（3-1）所示：

$$r = K_0 \times \exp[-E_a/(RT)] \times C_A \tag{3-1}$$

式中，K_0 为反应速率常数，和反应物特性以及催化位点的数量有关；R 为气体常数；T 为反应温度。可见，E_a 的降低可以明显提高反应速率。

另一方面，如果催化反应选用的催化剂已经固定（即 E_a 已经确定），那么唯一的变量会来自反应温度。一般而言，温度越高，反应的速度就越快，催化转化率也越高。在催化工业中常将某一反应物转化率达到 50% 时的温度定义为它的“起活温度”（light-off temperature），也称为 T_{50}（根据具体需要，有时也将 T_{90} 或 T_{10} 定义为起活温度）。比如在汽车尾气催化净化中，某种催化剂对 CO 的 T_{50} 是 280℃，意味着在 280℃时其可将 50% 的 CO 氧化为 CO_2。

当汽车发动机熄火超过一定时间后，发动机、催化剂和排气管道都达到与环境相似的温度，如果在此时发动汽车（即所谓“冷启动”），则在初始启动的几十秒内，催化剂的温度将逐渐从环境温度上升到催化剂需要的起活温度。现代三效催化剂往往需要在250℃以上才能起活。在此之前，绝大部分发动机尾气将从尾气管直接排出。如图3-8所示，在各类汽油车尾气污染物中，与CO和NO_x相比，HC（尤其是烷烃）需要更高的起活温度。事实上，目前汽油车60%以上的HC排放均在发动机冷启动后100秒内产生。为了降低冷启动排放，世界主流尾气排放法规对三效催化剂的起活时间进行了严格限定。例如，低排放（LEV）车辆的催化剂需在80秒内完全起活，超低排放（ULEV）和极低排放（SULEV）车辆的催化剂分别需在50秒和20～30秒内完全起活。这对整个三效催化系统提出了极高的要求，也成为现代汽车尾气排放研究和开发的主要内容。

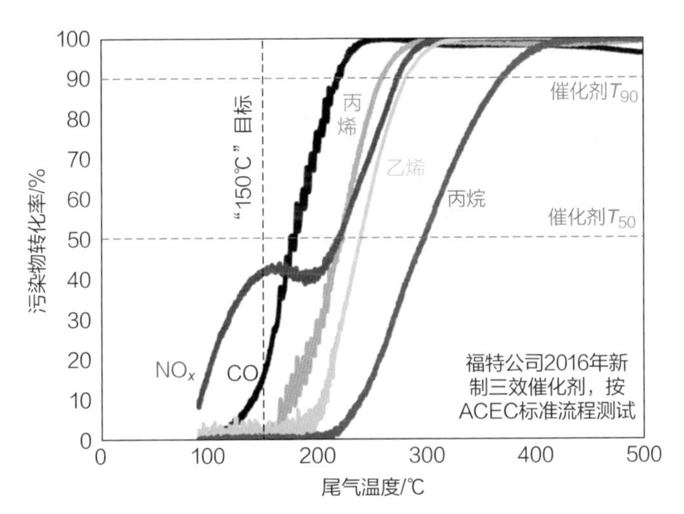

图3-8 三效催化剂对典型汽油车尾气污染物起活温度示意图

最传统的研究思路为降低三效催化剂的起活温度。2012年，来自克莱斯勒、通用、福特等不同公司和研究机构的55位汽车催化领域专家召开研讨会，商讨了满足未来更高效发动机排放所需的条件，基于现有技术及其发展趋势，他们提出了"将三效催化剂起活温度（此处定义是T_{90}）降低至150℃"的目标。福特汽车公司在随后的规划中着重研究超低温三效催化剂，致力于通过改进配方实现所谓"150℃目标"。然而，由于需要兼顾催化剂的耐久性与低温活性，目前大部分工作仍停留在实验室阶段，可在150℃充分起活的实用催化剂仍未被开发出来。

既然近期无望获得超低温催化剂，那么是否有办法让传统三效催化剂在冷启动后尽快达到起活温度？对这个问题的探索催生了紧密耦合催化剂（Close-

Coupled Catalyst，CCC），即将三效催化剂安装于紧靠发动机的排气歧管位置，一些排量大的车型还需其与底盘三效催化剂联用（图 3-9）。CCC 装置可在 20 秒内即达到三效催化剂的起活温度，但在随后的运行过程中会直面发动机出气口 1000℃以上的高温。在此环境下，贵金属、储氧材料和三氧化二铝载体都可能发生结构变化导致催化剂失活。因此，直至 20 世纪 90 年代耐高温催化剂涂层材料被开发后（详见 3.1.1 节），CCC 装置才在三效催化系统中得到广泛应用。即使如此，若 CCC 装置在超过 1100℃高温维持太长时间，所谓“耐高温”涂层仍会受到一定程度的损伤。此外，CCC 装置需要有高孔密度、超薄壁厚的基底材料（$600/4_{陶瓷}$、$900/2.5_{陶瓷}$，甚至 $1200/2_{金属}$）配合实现快速升温。

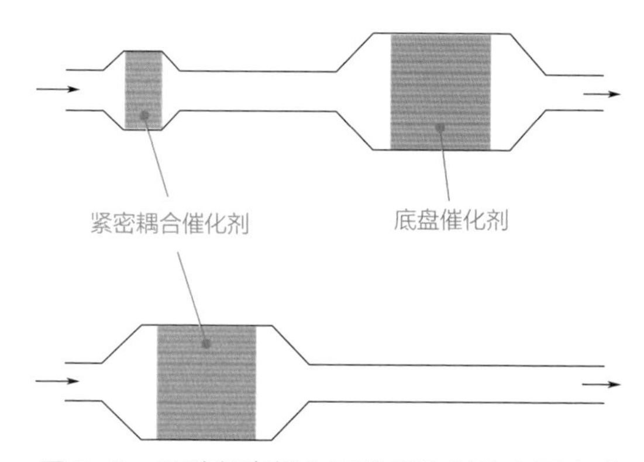

图 3-9　两种紧密耦合三效催化剂的布局方式

除了利用发动机尾气热量，另一种提升三效催化剂温度的技术为电加热催化剂（Electrically Heated Catalyst，EHC）技术，其最早在 20 世纪 90 年代搭载于宝马汽车公司的部分车型（如 750i 等）上市。如图 3-10 所示，EHC 系统一般由掺有 Cr/Al/ 稀土的不锈钢基底涂覆三效催化剂组成，接入电流后可令整个系统在 3 ～ 5 秒内达到起活温度，快速降低尾气中 HC 含量。然而，由于汽油车的车载电池功率密度较低，无法满足 EHC 大功率输入的需要。近年来，随

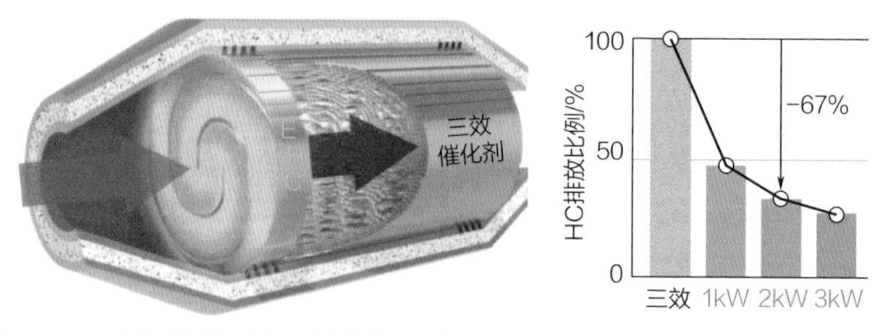

图 3-10　电加热装置在三效催化系统中的布局和电加热前后 HC 减排效果

着配备更强大电池系统的插电式混合动力车辆投入使用，这个问题可能得到部分解决。但金属基载体脆弱的耐久性和相对昂贵的使用成本使 EHC 与其他冷启动减排方案相比始终处于劣势。因此，该技术目前更常见用于各类汽车尾气后处理系统的辅助装置（而非作为独立系统），发挥催化净化功能。

除了 CCC 和 EHC 外，另一种越来越受欢迎的冷启动减排方案是 HC 吸附催化剂。其主要思路是在冷启动时使用特殊材料暂时“绑定”发动机排出的 HC，之后借助逐步升高的尾气温度完成 HC 的脱附和催化转化。这个方案的效率主要取决于冷启动时捕获 HC 的量，以及被捕获的 HC 能够保持到多高的温度才释放。显然，在冷启动时吸附的 HC 越多、释放温度越高，则可能达到的最终转化率就越高。目前最有效的 HC 吸附材料是疏水型分子筛，常见的产品包括纯硅分子筛、Y- 分子筛、β- 分子筛、ZSM-5 分子筛和丝光沸石等（详见 4.2.4 节）。

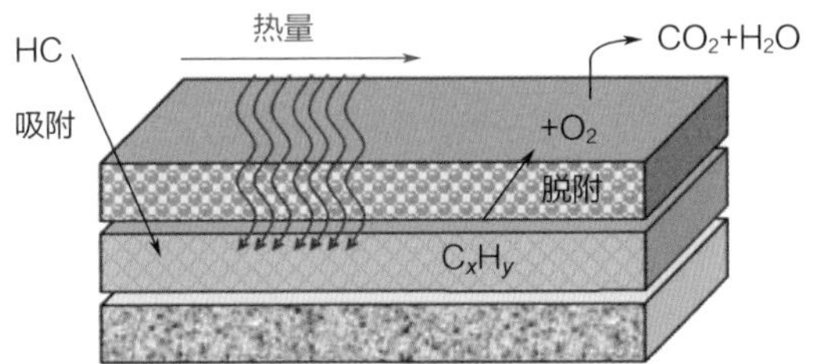

图 3-11 典型 HC 吸附催化剂结构和使用原理示意图

由于 HC 吸附材料在高温、含水的环境下容易发生坍塌，所以 HC 吸附催化剂一般用于底盘三效催化，极少直接用于 CCC 装置。图 3-11 显示了 HC 吸附催化剂的一种典型结构。将可吸附 HC 的分子筛材料涂覆在陶瓷基底表面，再将三效催化剂涂覆在分子筛材料的上部。HC 在冷启动期间穿过三效催化剂床层，被分子筛吸附。在理想情况下，当涂层被充分预热后，HC 即可释放出来被上层三效催化剂转化。然而，在真实使用过程中，人们发现现有的分子筛材料很难牢固“绑定”HC，使得其往往在低于三效催化剂起活温度时释放。图 3-12 展示了 HC 吸附催化剂被加热时，存储的 HC 释放浓度和三效催化剂转化效率随温度的变化。冷启动时存储的 HC 通常在 120 ～ 250℃从分子筛中释放，而三效催化剂在 250℃以下的 HC 转化效率很少能超过 50%，这就导致大部分被吸附的 HC 未经转化即排放到大气中。此外，在催化剂长时间运行后，高温、含水的汽车尾气环境还会进一步降低分子筛吸附 HC 的能力和三效催化剂低温活性（所谓材料“老化”），最终使得二者在温度上的交集更小。要提高 HC 吸附催化剂的综合效率，需要一方面降低三效催化剂的起活温度，另一方面选用能够更“牢固”绑定 HC 的吸附材料（例如碱金属、过渡金属和贵金属改性的分子筛）。有报道称，用于实际车辆的 HC 吸附催化剂已经能够降低超过 40% 的冷启动 HC 排放，其与 CCC 和 EHC 装置的联用还有望进一步提高汽油车冷启动 HC 减排效率。

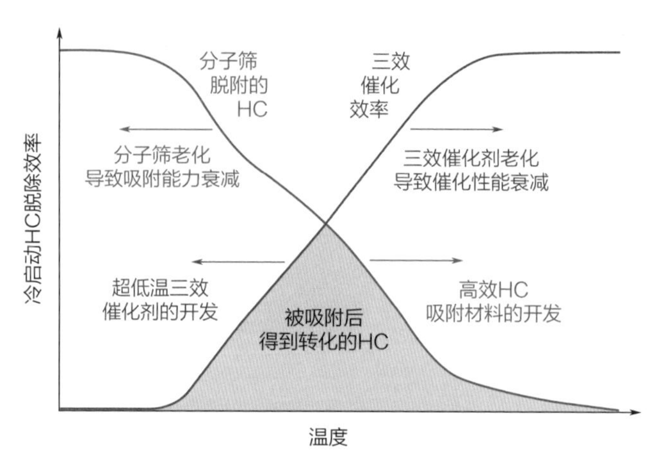

图 3-12　冷启动 HC 释放浓度和三效催化剂转化效率随温度变化示意图

3.1.3　汽油车颗粒物过滤

传统的汽油发动机都是燃油进气道喷射（Port Fuel Injection，PFI），即将汽油喷射到进气道或气缸端口处，在与空气充分预混后进入气缸进行点火和燃烧（详见图 2-5）。由于汽油和空气得到充分混合，缸内燃烧较为充分，因此 PM 一般不被认为是汽油机的主要污染物（详见图 1-1）。值得注意的是，日本三菱公司所推出的汽油缸内直喷技术（Gasoline Direct Injection，GDI）大幅提高了汽车动力和燃油经济性，同时减少了部分污染物排放（详见2.1.2节），一经面市即在世界范围内大受欢迎。2008年，全世界仅有2.3%的汽油车采用GDI技术，这一比例在十年后的2018年就达到了惊人的51%。GDI在欧美的应用比例更高，2016年欧洲约有2/3的新汽油车搭载GDI技术。事实上，如图3-13所示，GDI也是近年来最受市场认可的轻型车辆新技术。全球主流汽车制造商都在转向将涡轮增压GDI发动机作为下一代技术平台，其对传统PFI发动机的完全取代似乎只是时间问题。

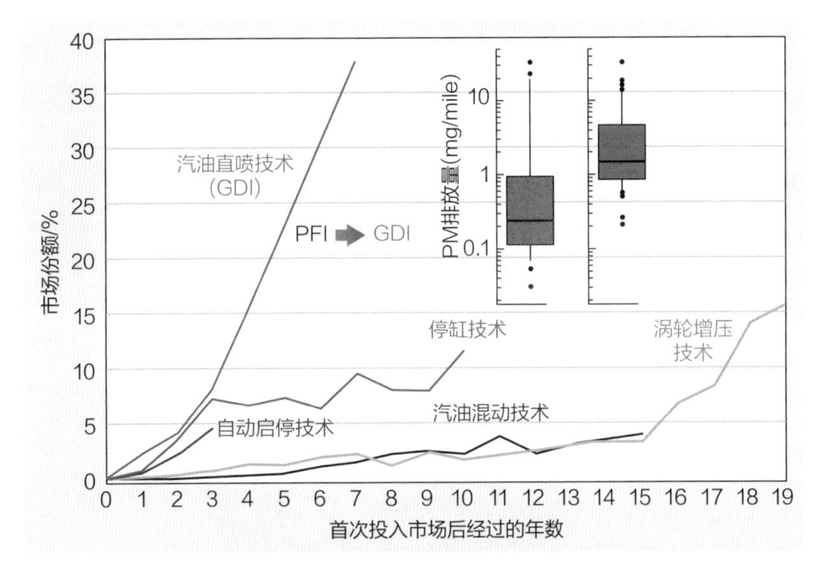

图3-13 轻型车辆新技术在市场中的应用效果和GDI产生的PM排放问题

可惜的是，由于GDI技术的燃料混合方式与柴油机相仿，使得在发动机冷启动时直接喷射的汽油和空气不均匀混合，导致汽油的不均匀燃烧和PM的排放增加（图3-13）。类似于柴油机产生的PM，汽油机PM包括四个组成部分：碳烟（干碳颗粒，PM的主体部分，固态）、灰分（固态）、可溶性有机物（液态）和硫酸盐颗粒（液态）。碳烟和有机物来自汽油的不完全燃烧，灰分来自汽油和发动机机油中添加剂的燃烧，硫酸盐颗粒来自汽油和机油中含硫的燃烧产物。其中，固态的碳烟和灰分尤其难以去除。为了应对这一问题，全球排放法规体系均在2014年之后更新了对GDI汽油车PM的排放限值，如美国的Tier 3、欧盟的欧Ⅵ和中国的国Ⅵ等，这些标准要求目前的GDI发动机PM排放降低90%以上。

大量研究表明，仅通过 GDI 机内净化无法满足现有法规对其 PM 排放的要求。现有的三效催化系统可净化部分可溶性有机物，但难以处理 PM 中固态的碳烟和灰分。因此，汽车制造商开始研发适用于 GDI 的颗粒物过滤技术（Gasoline Particulate Filter，GPF），以期彻底解决新型汽油车尾气 PM 排放的问题。

该技术最初由戴姆勒汽车公司推广，并于 2014 年初在奔驰 S500 型轿车上得到应用，可将 PM 排放量减少 95% 以上。2017 年后，戴姆勒以及大众、宝马、标致和其他汽车制造商开始在各类新车型上搭载 GPF 装置。仅在 2018 年，康宁公司就为欧洲市场提供了约 100 万套 GPF 装置，这表明该技术在一年内实现了至少 10% 的汽油车市场渗透。另外，虽然 GPF 和广泛应用的柴油颗粒物过滤技术（Diesel Particulate Filter，DPF，详见 3.2.2 节）密切相关，但由于汽、柴油发动机的颗粒物排放率和尾气成分有所不同，GPF 和 DPF 系统在过滤器配置、操作和控制策略方面存在诸多差异。具体而言，与柴油机相比，汽油机具有更高的工作温度（最高 900℃，柴油机低于 400℃）和背压降（气体流过过滤器产生的压力差）敏感度、更低的颗粒物总质量与数量（1 ～ 3 毫克 / 千米和 1×10^{12} ～ 10×10^{12} 个 / 千米，柴油机约为 10 毫克 / 千米和 1×10^{13} ～ 10×10^{13} 个 / 千米），以及较低的氧化剂（O_2 和 NO_x）浓度。

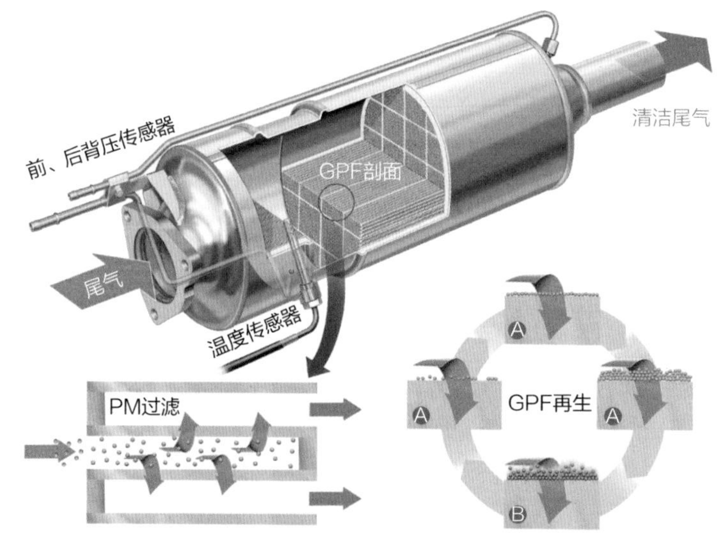

图 3-14　汽油车颗粒物过滤器（GPF）的基本构造与使用原理

典型的 GPF 装置如图 3-14 所示，这是一种物理捕获 PM 的装置，主要采用壁流式结构。其宏观结构与三效催化剂类似，均为多孔蜂窝陶瓷（GPF 一般采用堇青石材料制成，详见4.2.1节）。不同的是，GPF的孔道并非全部贯通，而是交替打开和堵塞，从而可强制尾气流过充当过滤介质的孔壁。此时，混合在尾气中的PM会被“截留”在GPF内壁而脱除。需要注意的是，随着PM在GPF中积累，整个尾气系统的背压降会快速增大，进而导致发动机油耗增加。当背压降高于某一临界值后，发动机不能正常运转甚至停顿损坏。所以应该及时清除GPF中累积的PM，实现所谓GPF“再生”。

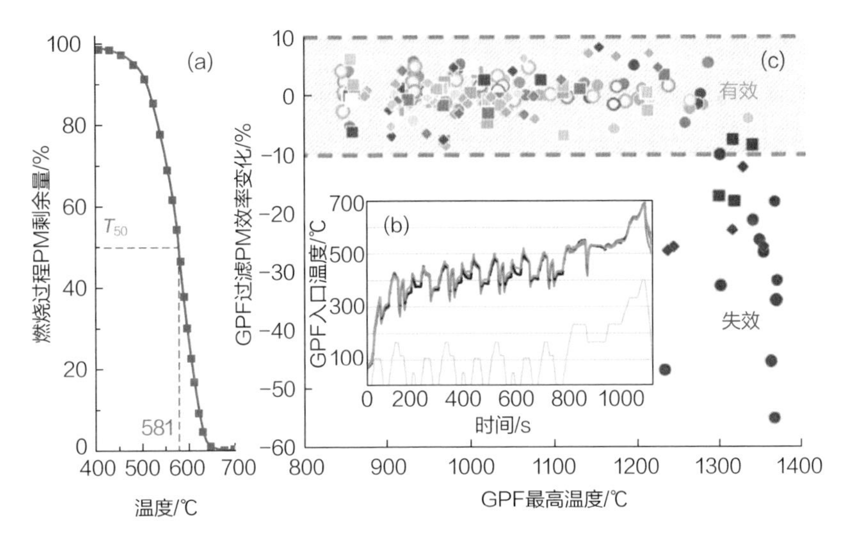

图3-15 GDI产生的PM燃烧温度（a），GPF入口温度随汽车行驶的变化（b）以及GPF过滤PM效率随温度的变化（c）

GPF再生的基本策略是利用空气中的氧将PM的主要成分“碳烟”氧化为CO_2（$C + O_2 \longrightarrow CO_2$），由此实现PM的连续脱除。然而，如图3-15（a）所示，碳烟完全燃烧一般需要600℃以上的高温，其T_{50}也在500℃以上，这与GPF正常工作温度[300～500℃，见图3-15（b）]难以匹配。在汽车减速断油阶段（如短暂加速后保持减速行驶），部分高温空气可能与碳烟反应，从而在一定程度促进GPF“被动再生”。在汽车低速平稳驾驶条件下则有必要采用“主动再生”策略，人为地提高GPF温度以点燃碳烟。参考冷启动CCC和EHC的设计思路，汽车制造商先后研究了延迟点火和二次空气喷射两个主动再生方案，发现二者都可将GPF加热到600℃以上，且后者造成的燃料损失更低。然而，需要注意到碳烟燃烧本身是一个强放热反应（可类比煤炭燃烧的过程），大量碳烟的集中燃烧可能造成800℃以上的温度蹿升，继而在已经被加热的GPF内形成高温热点（> 1400℃）。如图3-15（c）所示，内部温度过高时，GPF对于PM的过滤效率会显著降低。因此，有必要考虑另一条更为可行的 GPF 再生技术路线，即通过表面涂覆催化剂降低碳烟的起燃温度，由此可实现 GPF 的连续被动再生，提高其过滤效果、使用寿命以及整车的燃油经济性。

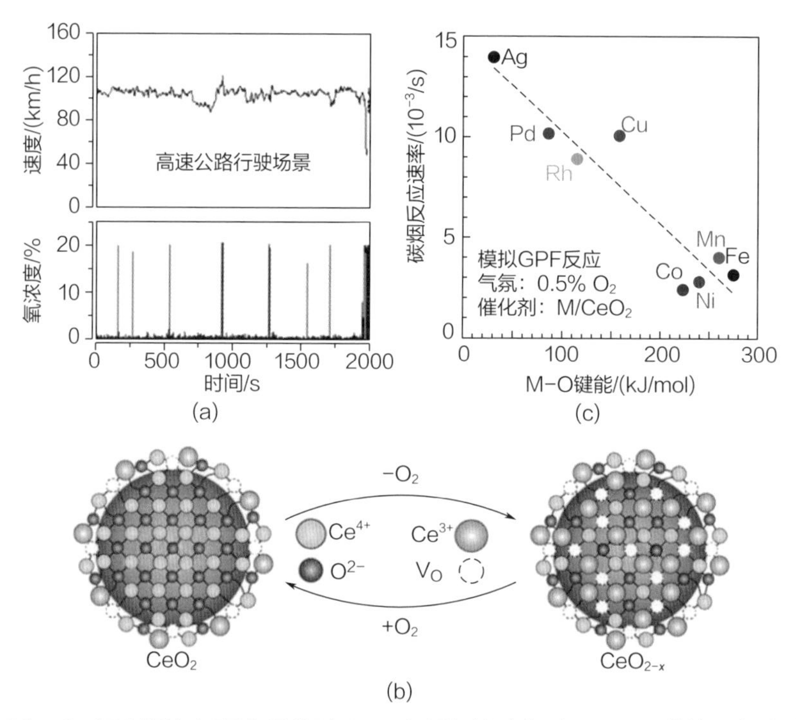

图 3-16　在 GDI 汽油车高速行驶时 GPF 内部氧浓度（a），CeO_2 随外界氧浓度变化储放氧（b）以及不同 CeO_2 基材料催化 GDI 碳烟燃烧效率比较（c）

除了 GPF 温度外，影响汽油车碳烟燃烧的另一个重要因素是气氛中氧化剂的浓度。在 GDI 汽油车后处理系统中，受上游三效催化系统影响，GPF 往往运行在不含 NO_x 且氧含量极低的环境下[图 3-16（a）]。在此工况下，现有柴油车颗粒物过滤 - 脱除系统中的“王牌”催化剂（主要含铂、钯等贵金属）的性能大幅削弱，这意味着已成熟的 DPF 催化技术难以直接向 GPF 系统移植。

研究人员近期正积极探索能够在无 NO_x、低氧环境下脱除碳烟的新型氧化催化剂，二氧化铈（CeO_2）基材料是其中最具代表性的一类。如图 3-16（b）所示，CeO_2 中的 Ce 可在 +3 价和 +4 价之间快速切换，使得该类材料具有良好的“储放氧能力”，在外界氧浓度降低时可有效释放自身晶格氧参与碳烟的催化燃烧（详见 4.2.3 节），这与 GPF 工况下 PM 脱除的需求完全吻合。近期大量研究结果表明，经过银（Ag）改性的 CeO_2 在模拟 GPF 工况下具有远强于其他催化剂的碳烟脱除性能[图3-16(c)]和低廉的材料成本，如Ag/CeO_2催化剂能够解决自身热稳定性不足、与碳烟接触效率有限等问题，则有望在近期于GPF系统中得到实用。

事实上，在CeO_2基汽油车碳烟燃烧“专用催化剂”尚未得到推广前，市面上已经出现了涂有三效催化剂的GPF（例如，可见于大众2018年推出的Up GTI车型）。如图3-17所示，这类装置可以部分替代底盘三效催化剂的功能，有望同时去除GDI发动机尾气中的HC、CO、NO_x和PM，因而也被称为汽油车“四效催化剂”。

目前，这类装置的大范围推广尚面临两个问题：一方面，由于需要避免尾气系统背压降过高，GPF上不能涂覆过多的催化剂，这使得四效催化装置的HC、CO和NO_x净化效率远低于传统三效催化装置；另一方面，如果催化剂涂覆量过低，则GPF陶瓷器壁深层的孔隙无法被有效填充，这样PM就不会在其表面积累成“碳饼”结构，这对于捕获总量较少、生成时间较短暂的汽油车PM是极为不利的（汽油车往往需要运行数千公里才能让GPF达到令人满意的PM过滤效率）。综合权衡以上因素，各大汽车尾气催化剂生产企业均在优化GPF中催化剂的负载总量，并尝试不同的催化剂涂覆策略，实现其在GPF中的最佳分布，从而在尽可能低的背压降下达到尽可能高的催化活性和过滤效率。

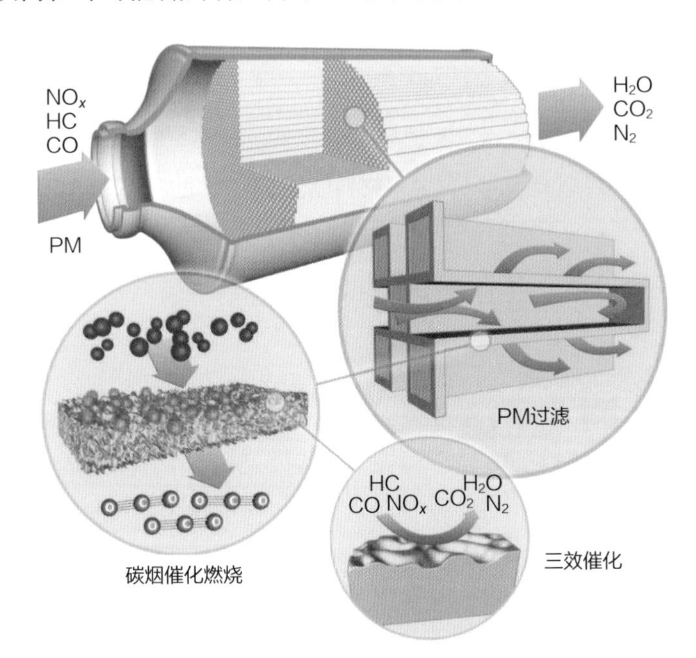

图3-17 巴斯夫公司展示的汽油车“四效催化”工作原理示意图

除碳烟外，固态的灰分也是 PM 的重要组成部分。在汽车行驶时，来源于润滑油、发动机磨损和排气系统剥落的金属氧化物灰分（主要含钙、磷、硫、锌和铁等元素）会不断在 GPF 内部（主要是内壁上，见图 3-18）积累且无法被脱除。因此，GPF 往往需要通过结构和形貌设计，确保其在车辆使用寿命内具有足够的承受灰分的能力无须更换。与碳烟颗粒类似，积累的灰分会提高尾气系统背压降，从而影响汽车燃油经济性和功率输出。同时，灰分的积累也有一定积极作用。随着汽车里程的提高，这些灰分层可成为过滤介质提高 PM 的脱除效果。例如，对于未涂覆催化剂的 GPF 而言，其在行驶 3000 公里以后过滤效率可从 60% 提高到约 80%，行驶十万公里以上则可获得接近 100% 的过滤能力。

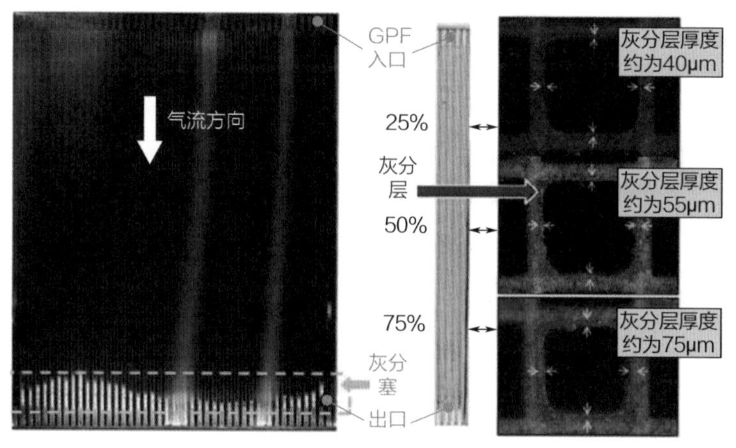

图 3-18　一辆搭载 GPF 装置的汽车在行驶 20 万公里后过滤器内部的灰分分布

3.1.4　汽油车尾气后处理技术展望

在过去很长一段时间内，汽油车尾气后处理技术集中于对三效催化系统的研发。相关进展也使得现在世界上每一辆汽油车都搭载了能够显著降低尾气 HC、CO 和 NO_x 浓度的先进三效催化装置，另有相当数量的高级车型搭载了至少两级三效催化剂（即“紧密耦合催化剂”+“底盘三效催化剂”），以确保在汽车运行全程实现超低排放。由于对冷启动减排的关注，紧密耦合配置在三效催化系统中变得越来越重要。近年来，HC 吸附催化技术正在随着相关材料的进步而变得愈加高效，可能是短期内最有发展潜力的一类紧密耦合三效催化手段。

此外，由于配备涡轮增压系统的GDI发动机正在逐步占据主流汽油车市场，因此多级三效催化技术和（催化辅助的）颗粒物过滤技术的联用即将成为汽油车尾气后处理系统的核心配置（图3-19）。而随着近期尾气排放法规的不断加严，对三效催化装置的净化效率和耐久性提出了越来越苛刻的要求，由此也持续推动高性能、高稳定性三效催化剂的研发。

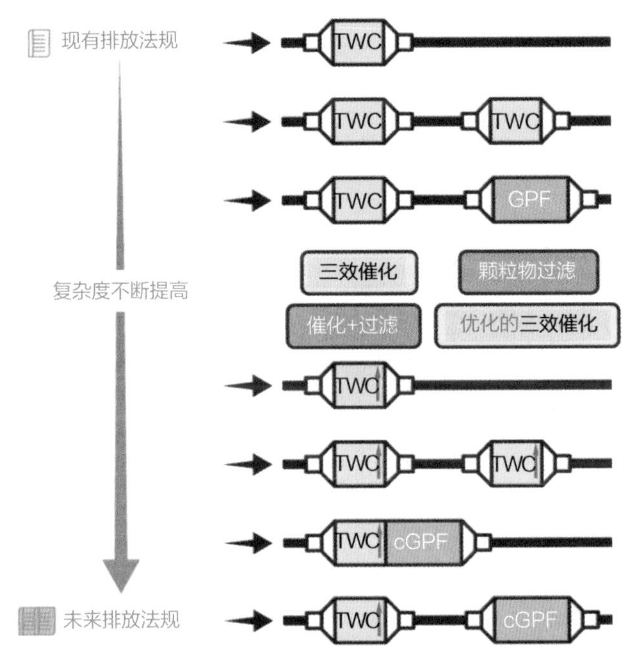

图3-19　汽油车尾气后处理系统布局的现状与未来

一般而言，从本质上提升（单位质量）三效催化剂性能的手段有两种：

❶ 尽量将活性位点（例如钯、铂、铑等贵金属）保持为高度分散状态，从而尽可能增大催化剂与HC、CO和NO_x等气体接触和反应的机会；

❷ 精细调节活性位点的成分、结构、形貌及其与载体的相互作用等参数，由此进一步降低反应能垒，以期在更低温度获得更高的反应速率。

这两类优化工艺都离不开相关催化反应机理和催化剂表征技术的支持。

对三效催化反应机理最早的探索可追溯到20世纪20年代人们对铂表面CO氧化的研究和Langmuir-Hinshelwood（L-H）反应模型的建立。如图3-20所示，以L-H和其他模型为理论基础，结合扫描隧道显微镜（STM）、透射电子显微镜（TEM）、X射线光电子能谱（XPS）、红外（IR）光谱、X射线精细结构谱（XAFS）等现代材料表征技术，丰田等众多汽车生产商正在开发并推广原子级分散和纳米结构氧化物负载催化剂（Atomically Dispersed and Nanostructured-oxide Supported Catalysts，ADNSC，详见4.2.2节）。一般认为，成熟的ADNSC产品能够以最有效的方式利用贵金属活性物质，同时兼具良好的热稳定性，有望作为新一代三效催化剂的基本构型，用于匹配优化后的后处理系统，以满足日益严苛的汽油车尾气排放法规。

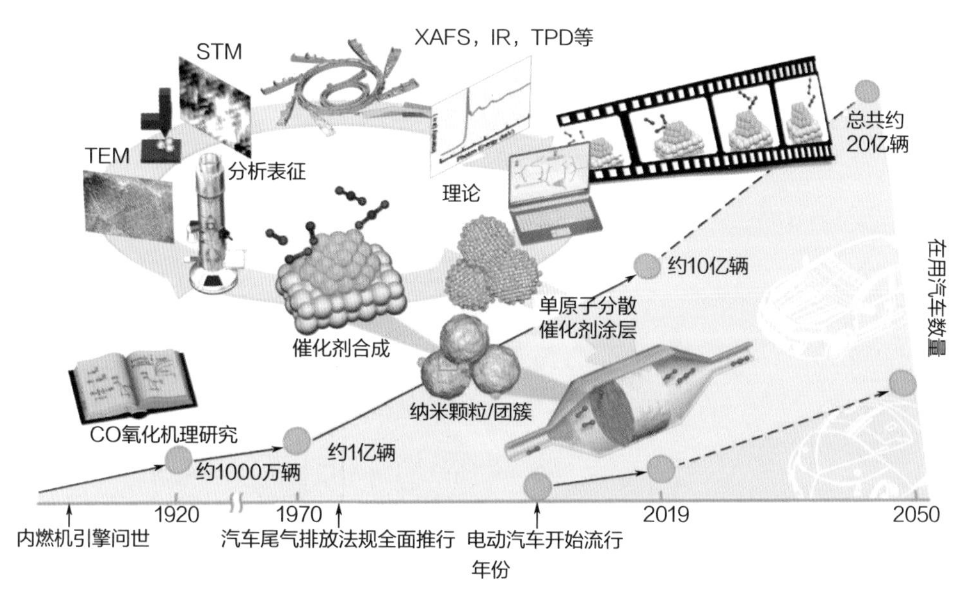

图3-20 汽油车尾气后处理催化剂的现状与未来

3.2 柴油车后处理技术

3.2.1 柴油催化氧化

如前文所述，能够同时去除汽车尾气中CO和HC排放的“两效催化转化器”早在20世纪60年代就得到了初步应用。之后随着技术的进步，其在汽油车中被能够额外去除NO_x的三效催化系统所取代。然而，由于柴油车尾气CO和HC含量较低且氧浓度较高（图1-1），无法触发三效催化（要求*A*/*F*处于化学计量配比附近）。因此，柴油车使用与汽油车截然不同的尾气后处理技术路线，其中两效催化（现在被称为“柴油催化氧化”，Diesel Oxidation Catalyst，

DOC）技术于 1991 年后普遍应用于柴油车尾气减排。需要说明的是，当时排放法规对柴油车 CO 和 HC 排放要求不高，基本无须催化处理也能达标，所以 DOC 主要用于氧化尾气中的液态可溶性有机物，进而辅助降低 PM 排放。在现代柴油车中，DOC 往往与发动机排气口距离最近，处于整个尾气后处理系统的第一环节。其除了能够净化 HC 和 CO 外，还兼具很多其他功能。例如，将 NO 氧化为 NO_2 以促进后续碳烟燃烧和催化脱硝反应，提升尾气温度为下游后处理系统提供热量，抑制 SO_3 和硫酸盐颗粒物的生成，等等（图 3-21）。

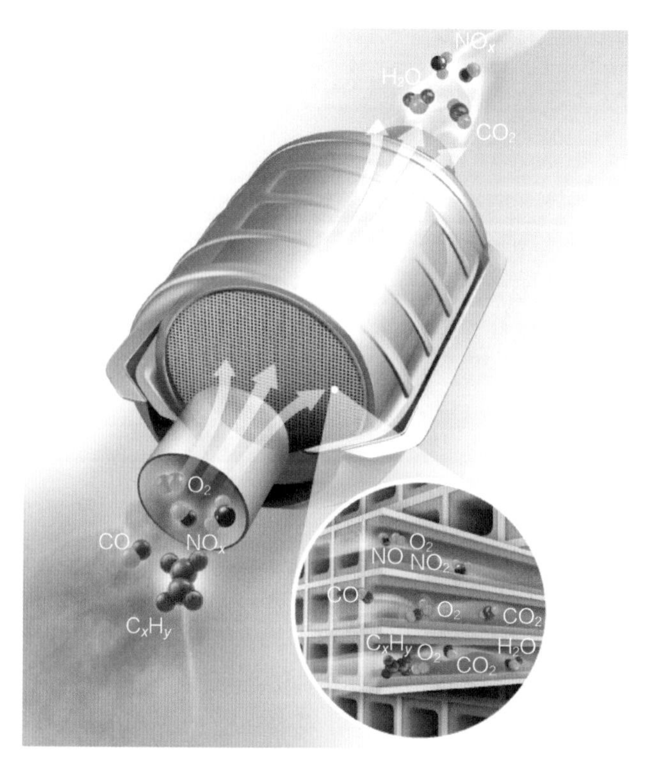

图 3-21　柴油氧化催化剂（DOC）工作原理及效果示意图

铂和钯是氧化 CO 和 HC 最有效的催化剂，也是 DOC 的核心活性组分，二者的同时使用使得 DOC 系统兼具优良的催化活性和热稳定性。事实上，在大规模应用这两类贵金属前，汽车制造商也曾考虑过其他价格更低廉的材料（如钴、铜、铁、锰等，见表 3-1），但大量研究表明，这些材料在反应活性、热稳定性和对化学中毒的抵抗性等方面不能满足 DOC 的实用要求。此外，由于早期柴油车尾气中 SO_2 浓度很高，也限制了对硫中毒较敏感的钯的添加量（传统 DOC 中铂钯比例一般在 2.5/1 至 5/1 之间）。现代柴油中硫含量已降至极低水平

（小于 15ppm），钯也得到了更多的应用。

目前普遍应用的 DOC 装置一般由涂有 Pt-Pd/γ-Al_2O_3 的蜂窝陶瓷组成，为了满足日益严格的 HC 排放标准，部分 DOC 也涂覆了分子筛材料以在冷启动阶段吸附 HC，再于 DOC 温度升高后释放并转化之（原理与汽油车“HC 吸附催化剂”相同，详见图 3-11）。值得注意的是，一些新型柴油发动机技术（如柴油低温燃烧等）可以降低发动机油耗和 NO_x 的产生，但也会显著降低发动机温度，同时增加尾气中 CO 和 HC 的浓度，这些都会给 DOC 的正常运行带来挑战。

表 3-1　不同材料催化氧化能力对比（福特汽车公司 1975 年报道）*

催化剂	1% CO	0.1% 乙烯	0.1% 乙烷
钯（Pd）	500	100	1
铂（Pt）	100	12	1
Co_3O_4	80	0.6	0.05
$CuO-Cr_2O_3$	40	0.8	0.02
金（Au）	15	0.3	< 0.2
MnO_2	3.4	0.04	—
$LaCoO_3$	35	0.03	—
CuO	45	0.6	—
Fe_2O_3	0.4	0.006	—
Cr_2O_3	0.03	0.004	0.008
NiO	0.13	0.0007	0.0008

* 数值为 300℃反应时获取，单位为毫升 CO_2/（平方米催化剂表面积 · 分）。

柴油机尾气中的 NO_x 主要以 NO 形式存在，NO_2 的占比往往不足 5%。然而，尾气中较高的 NO_2/NO 浓度比能够极大提升 PM 过滤系统和催化脱硝系统的效率。作为整个尾气后处理系统的“前锋”，DOC 承担了将 NO 转化为 NO_2 的任务（发挥作用的主要是铂组分，钯相对欠缺 NO 氧化能力）。图 3-22 展示了不同年份生产的柴油车尾气中 NO_2 所占 NO_x 比例，可以间接反映尾气后处理系统的发展对 NO_2 供给的影响。21 世纪初期生产的柴油乘用车和轻型商用车尾气中 NO_2/NO_x 均较低（≤ 10%）。之后随着柴油车尾气后处理装置（包括 DOC 和 DPF）的大规模应用，这一比例迅速提升，并在 2007 年左右达到峰值。随后，随着汽车制造商严格控制催化剂成本，DOC 中贵金属铂的含量被不断削减，其催生 NO_2 的能力也不断下降。这一趋势在 2014 年之后又发生了逆转。依赖新一代催化剂产品，人们已经可以精确控制 NO_2 的产生并且有效控制 NO_x

的排放总量。为了充分提高整个尾气后处理系统的效率，2018 年之后，最新式柴油车尾气中的 NO_2/NO_x 又回升至 30% 以上的水平。

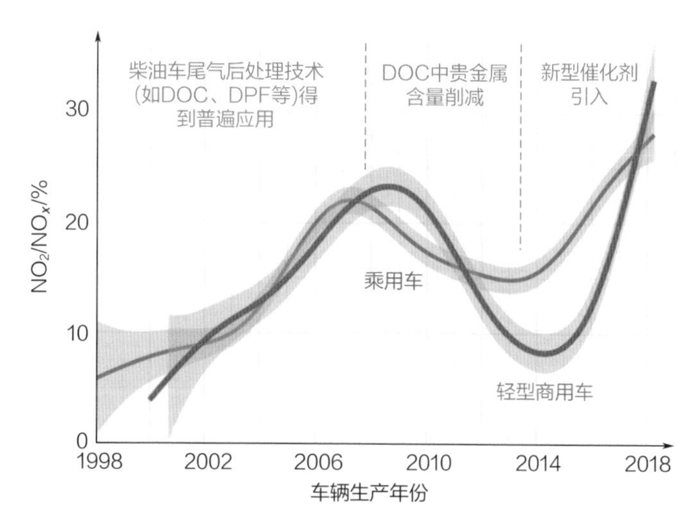

图 3-22　不同年份生产的柴油车尾气中 NO_2 所占 NO_x 比例

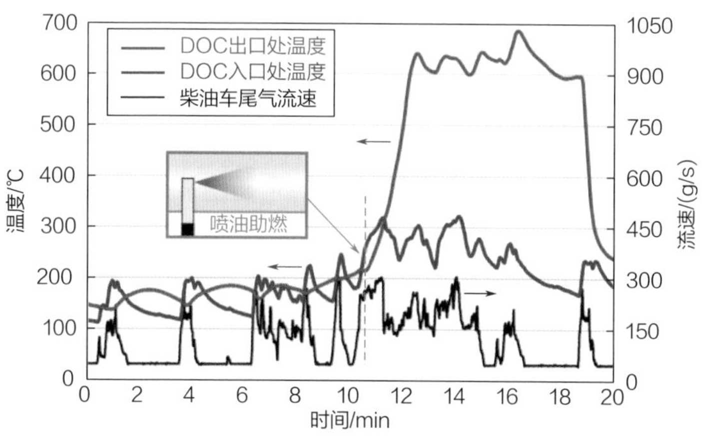

图 3-23　DOC 对柴油车尾气后处理系统的加热效果示意图

在一些常见的柴油车尾气后处理系统中，DOC 的后端会紧贴着 PM 过滤装置（如 DPF）。为了实现 DPF 内部 PM 的脱除，一种有效的策略是“主动再生”。即在 DOC 前端喷入额外燃油，利用其燃烧放热产生的高温气体将 DPF 加热，进而实现碳烟颗粒物燃烧（即所谓的“喷油助燃”策略）。如图 3-23 所示，喷油助燃可令 DOC 出口温度快速提升至 600℃以上，充分满足下游 DPF 再生需要。

DOC 的另一个功能是辅助脱硝催化剂起活。由于柴油发动机排气的温度较低、升温较慢，下游脱硝催化剂在冷启动时需要较长时间才能达到期望的起活温度（≥ 200℃）。此时，只有借助 DOC 加热尾气才能避免过量 NO_x 不经转化即进入排气管。需要额外说明的是，柴油车供给 DOC 的“额外燃油”可通过发动机气缸内的喷嘴喷入，也可由单独的柴油喷嘴提供。前者无须额外的设备，但要求 DOC 靠近发动机出口；后者需要独立布置管线，会带来额外的成本和安全性问题，但可以在后处理系统的任何部位安置 DOC，而且喷油的时间也比较灵活。对于任何一种方式，都需要精确控制燃油的喷入量和时机，尤其需要注意喷油时 DOC 已经达到起活温度。否则喷入的燃油不仅不能充分燃烧，反而可能冷却 DOC 阻碍其起活，进而使大量燃油漏入下游排气系统，造成 HC 排放超标。

3.2.2 柴油车颗粒物过滤

由于柴油机一般采用柴油直喷 + 压燃的方式点火，故柴油液滴与缸内氧气很难实现分子级别的均匀接触，这会造成柴油的不完全燃烧和颗粒物（PM）产生。与 GDI 汽油车类似，柴油车 PM 的主要成分也是碳烟、灰分、可溶性有机物和硫酸盐颗粒。不同的是，柴油车 PM 无论在数量还是质量上都远大于汽油车 PM，使前者成为极具标志性的汽车尾气污染物（详见图 1-1）。

为了控制柴油车“黑烟”的排放，戴姆勒 - 奔驰汽车公司于 1980 年推出了第一款“碳烟燃烧过滤器”，并在 5 年后将其搭载于公交车进行测试。如图 3-24 所示，这款基于过滤原理的陶瓷纤维装置可以有效截留尾气中的 PM，并利用喷油加热的方式将碳烟燃烧脱除，其在原理上与现代主动再生型的 DPF 已无区别。然而，在实车测试过程中，人们发现陶瓷纤维状过滤器的机械强度和实用性不足，使用一段时间后即会发生整体结构坍塌和孔道堵塞。这些问题使研究者们倒向“壁流式”蜂窝陶瓷过滤器的开发。如图 1-17 所示，壁流式过滤器在相邻孔道两端交替堵孔，迫使通过其中的尾气气流穿过多孔的陶瓷壁面，此时 PM 即被捕集在壁面孔内以及入口壁面上。目前常见的柴油车颗粒物过滤器（DPF）均基于蜂窝陶瓷壁流式结构，一般具有可调的孔隙结构、优良的热性质（耐高温、抗热震性、低热胀系数）和极高的 PM 捕集效率（> 95%）。

2020 年之后，所有主流市场柴油车（新车）都需要安装 DPF 才能满足排放法规要求。为了避免 PM（尤其是其中的碳烟颗粒）过度积累而影响整个排气系统运作，需要将 DPF 中的碳烟定期氧化为 CO_2，从而实现其再生。如前所述，在与 DOC 组合使用时，喷油助燃技术可令 DPF 中累积的碳烟颗粒快速脱除，实现所谓主动再生。该技术具有极高的可靠性和耐久性，目前已经在欧洲

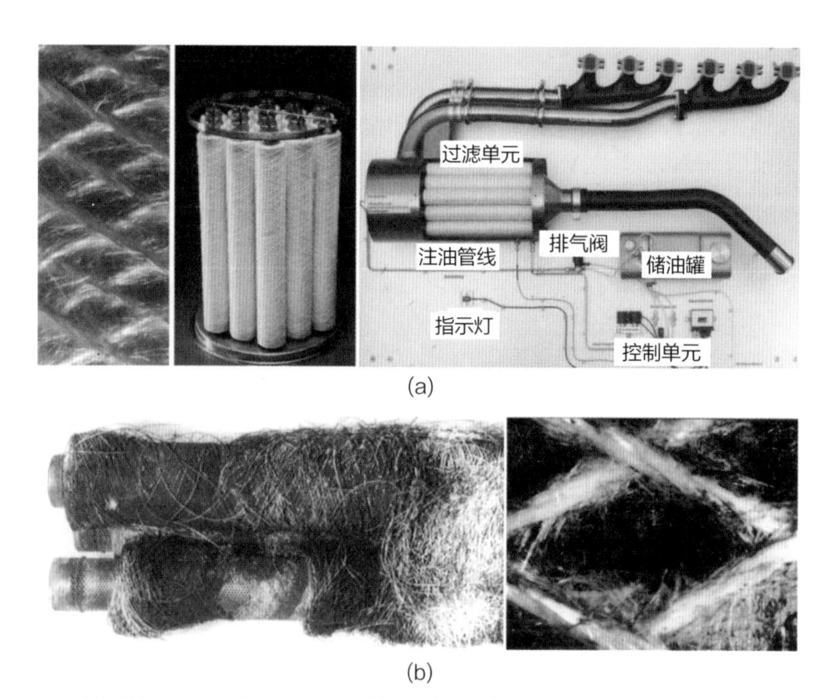

图 3-24 戴姆勒 - 奔驰公司早期开发的颗粒物过滤器系统（a）及其在长时间使用后出现的结构坍塌和孔道堵塞问题（b）

市场上搭载于 90% 的乘用柴油车中。

然而，与 GPF 面临的问题相似，DPF 的主动再生一方面会增加柴油车油耗、降低燃油经济性，另一方面还可能叠加 DOC 和碳烟燃烧放出的热量，使得 DPF 暴露在过高的温度下发生结构损坏。为了解决上述问题，人们开发了一系列无须喷油助燃的 DPF 被动再生技术。该类技术一般通过引入氧化型催化剂辅助降低碳烟点燃温度，致力于实现柴油机尾气温度下的 DPF（即 Catalytic DPF，CDPF）再生，具有装置简单、对过滤体材料损害小、油耗低等优点，但也存在长时间使用稳定性不足的问题。目前主流 DPF 系统一般兼具被动再生和主动再生功能，即尽可能利用前者降低 PM 的积累量以降低油耗，再在 PM 存量超过一定阈值时启动后者，以确保整个尾气后处理系统长期安全运行。可以预期的是，未来随着新型碳烟氧化催化剂的不断发展，被动再生技术的实用性和稳定性会逐渐增强，其在 DPF 系统中所占比重也会增大。

如图 3-25 所示，CDPF 系统中催化剂一般位于三类位置：添加于燃料进而包埋在碳烟内部，涂敷在 DPF 表面或是置于 DPF 上游。围绕着这三类催化剂布置方式，产生了一系列现代商用 CDPF 系统。其中最具代表性的有四大类产品，即标致雪铁龙的燃料添加催化剂技术（Peugeot-Citröen Societé d'Automobiles，PSA）、安格公司的氧化催化剂涂覆系统（DPX®）、庄信万丰公司的连续再生系统（CRT®）和丰田汽车公司的氮氧化物碳烟共去除技术（Diesel Particulate and NO_x Reduction，DPNR）。

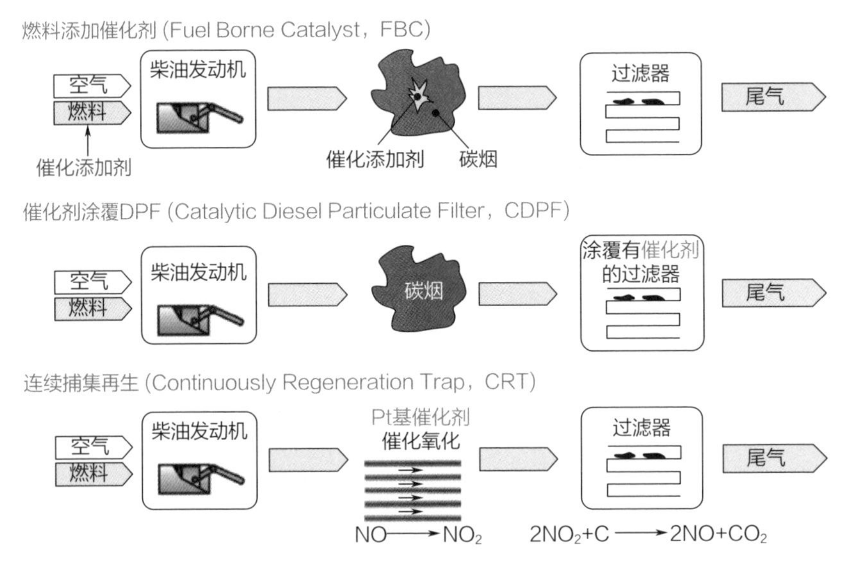

图 3-25　三类现代 DPF 装置使用原理示意图

其中，DPX® 和 CRT® 问世最早，均在 1994 年前后投入市场使用。二者的核心均在于利用铂催化剂将尾气中的 NO 氧化为强氧化剂 NO_2，通过 NO_2 和碳烟的反应实现碳烟催化燃烧（图 3-26）。不过前者的催化剂涂敷在 DPF 表面，后者的催化剂置于 DPF 上游（类似于一个小型的前置 DOC 装置）。美国能源署通过大量实车测试证明，DPX® 和 CRT® 都能在实际使用中有效控制尾气污染物排放。即使经过 15 万英里的车载运行后，这两类系统仍能将尾气中的 PM 含量降低 98% 以上。

为了结合上述两类技术的优势，庄信万丰公司于 2002 年推出了由 CRT® 结合涂有铂催化剂的 CDPF 而构成的 CCRT® 系统。实验表明，该装置除碳烟效率远强于单独的 DPX® 和 CRT®。2009 年后，为了满足“欧Ⅴ”排放标准对 PM 排放的苛刻要求，欧洲大多数重型柴油车均加装了 CCRT® 系统。同时，由于 BASF 集团在北美占有大量市场，因此美国的柴油车多使用 DPX® 装置。值得注意的是，由于 CRT® 要求 NO_x/碳烟浓度比达到 25 以上才能有效发挥作用，这使其在一些含 NO_x 较低的场合（如轻型柴油车的尾气和 GPF 等）难以使用；

而 DPX® 则由于其普适性，可被广泛应用于各类颗粒物过滤装置的再生。此外，由于尾气中即使少量的 SO_2 也会导致 DPX® 和 CRT® 使用性能的下降，因此使用这两类后处理装置的车辆必须使用低硫燃料。

近年来，学术界正在不断开发具有新成分（如二氧化铈、钙钛矿、莫来石等）、新结构（如核壳、限域等）和新形貌（如三维有序大孔、多孔纤维等）的碳烟氧化催化剂，并寻找加热以外的催化反应激活方式（图 3-26），相关结果有望实现对传统“NO_x 辅助型”铂基碳烟氧化催化剂进行部分或完全替代。在未来，如新型催化剂产品和技术搭载于 DPX® 和 CRT® 推向市场，则将有助于进一步增强 PM 后处理系统的实用效果。

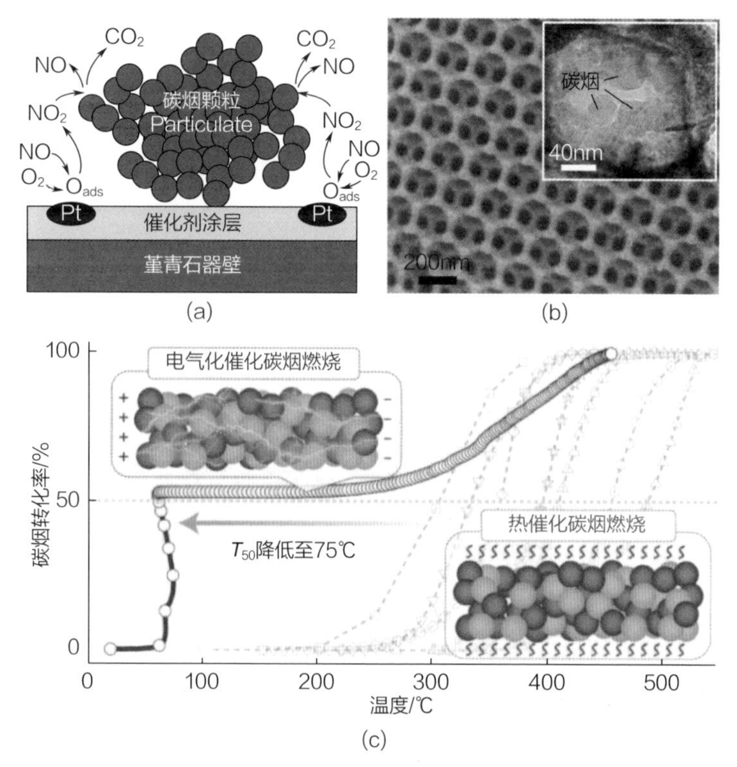

图 3-26　铂催化剂氧化碳烟颗粒原理示意图（a），赵震团队开发的用于碳烟催化燃烧的三维有序大孔催化剂（b）以及张昭良团队开发的电气化催化碳烟燃烧技术（c）

PSA 技术由法国标致雪铁龙集团开发并于 2000 年推向市场，主要搭载于“标志（307、406、607、807）”和“雪铁龙（C5、C8）”等车型。该技术核心为燃料添加催化剂（Fuel Borne Catalyst，FBC），即通过直接在燃油中或周期性地喷加添加剂，最终使催化剂包埋在碳烟颗粒内部，进而促使碳烟在极低温度下发生氧化。自 2000 年以来，FBC 所选用的材料经历了铂 / 铈、铁 / 铈和纯铁三个阶段，目前铁基催化剂（实际添加物为二茂铁等可溶于柴油的有机物）由于其低廉的成本、良好的催化性能和温和的碳烟燃烧升温幅度已经成为主流 PSA 系统添加剂。

与 DPX® 和 CRT® 技术相比，PSA 技术具有诸多明显的优势：

❶ 该技术使得碳烟和催化剂以紧密的形式接触，因而对气氛中 NO_x 的依赖性很弱，同时也具有相当强的抗硫能力；

❷ PSA 技术可与 DPX® 技术耦合，进一步提升其 PM 去除效率。

然而，该技术的缺点也同样突出：

❶ 添加在柴油中的催化剂会影响发动机燃烧效率，造成额外的燃料损失；

❷ 添加剂需要定期更新，增加了使用成本；

❸ 在 PM 脱除过程中，二茂铁等添加剂会转变为不可燃的铁氧化物，最终在过滤器中积存下来造成堵塞，影响过滤器的长期耐用性。

如图 3-27 所示，在经过 80000 公里的实车测试后，PSA 系统明显比 CDPF 系统积累了更多的灰分，这就对过滤器承载灰分和耐受背压降的性能提出了更高要求，间接增加了 DPF 系统的设计成本（更多关于灰分影响的介绍参见 3.1.3 节）。近年来，在优美科和罗地亚等催化剂公司的推动下，这一优劣势均较为突出的技术在欧洲轻型柴油车市场实现了 5% ～ 8% 的使用率。

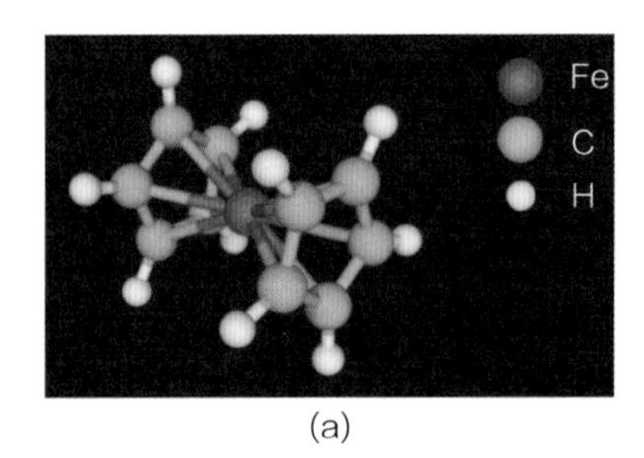

(a)

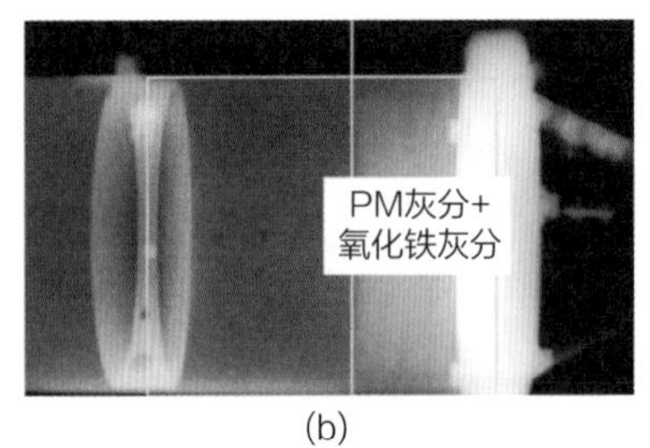

(b)

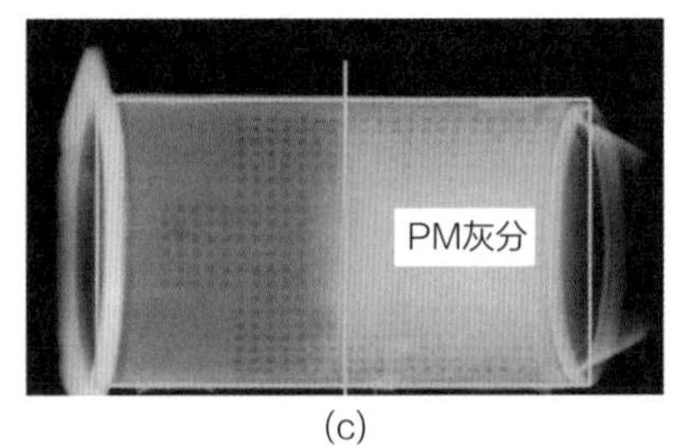

(c)

图 3-27 常见的 PSA 添加剂二茂铁（a），以及 PSA 系统（b）和 CDPF 系统（c）运行 80000 公里后灰分积累情况示意图

DPNR 是柴油车脱硝技术“稀燃 NO_x 吸附（Lean NO_x Trap，LNT）”的变体，由丰田汽车公司开发，最早于 2003 年搭载在丰田欧洲款 Avensis 车型中上市。DPNR 与 DPX® 同为 CDPF 结构，但在 DPX® 所用催化剂中额外加入 NO_x 存储材料（如 BaO、CaO 等），使其可以同时去除尾气中的碳烟和 NO_x，其工作原理如图 3-28 所示。当尾气气氛为“稀燃”（柴油车尾气普遍状态）时，DPNR 除了发挥 DPX® 的功能外，还能将尾气中的 NO_x 吸附存储为硝酸盐，通过硝酸盐部分分解产生活性氧与气氛中的氧气一起将碳烟充分氧化；当硝酸盐存储量达到催化剂极限时，通过喷油助燃方式引入燃料使尾气气氛转为“富燃”状态，实现硝酸盐的还原和碳烟的进一步脱除。该技术的主要问题在于其脆弱的抗硫能力。由于 NO_x 存储材料一般为碱性材料，整个系统对尾气中的 SO_2 极其敏感。因此，使用该系统时很可能需要前置脱硫装置。目前，DPNR 技术主要在日本流行，其在欧洲市场约有 2% 的使用率。

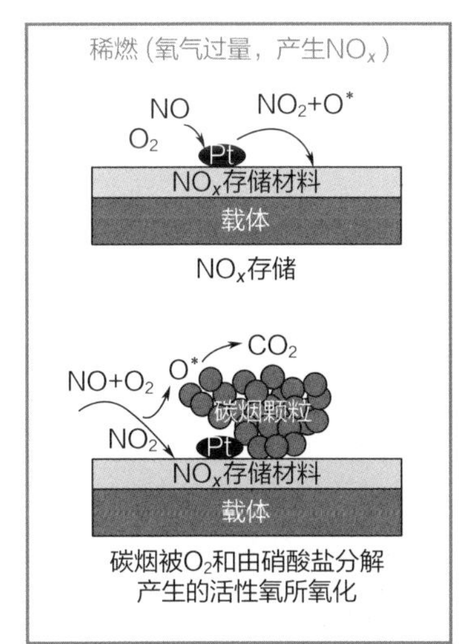

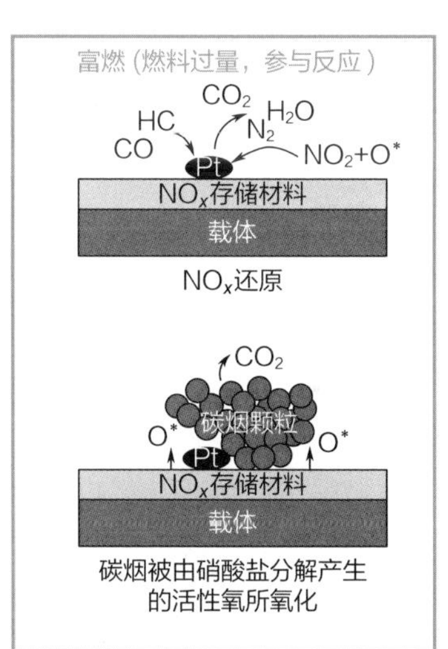

图 3-28 DPNR 系统在稀燃和富燃状态下工作原理示意图

3.2.3 柴油车催化脱硝

由于柴油发动机一般在稀燃（即高空燃比）模式运行，其尾气中含有大量氧气，因此可以通过 DOC 和 DPF 这类“催化燃烧”技术将尾气中的 CO、HC 和 PM 转化为 CO_2 实现减排。然而，柴油车尾气中富含的 NO_x 污染物（图 1-1）需要经过还原转化为 N_2 排放，这对于无法应用“三效催化”系统的柴油车而言是一个技术难题。破解该难题的核心在于找到合适的还原剂，使其在柴油车尾气温度和富氧条件下将 NO_x 还原。经过长期探索发现，转化 NO_x 最理想的还原剂是氨（NH_3），其次是柴油尾气中本有的 HC。从这两类还原剂出发，衍生出了选择性催化还原（Selective Catalytic Reduction，SCR）和稀燃氮氧化物吸附（Lean NO_x Trap，LNT）这两类用于柴油车尾气脱硝的主流技术。

在进一步介绍 NH_3-SCR 反应前，不妨先了解一下催化反应“选择性”的概念，该概念可由 3.1.2 节所示的小故事（详见图 3-7）稍作续写来说明：“发现宝藏后，巫师建议兄弟二人不要停下脚步，声称还有另一份宝藏埋藏在下一个山谷中，而他恰巧也知道可以直达其间的秘密通道。经过一番商量，弟弟决定原地留守，看住已发现的财宝，哥哥则跟着巫师直穿第二座山岭，果然又发现了一份新的宝藏！”由图 3-29 描绘的故事可以理解为：巫师（催化剂）会为探索者（反应物）提供不同的秘道（催化过程），进而将其导向不同的宝藏（产物 A、B 等），各产物之间的比例就可定义为催化剂的选择性。标准 NH_3-SCR 反应的化学方程式为 $NH_3 + NO + O_2 \longrightarrow N_2 + H_2O$，人们希望 NH_3 与 NO_x 反应后，所得的含氮产物仅有氮气这一种（即 N_2 选择性达到 100%）。然而，在实际反应过程中，如果没有合适的催化剂辅助，则类似 NO_2、N_2O 等含氮产物均有可能生成。前者是强刺激性污染物，后者则是一种典型的温室气体。事实上，安格公司早在 1957 年就申请了 NH_3-SCR 的技术专利，不过当时研究的重点主要放在铂族贵金属上。他们发现 Pt/Rh 和铂等催化剂的 NO_x 转化率很高，但会生成大量对环境存在危害的 N_2O，因此整个工艺并不实用，也就没有得到全面推广。

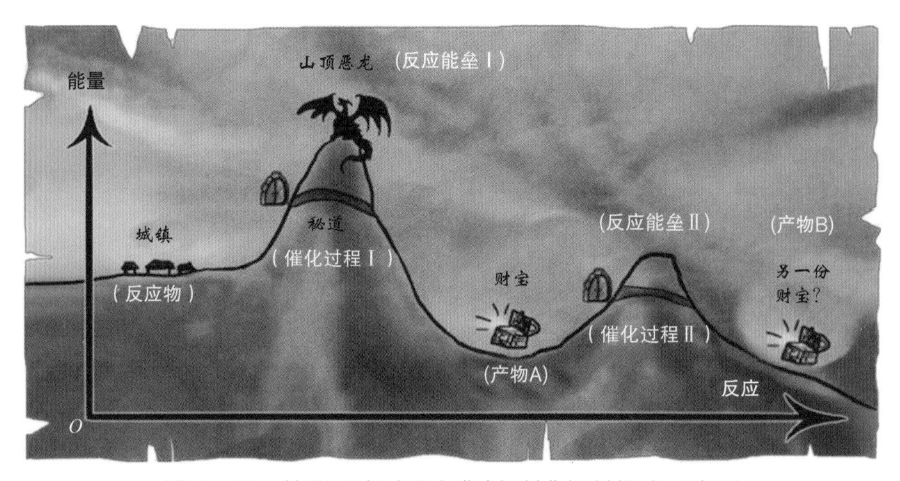

图 3-29　催化反应过程中“选择性”相关概念示意图

20 世纪 60 年代，NH_3-SCR 技术传入日本。日立造船、三菱、武田化工等公司对大量材料组分进行筛选后，开发出了成本低廉、催化活性与选择性兼备的 V_2O_5/TiO_2 复合氧化物配方。1975 年前后，日本市面上出现了能够满足实用要求的工业脱硝催化剂。1978 年，IHI 公司安装了第一套大型 SCR 系统，随后越来越多的 SCR 装置被用于控制日本燃煤电厂的 NO_x 排放。日本的 NH_3-SCR 技术在 20 世纪 80 年代末传入欧美，广泛用于当地火力发电厂烟气脱硝。到 2000 年，世界范围内已有至少 300 套大型 SCR 装置正在运行，该技术也成为当时最成熟、最有效的烟气净化技术。在合理的布置及温度范围下，以 V_2O_5/TiO_2 催化剂为核心的 SCR 系统可实现 80% ～ 90% 的 NO_x 脱除率。

2003 年后，为了满足国内大批新建火电厂的脱硝需求，中国的远达环保、三融环保、江苏龙源、江苏万德、大唐集团等公司从日挥、康宁、庄信万丰等渠道大量引进了 NH_3-SCR 技术，并在数年内实现了相关产品的国产化替代。截至 2021 年底，中国达到超低排放限值的煤电机组约 10.3 亿千瓦，占全国煤电总装机容量的 93.0%。这意味着绝大多数国内火电厂已经完成了清洁化改造，富余的 SCR 装置产能正在向化工、钢铁、水泥、玻璃和垃圾焚烧等行业释放。

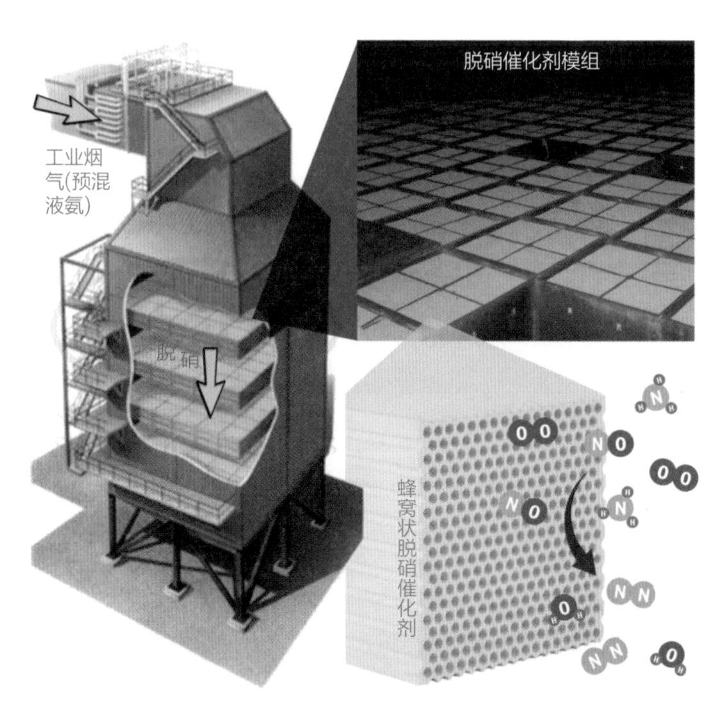

图 3-30　工业烟气脱硝系统及其工作原理示意图

典型的工业 SCR 脱硝系统如图 3-30 所示，其整体结构可以类比于一个放大的“三效催化剂”。含有 NO_x 的烟气先在系统中与 NH_3（来源通常是成本较低的液氨，近年来正尝试将其替换为更安全的尿素）混合，之后与氧气在蜂窝状催化剂表面发生反应，生成无害的氮气和水。目前商用工业 SCR 催化剂均以 TiO_2 为载体，以 V_2O_5、V_2O_5-WO_3 或 V_2O_5-MoO_3 为活性成分（其中 V_2O_5 含量一般不超过 3%）制成蜂窝式（最为常见）、板式或波纹式三种类型，封装为催化模组使用。V_2O_5 基 SCR 催化剂的主要反应温度区间为 300 ～ 420℃。如果烟气温度偏低，则催化剂无法起活且易发生硝酸铵中毒；如果反应温度过高，则可能影响催化剂选择性，导致大量 NH_3 直接转化为 NO_x 排出，造成二次污染。

SCR 系统从工业（即所谓“固定源”）烟气脱硝向交通工具（即所谓“移动源”）尾气减排的最初尝试是在船用柴油发动机上完成的。如图 3-31 所示，船用装置一般具有较大的尺寸和稳定的运行工况，这十分有利于固定源 SCR 技术的移植。最早的船用 SCR 装置于 1989—1990 年安装在两艘韩国 3 万吨级的货船上。它们由 8 兆瓦马力的曼恩二冲程发动机驱动，NH_3-SCR 技术的应用使其 NO_x 排放量降低了 92%。1992 年，往返于瑞典和丹麦之间的渡轮“赫尔辛堡极光号”也配备了 NH_3-SCR 系统。该渡轮由一台 2.4 兆瓦瓦锡兰 6R32E 型发动机驱动，相应的 SCR 反应器包括三层 SCR 催化剂和一层氧化催化剂。需要说明的是，这些船舶仅在通过有 NO_x 排放限制的区域（如部分国家的近海）才启用 SCR 系统，因此对整个系统的稳定性和灵活性要求不高。

图 3-31　船用柴油发动机上的 SCR 催化系统

20 世纪 90 年代以来，受船用 SCR 系统成功应用的激励和日益严格的 NO_x 排放法规的限制，很多汽车制造商都开始尝试开发用于柴油车 NO_x 净化的 SCR 技术。然而，由于柴油车工况和尾气状态远较船舶复杂，相关技术的应用进展得并不顺利。直至 2004 年 11 月，才由日产汽车公司推出了第一批搭载 SCR 系统的“Nissan Diesel Quon”卡车，以满足即将于次年推行的 JP2005 排放法规。戴姆勒汽车公司紧随其后，于 2005 年初为其新款商用柴油车中匹配了 SCR 装置（当时该技术被称为“BLUETEC®”）。其后，在庄信万丰等催化剂公司的助推下，欧洲市场大量重型柴油车开始应用 SCR 技术，使其能够满足 2008 年实施的“欧Ⅴ”排放标准。在美国，大多数发动机制造商于 2010 年引入了 SCR 系统，以满足 EPA 对重型发动机 0.2 克 / 制动马力小时的 NO_x 排放限制。纳威司达、卡特彼勒等发动机制造商最初选择改造其 EGR 技术以符合 NO_x 排放标准，但在 2012 年 7 月，前者宣布将转向采用 SCR 技术，后者则退出了公路发动机市场。2015 年后，大多数新款轻型柴油车都搭载了 SCR 系统。目前，NH_3-SCR 技术是令各类柴油车满足最新尾气排放标准的关键所在。得益于该技术的普遍应用，与 20 世纪 90 年代初期的车辆相比，现代柴油车的 NO_x 排放量减少了 90% 以上。

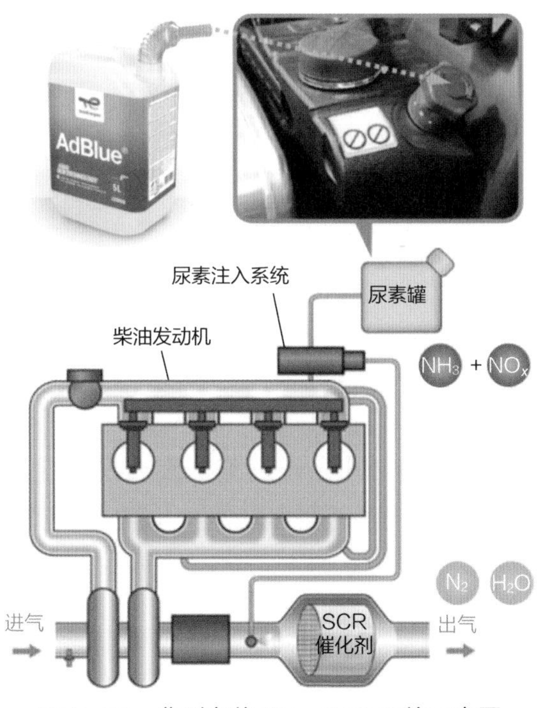

图 3-32　典型车载 NH_3-SCR 系统示意图

典型的车载 SCR 系统构成如图 3-32 所示。目前，32.5% 的尿素水溶液（在欧洲称为 AdBlue®，在北美称为柴油机尾气液）已被用作几乎所有柴油发动机 NH_3-SCR 系统中的氨源。尿素溶液经给料泵、计量与分配装置、雾化喷嘴等进入分解室转化为 NH_3 和 CO_2，最后经氨喷射系统进入 SCR 系统（详见图 1-18）。虽然具有极高的使用安全性，尿素溶液作为氨源也存在一些不足之处。例如，尿素需要至少 200℃才能充分分解，这使得冷启动阶段喷射的尿素容易转变为 SCR 系统的沉积物。另外，尿素溶液的冰点为 −11℃，因此在寒冷环境使用时必须加装尿素罐加热器。近年来出现了很多替代氨储存材料来解决上述问题，其中最受关注的是铵盐和金属铵等固态氨储存材料，这些材料可让 NH_3 在任何温度下被引入废气中，进而在更宽的温度范围内还原 NO_x，但其储存、安全和计量等问题还没有完全解决。最后，由于使用 NH_3-SCR 系统的发动机需要定期添加还原剂，相关配套设施的建设也与该技术的应用推广密切相关。

早期的柴油车 SCR 催化剂使用与工业烟气脱硝催化剂同样的配方，即 V_2O_5/WO_3（$-MoO_3$）$/TiO_2$ 复合氧化物。由于其具有相当强的抗硫能力，在柴油含硫量较高时具有特殊优势。然而，V_2O_5 基催化剂的缺点也同样明显：

❶ 起活温度较高，在 250℃以下很难实现 90% 以上的 NO_x 净化效率；

❷ 耐久性较差，经过高温老化处理（模拟汽车长时间运行）后性能大幅损失；

❸ 热稳定性不足，在超过 500℃的环境中 V_2O_5 组分可能挥发，进而变成毒性颗粒物排放到大气中形成二次污染。

2008 年后，由于低硫柴油的应用已经相当普遍，过渡金属（铜、铁）/ 分子筛材料成为柴油车 SCR 系统的首选催化剂。如图 3-33 所示，即使经过长时间老化处理，分子筛基催化剂（尤其是铜基菱沸石小孔分子筛，详见 4.2.4 节）仍能在很宽的温度窗口（如 150 ～ 550℃）实现较高的 NO_x 净化效率，这与现代柴油车尾气 NO_x 减排需求完全吻合。

由于采用 NH_3-SCR 技术必须定期加注尿素，增加了柴油车的使用和维护成本。因此，部分研究人员尝试在 NH_3-SCR 系统的基础上，转用柴油尾气中本有的 HC 作为还原剂实现 NO_x 净化，也即所谓“HC-SCR”技术。如图 3-34 所示，HC-SCR 不需要额外的设备来存储和计量还原剂，可以有效精简柴油车尾气后处理系统（一般尿素罐尺寸为 50 ～ 150 升），同时降低基础设施（如尿素加注站）的投资。可惜的是，目前 HC-SCR 的 NO_x 净化效率显著低于 NH_3-SCR，前者（如氢气辅助的 Ag/Al_2O_3 体系）仅能在有限的温度窗口内实现 NO_x 彻底净化，在温度变化范围很大的实车运行中不易满足排放要求。另外，对特定 HC

（如烯烃、醇等）和特殊尾气成分（如氢气）的需求也降低了 HC-SCR 技术的普适性。总体而言，该项技术仍主要处于实验室阶段，尚未在实车中得到广泛应用。

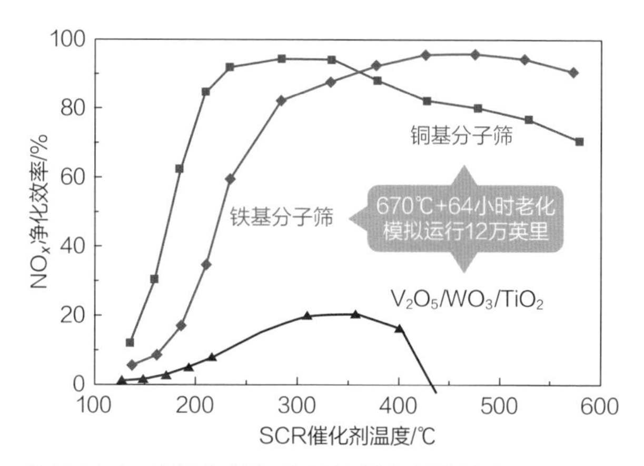

图 3-33　传统 V_2O_5 基催化剂与分子筛催化剂柴油车 NH_3-SCR 性能比较

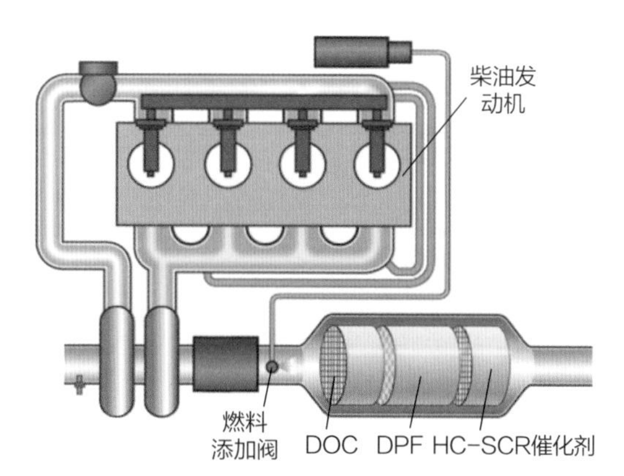

图 3-34　典型车载 HC-SCR 系统示意图

稀燃 NO_x 吸附（LNT，也称 NO_x Storage and Reduction/Catalyst，即 NSR/NSC）技术由丰田汽车公司于 1995 年提出，之后得到迅速发展。LNT 虽然也是利用柴油车尾气中 HC、CO 等成分作为还原剂，但选取了与 HC-SCR 不同的技术策略，强化了对柴油发动机不同工况的利用。其核心思路在于人为创造缺少氧气、富含还原剂的“富燃”尾气环境，进而避免了柴油车尾气中过量氧气对 NO_x 催化还原的干扰，可以在较宽的温度窗口实现高 NO_x 净化效率。从 2000 年到 2010 年中期，LNT 技术在柴油车上的应用已经相当成熟。针对 GDI

汽油车稀燃模式下 NO_x 超量排放的问题，丰田等汽车公司也选择了 LNT 技术路线予以解决。

LNT 的基本原理如图 3-35 所示，即首先在“稀燃”条件下（柴油车和 GDI 汽油车尾气常见工况）利用尾气中大量存在的氧，在铂催化剂表面将 NO 转化为更容易被吸附的 NO_2，再借助氧化钡、碳酸钡等碱性材料与 NO_x 反应，将其以硝酸盐或亚硝酸盐的形式固定在催化剂中。当尾气气氛切换为“富燃”状态时（需要刻意在发动机中注入额外燃油），在适当的高温和缺氧条件下，硝酸盐或亚硝酸盐在热力学上变得不稳定，最终会分解并将气态 NO_x 释放出来。此时，再借助类似三效催化剂的成分（含铑的贵金属），利用尾气中过量的 CO 和 HC 与 NO_x 反应，实现 NO_x 还原。

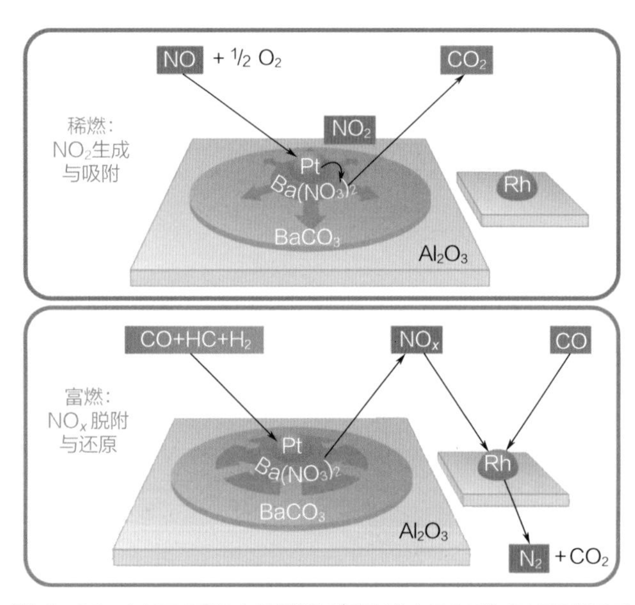

图 3-35　LNT 系统在稀燃和富燃状态下工作原理示意图

与 NH_3-SCR 技术相比，LNT 存在的主要问题是耐硫性不足。汽车尾气中有时含有一定量的 SO_2，其很容易与铂催化剂反应生成 SO_3。SO_3 会吸附在碱性吸附剂表面形成稳定的硫酸盐（如硫酸钡），阻碍 NO_x 的吸附。如发生此类硫中毒问题，一般需要将 LNT 系统加热至 700℃以上使硫酸盐分解，而反复的高温处理会损害催化剂寿命和车辆的燃油经济性。近年来，随着燃油含硫量不断降低（详见 4.1.3 节），LNT 的耐硫性问题可能逐步得到缓解。在 NH_3-SCR 和 LNT 技术都能满足 NO_x 排放要求的前提下，成本是决定二者优劣的核心因素。

LNT 催化剂采用贵金属作为活性组分，其成本严重依赖于贵金属的使用量。一般来说，发动机的排量越大，需要的催化剂体积就越大，贵金属的使用也会越多，其成本就越高；NH_3-SCR 催化剂主要为非贵金属（钒基氧化物、铜/铁分子筛），虽然发动机排量增加时催化剂体积增加，但其成本变化的幅度不大。另外，与 NH_3-SCR 配套的尿素储存系统、尿素喷嘴、混合装置和控制设施都是固定费用，与发动机排量关系不大。总体而言，NH_3-SCR 系统的成本随发动机排量增加的变化很小。两类系统的成本比较如图 3-36 所示。对于大排量柴油车（如重型货运卡车），使用 NH_3-SCR 系统的成本更低。这种情况下，对发动机的控制也较简单，维持柴油“稀燃”燃烧可以获得很高的燃油经济性；对于小排量柴油车（如乘用车和轻型卡车）或 GDI 汽油车，制造商可能选择使用 LNT 系统。除了排量的影响外，LNT 精简的系统结构也更有利于其在小型车辆中的搭载。

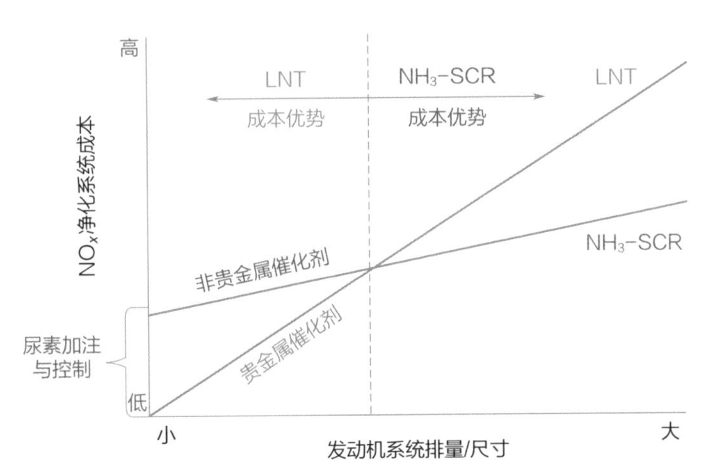

图 3-36 LNT 和 SCR 系统成本随发动机尺寸变化的趋势

最后，近年来出现了很多将 LNT 和“被动（无尿素）”SCR 系统组合使用的案例。如图 3-37 所示，SCR 装置一般位于 LNT 的下游，先利用 LNT 将尾气中 80% 以上的 NO_x 还原，分子筛 SCR 催化剂再利用 LNT 在“富燃”阶段产生的少量 NH_3（由 HC 与 NO_x 反应生成）与残余 NO_x 反应，确保其净化。福特汽车公司曾将该技术应用于 Landover LR3 柴油车中，发现其可将单独 LNT 系统的 NO_x 净化效率由 78% 提高至 93%，同时，其 HC 和 CO 净化效率也分别由 90% 和 95% 提高至 97%。为了进一步增强两个系统配合的效果，也存在多级 LNT+SCR 平行配置的设计，可为未来柴油车 NO_x 超低排放提供技术选择。

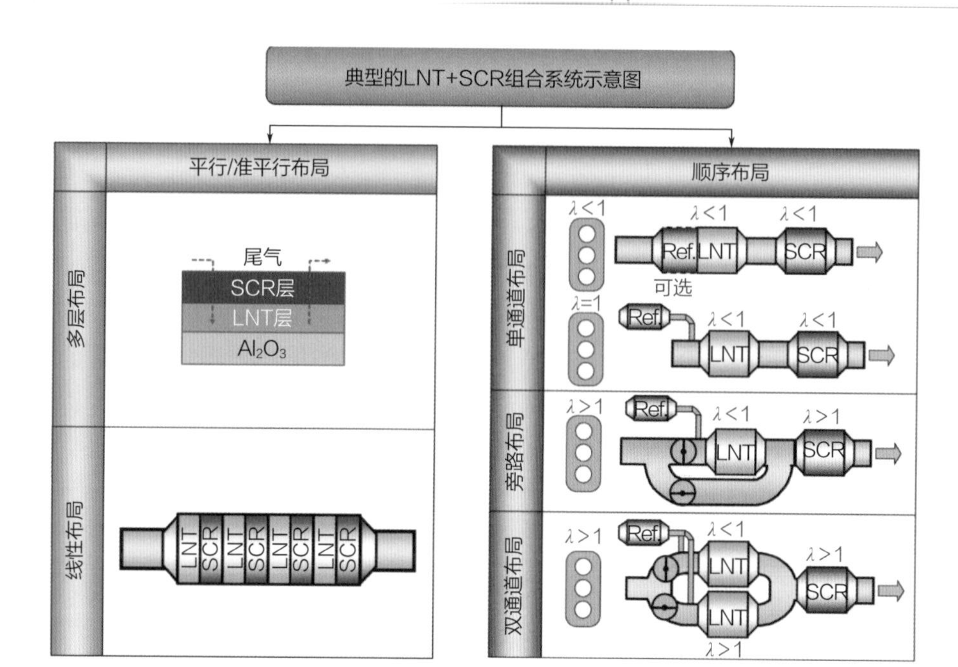

图 3-37 联用 LNT 和 SCR 系统净化柴油车 NO_x 设计示意图

3.2.4 柴油车催化脱氨

目前普遍应用的 NH_3-SCR 工艺需要精准控制氨（尿素）的喷射速率，氨喷射不足会导致 NO_x 净化效率低下，过量则会导致部分氨泄漏至大气中造成二次污染。具体而言，一旦 SCR 系统中 NH_3/NO_x 浓度比超过 1，则氨泄漏的概率会显著增大。然而，为了满足部分苛刻的 NO_x 减排目标，有时 NH_3-SCR 系统必须以远大于 1 的 NH_3/NO_x 运行以确保 NO_x 充分转化。在这种情况下，可以使用位于 SCR 系统下游的氨泄漏催化剂（Ammonia Slip Catalyst，ASC）来将多余的 NH_3 氧化为氮气。最常见的氨氧化催化剂是铂基材料（如 Pt/Al_2O_3），早期的 ASC 系统通常需要 250℃以上才能有效脱除 NH_3，且同时会催生大量 N_2O（图 3-38）。经过更新换代，目前 ASC 中的贵金属含量仅为早期产品的 1/5，且能在更低温度（如 200℃）实现更高的氮气选择性。

现代 ASC 系统一般由两层催化剂组成，底部（即接近陶瓷载体部分）以贵金属材料作为氧化催化剂，表层则为钒基氧化物或铜/铁分子筛等 SCR 催化剂。其分层涂覆效果类似图 3-11（需将图中“分子筛”与“三效催化剂”互换位置）。从上游 NH_3-SCR 系统泄漏的氨在经过双层 ASC 系统时，一部分会被表层 SCR

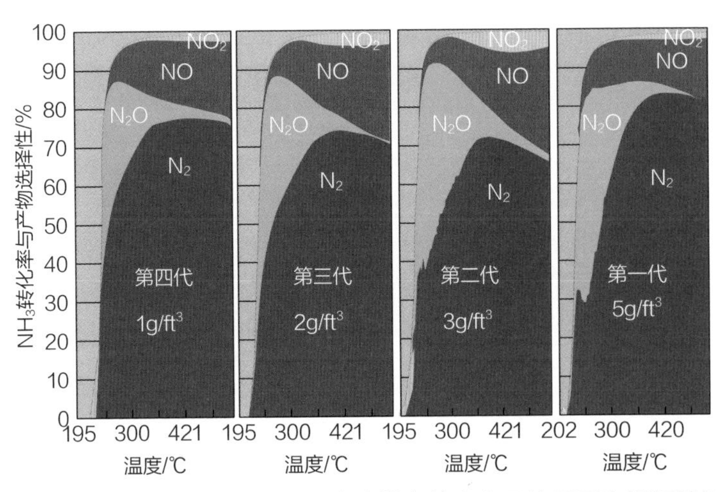

图 3-38 ASC 系统的更新换代和由此带来的贵金属使用量和脱氨效果变化

催化剂吸附，另一部分穿过 SCR 催化剂，在底部贵金属催化剂上发生氧化反应（图 3-39）。与独立的铂催化剂相比，这种双层系统的优势在于，一旦随着温度升高，部分氨被铂催化剂过度氧化生成 NO_x，NO_x 还可继续与表层 SCR 催化剂中的氨反应，这样可进一步提升整个系统的氮气选择性。

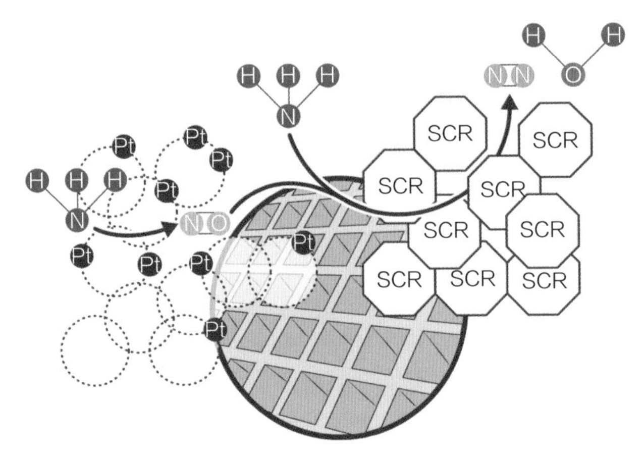

图 3-39 现代氨泄漏催化剂反应原理示意图

3.2.5 柴油车尾气后处理技术展望

2010 年前后，欧美等地区对柴油车的排放要求大幅提高，使得本章提及的 DOC、DPF 和 SCR/LNT 等技术被快速投放至市场，它们的联用有效控制了柴油车尾气各类污染物的排放。图 3-40 所示为一类典型的现代柴油车（重型卡车）尾气后处理系统：先由 DOC 除去尾气中的 HC 和 CO，并将 NO 氧化为 NO_2，再由 DPF 去除 PM，尿素辅助的 NH_3-SCR 净化 NO_x，最后利用 ASC 去除多余的氨，实现尾气超低排放。此外，很多场合是用 LNT（或 LNT+SCR）作为 NO_x 净化模块，且此类模块与 DPF 的位置可互换。一般根据具体车型需要，从成本、方便性和顾客使用经验等多方面考虑，最终确定整个后处理系统的构造。

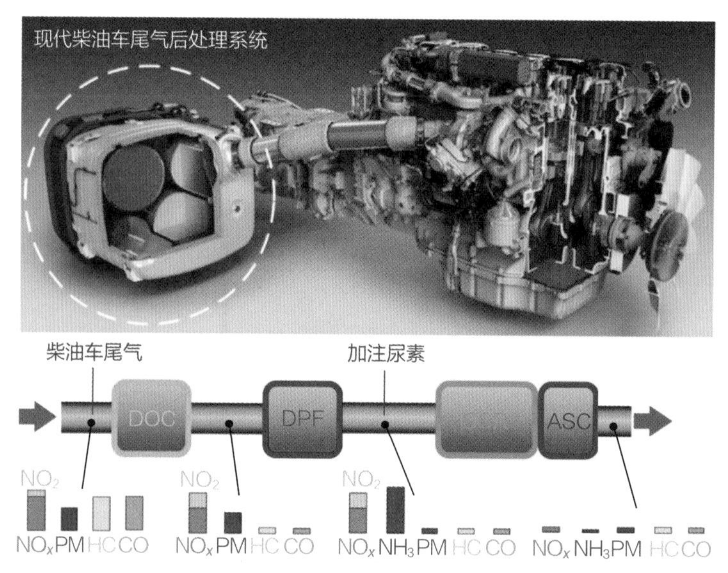

图 3-40　典型现代柴油车（重型卡车）发动机、尾气后处理系统及其效果示意图

2020 年之后，随着中国、美国、欧洲、日本等出台新一代排放法规，柴油车尾气（尤其是 NO_x 和 PM）必须得到更高效的净化才能满足目标。与汽油车尾气后处理系统对三效催化技术的依赖不同，柴油车尾气后处理系统存在相当大的灵活性和发展空间。目前正在开发和评估的柴油车尾气后处理技术包括选择性催化还原过滤器（Selective Catalytic Reduction Filter，SCRF）、紧密耦合 SCR（Close-Coupled SCR，cc-SCR）、先进的 DOC、CDPF 以及高选择性氨氧化催化剂，等等。这些新技术的发展、应用以及各类技术的灵活配合将进一步降低柴油车尾气排放。因篇幅所限，此处仅以 SCRF 和 cc-SCR 为例进行简单介绍。

如图 3-41 所示，SCRF 技术就是将 SCR 催化剂涂在 DPF 的器壁上，尾气流过时实现颗粒物过滤及 NO_x 转化。这样既节省了后处理系统的空间，又不必考虑 DPF 和 SCR 装置的先后顺序问题。然而，类似于三效催化剂涂覆 GPF 所面临的困境，过多的 SCR 催化剂会堵塞 DPF 孔隙，使得系统背压过高。因此，SCRF 中的催化剂用量受到显著限制（厚度一般小于 2 克 / 英寸^3），这又使其 NO_x 净化效率远低于常规 NH_3-SCR 系统（催化剂厚度为 3～4 克 / 英寸^3）。此外，在 DPF 再生时，碳烟颗粒物在 SCR 催化剂涂层附近燃烧，使其局域温度频繁升高至 800℃以上，这对 SCR 催化剂耐久性是一个考验。目前，通常不会单独使用 SCRF 系统，而是将其与另一级 SCR 催化剂组合使用，以期在车辆冷启动和正常行驶时均具有较高的 NO_x 净化效率。

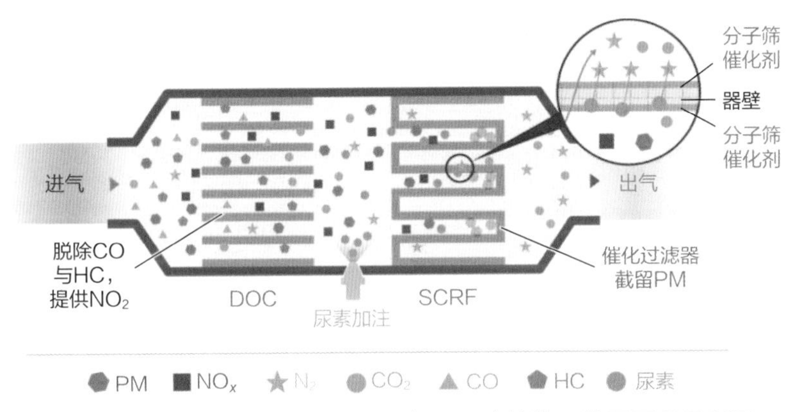

图 3-41　选择性催化还原过滤器（SCRF）结构及使用原理示意图

如前文所述，尿素喷射的 NH_3-SCR 系统在温度较低时（如 200℃以下）存在尿素分解不完全以及 NO_x 净化效率有限（图 3-33）等问题。cc-SCR 系统的出现很好地解决了这些困难。与汽油车冷启动催化剂设计思路类似，如将 SCR 系统尽可能靠近发动机出气口，则其可更快达到尿素分解温度和 SCR 催化剂起活温度，进而避免冷启动阶段 NO_x 超量排放。当然，此系统也需要高耐久性 SCR 催化剂的支持。目前，较先进的相关配置是将 DOC+SCRF 系统置于紧密耦合位，再在下游配置底盘 SCR 催化剂（图 3-42）。后者虽然具有较 cc-SCRF 更高的催化剂负载量，但起活时间明显落后（底盘 SCR 刚开始能净化 NO_x 时，cc-SCRF 已经实现 80% 以上的 NO_x 净化效率），因此主要负责在汽车正常行驶过程中的 NO_x 净化。最后端还可配置一个小型 SCR 装置，内含 ASC 以处理多余的氨。在大多数车辆中，在 SCRF 入口处使用单个尿素加料器，重型车辆在底盘 SCR 催化剂之前还要加装额外的尿素加料器。通过 DOC 上游和 SCRF 下游的 NO_x 传感器，可实现对尿素剂量的控制和 SCRF 的监测。

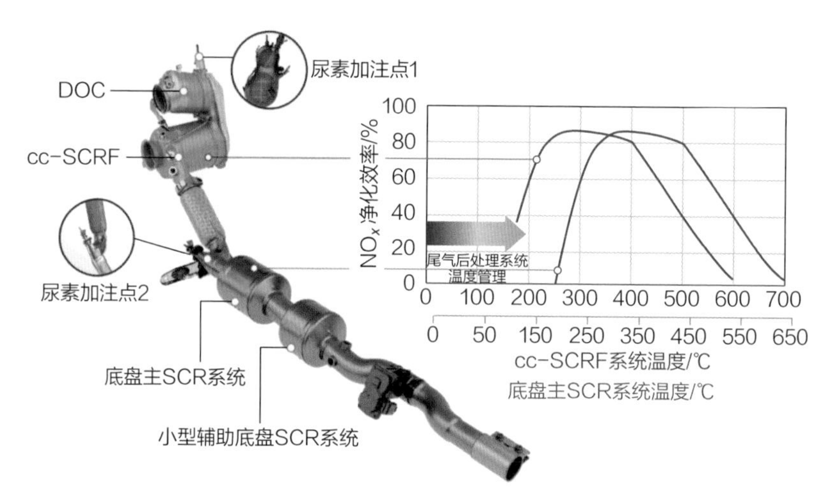

图 3-42 大众汽车公司 2019 年提出的“双 SCR 系统”及其 NO_x 净化效果示意图

参考文献

[1] Heck R M, Farrauto R J, Gulati S T. Catalytic Air Pollution Control [M] . 3rd ed. Hoboken : John Wiley & Sons, Inc., 2016.

[2] Farrauto R J, Heck R M. Catalytic Converters : State of the Art and Perspectives [J] . Catal. Today, 1999, 51: 351-360.

[3] Heck R M, Farrauto R J. Automobile Exhaust Catalysts [J] . Appl. Catal. A, 2001, 221: 443-457.

[4] Farrauto R J, Deeba M, Alerasool S. Gasoline Automobile Catalysis and Its Historical Journey to Cleaner Air [J] . Nat. Catal., 2019, 2: 603-613.

[5] Lambert C K. Current State of the Art and Future Needs for Automotive Exhaust Catalysis [J] . Nat. Catal., 2019, 2: 554-557.

[6] Acres G J K, Harrison B. The Development of Catalysts for Emission Control from Motor Vehicles : Early Research at Johnson Matthey [J] . Top. Catal., 2004, 28: 3-11.

[7] Tao L, Garnsey E, Probert D, et al. Innovation as Response to Emissions Legislation : Revisiting the Automotive Catalytic Converter at Johnson Matthey [J] . R D Manag., 2010, 40: 154-168.

[8] Zheng Q, Farrauto R, Deeba M, et al. Part I : A Comparative Thermal Aging Study on the Regenerability of Rh/Al_2O_3 and Rh/Ce_xO_y-ZrO_2 as Model Catalysts for Automotive Three Way Catalysts [J] . Catalysts, 2015, 5: 1770-1796.

[9] Hepburn J S, Patel K S, Meneghel M G, et al. Development of Pd-only Three Way Catalyst Technology [J] . SAE Trans, 1994, 103: 1667-1673.

[10] Wang J, Chen H, Hu Z, et al. A Review on the Pd-based Three-way Catalyst [J] . Catal. Rev. Sci. Eng., 2015, 57: 79-144.

[11] Shinjoh H. Automotive Exhaust Catalyst for Clean Air : Progress of the Three-way Catalyst and Supporting Catalyst Technologies [J] . R D Rev. Toyota CRDL, 2018, 49: 47-60.

[12] Getsoian A B, Theis J R, Lambert C K. Sensitivity of Three-way Catalyst Light-off Temperature to Air-fuel Ratio [J] . Emiss. Control. Sci. Technol.,

2018, 4: 136-142.

[13]Zammit M, DiMaggio C L, Kim C H, et al. Future Automotive Aftertreatment Solutions : The 150℃ Challenge Workshop Report [R] . Pacific Northwest National Lab (PNNL), Richland, WA (United States), 2013.

[14] Getsoian A B, Theis J R, Paxton W A, et al. Remarkable Improvement in Low Temperature Performance of Model Three-way Catalysts through Solution Atomic Layer Deposition [J] . Nat. Catal., 2019, 2: 614-622.

[15]Theis J R, Getsoian A B, Lambert C K. The Development of Low Temperature Three-way Catalysts for High Efficiency Gasoline Engines of the Future : Part II [J] . SAE Technical Paper, 2018, 2018-01-0939.

[16] Lupescu J. Overview of Automotive Zeolite HC Trap, Challenges for Gasoline Fuel and Current Research Areas [R] . Ford Research and Advanced Engineering, 2015.

[17]Zimmerman N, Wang J M, Jeong C H, et al. Assessing the Climate Trade-offs of Gasoline Direct Injection Engines [J] . Environ. Sci. Technol., 2016, 50: 8385-8392.

[18]Boger T, Cutler W. Reducing Particulate Emissions in Gasoline Engines [M] . Warrendale : SAE International, 2018.

[19] Joshi A, Johnson T V. Gasoline Particulate Filters—A Review [J] . Emiss. Control. Sci. Technol., 2018, 4: 219-239.

[20]Richter J M, Klingmann R, Spiess S, et al. Application of Catalyzed Gasoline Particulate Filters to GDI Vehicles [J] . SAE Int J. Engines, 2012, 5: 1361-1370.

[21] Boger T, Rose D, Nicolin P, et al. Oxidation of Soot (Printex® U) in Particulate Filters Operated on Gasoline Engines [J] . Emiss. Control. Sci. Technol., 2015, 1: 49-63.

[22]Matarrese R. Catalytic Materials for Gasoline Particulate Filters Soot Oxidation [J] . Catalysts, 2021, 11: 890.

[23]刘爽, 方子昂, 吴晓东 . CeO_2 基材料用于汽油车碳烟燃烧: 反应机理与催化剂设计 [J] . 中国稀土学报, 2022, 40: 351-365.

[24] Beniya A, Higashi S. Towards Dense Single-atom Catalysts for Future Automotive Applications [J] . Nat. Catal., 2019, 2: 590-602.

[25] Dittler A. Development History and System Integration Aspects of Exhaust Gas Aftertreatment Applying Diesel Particluate Filters in Commercial Vehicles[C]. Filtech-Konferenz, 2009.

[26] Fino D, Specchia V. Open Issues in Oxidative Catalysis for Diesel Particulate Abatement[J] . Powder Technol., 2008, 180: 64-73.

[27] Blanchard G, Colignon C, Griard C, et al. Passenger Car Series Application of a New Diesel Particulate Filter System Using a New Ceria-Based Fuel-Borne Catalyst : From The Engine Test Bench to European Vehicle Certification[J] . SAE Technical Paper, 2002, 2002-01-2781.

[28] 刘爽 . 铂基碳烟氧化催化剂材料改性与反应机理研究[D] . 北京：清华大学, 2015.

[29] Wei Y, Liu J, Zhao Z, et al. Highly Active Catalysts of Gold Nanoparticles Supported on Three-Dimensionally Ordered Macroporous $LaFeO_3$ for Soot Oxidation[J] . Angew. Chem. Int. Ed., 2011, 50: 2326-2329.

[30] Mei X, Zhu X, Zhang Y, et al. Decreasing the Catalytic Ignition Temperature of Diesel Soot Using Electrified Conductive Oxide Catalysts[J] . Nat. Catal., 2021, 4: 1002-1011.

[31] Luca L, Castoldi L. NO_x Trap Catalysts and Technologies : Fundamentals and Industrial Applications[M] . London : Royal Society of Chemistry, 2018.

[32] Nova I, Enrico T. Urea-SCR Technology for DeNO_x after Treatment of Diesel Exhausts[M] . New York : Springer, 2014.

[33] Han L, Cai S, Gao M, et al. Selective Catalytic Reduction of NO_x with NH_3 by Using Novel Catalysts : State of the Art and Future Prospects[J] . Chem. Rev., 2019, 119: 10916-10976.

[34] Li J, Chang H, Ma L, et al. Low-temperature Selective Catalytic Reduction of NO_x with NH_3 over Metal Oxide and Zeolite Catalysts—A Review[J] . Catal. Today, 2011, 175: 147-156.

[35] Kim D H. Sulfation and Desulfation Mechanisms on Pt-BaO/Al_2O_3 NO_x Storage-reduction（NSR）Catalysts[J] . Catal. Surv. Asia, 2014, 18: 13-23.

[36] Wittka T, Holderbaum B, Dittmann P, et al. Experimental Investigation of Combined LNT+SCR Diesel Exhaust Aftertreatment[J] . Emiss. Control Sci. Technol., 2015, 1: 167-182.

[37] Hammershøi P S, Hansen B B, Jensen A D, et al. Close-coupled SCR systems for NO_x Abatement from Diesel Exhausts [R] . The Danish Environmental Protection Agency, 2021.

第4章

尾气减排关键材料——污染物的“克星”

在第 2、3 章中介绍了各类汽车尾气减排手段，其突出的特点是跨学科、跨领域，在技术层面存在深度交叉与融合。材料是现代汽车尾气减排技术的基石，不同类型材料的环环相扣、巧妙配合既是尾气减排系统正常运行的关键，也往往是制约相关技术发展的瓶颈。例如，新型燃油添加剂的发明令汽油含铅量大幅降低，这使得催化剂“铅中毒”不再屡屡发生，进而为汽油车尾气净化里程碑式的发明——“三效催化剂”的诞生提供了必要条件；现代三效催化技术主要依赖铂、铑、钯等贵金属材料净化尾气中的污染物，但如果没有稀土材料作为储氧组分，则 CO、HC 和 NO_x 这三类性质迥异的气体分子不可能被一次性催化转化；在应用初期，三效催化系统时常出现的“硫中毒”问题使其难以满足实用需要。随着燃油脱硫技术的进步，尾气中越来越低的硫含量使得三效催化技术的潜力得以充分发挥，由此才满足了越来越苛刻的汽油车排放法规要求。

以尾气减排关键材料为切入点，本章首先探讨了让燃油品质提升的技术与相关材料，它们使得汽车尾气本身更“清洁无毒”，进而为整个尾气减排系统的设计和开发提供了前提；随后介绍的载体材料是大部分后处理装置的基础，其优良的力学性能和热性能有效保障了各类活性组分的搭载和使用；最后，详细论述了贵金属、稀土和分子筛这三类在汽车尾气净化中发挥核心功效的先进材料，它们的应用和发展推动着整个后处理系统的进步。由于上述材料均与汽车尾气净化息息相关，因而它们也可统称为尾气污染物的“克星”。

4.1 燃油品质提升相关材料

4.1.1 燃油抗爆震剂

2021 年 8 月 30 日，联合国环境规划署（UNEP）发布新闻表示，随着阿尔及利亚汽车加油站停止提供含铅汽油，含铅汽油的使用在全球范围内宣告终结。UNEP 可持续交通部门非洲项目负责人简·阿库穆（Jane Akumu）认为“这是一个重要的日子”。数十年来，阿库穆所在的组织一直在不断敦促各国停用含铅燃料。事实上，早在几个世纪以前人们就已经意识到铅对健康的危害。甚至早在古罗马时期，工程师维特鲁威（Vitruvius）就曾指出，铅会“剥夺四肢的血性”。为什么“除铅”行动却拖了这么长时间？

答案是：铅实在太“好用”了！

铅是人类最早从天然矿石中轻松提取的金属之一。由于它供应充足、熔点低、延展性强、在空气和水中耐腐蚀，因而早在8000年前就在所有古代文明中得到应用。古罗马人消耗大量的铅来制造管道、硬币和装饰品（图4-1），甚至用铅制餐具和醋酸铅使他们的食物和酒变甜。在著名的《阿皮克乌斯食谱》中，约有五分之一的食品配方中含有铅。考虑到铅会导致疟疾、痛风、不育和婴儿死亡率高发，对铅的滥用被普遍认为是罗马帝国后期衰落的诱因之一。罗马帝国灭亡后，铅在15世纪最伟大的进步之一——印刷机中又找到了新的用途，它被用来生产活字。在此期间，由铅框固定在一起的彩色玻璃窗装饰着中世纪的教堂，建筑师使用铅来密封石块之间的空间和屋顶框架装置。进入20世纪，铅还被用于生产枪支、大炮和弹药。对人类社会而言，铅的用途似乎无穷无尽。

图4-1　历经数千年仍然完好无损的古罗马铅制水管

铅是如何进入燃油的？这要从汽油发动机的“爆震”现象说起。理想情况下，全部汽油蒸气均被火花塞在特定时间均匀点燃。然而，部分汽油可能会受缸内压力影响提前发生自燃，这种自燃往往与发动机活塞的冲程无法匹配，进而造成冲击波和类似金属敲击声的高频振动（俗称“敲缸”）。发动机爆震不只产生噪声，还可能增加油耗、磨损甚至破坏零件。影响爆震的因素很多，包括汽油种类、引擎设计、运行状态、点火时机，等等。点火时发动机压缩比越高，则引擎效率就越高，但同时爆震也会越严重。因此，为了获得更高效的引擎，就需要抗爆震性更好的汽油。如何排除引擎的因素，量化汽油的抗爆震性呢？在乙基石油公司工作的罗素·马克提出了一种简明的方案：制作一批标准燃料，然后将待测汽油的抗爆震性能和标准燃料去比。他选取了一种抗爆震性比较强的物质异辛烷，将它的抗爆震性定义成100（当然，有很多化合物——例如苯——抗爆震能力比异辛烷更好，其相关数值就大于100）；又选取了一种抗爆震性比较弱的物质正庚烷，将它的抗爆震性定义成0。标准燃料就是这两种物质按比例混合的混合物，比如80%异辛烷20%正庚烷混合液的抗爆性就定义为 80，这也是“汽油标号”的由来（图 4-2）。“标号”越高的汽油抗爆震能力越好，使用更高辛烷值的汽油还可以获得更高的发动机效率和更强劲的机动性能。

图 4-2 加油站中的“汽油标号”实际指其辛烷值

那么，如何提升汽油的辛烷值呢？1916 年，供职于通用汽车的查尔斯·凯特林（也是“电池点火系统”的发明者，见 2.1.1 节）要求他的一名员工，即 27 岁的托马斯·米基利（Thomas Midgley，图 4-3）寻找能够提高汽油抗爆震性的添加剂。后者在尝试了数百种物质后，认为乙醇是最有潜力的候选者。然而，由于农民可以很容易地从谷物中生产乙醇，乙醇的生产本身无法获得专利，因此永远不会产生太多利润。在 1921 年乙醇混合汽油的项目被取消后，米基利在短短数个月内又发现“四乙基铅”可能才是他们所追寻的“正确”添加剂。的确，从通用汽车公司的角度来看，四乙基铅的生产成本低廉，而且用作添加剂可以申请专利，从而产生巨大利润。由于铅和部分铅化合物在当时都是已知的毒物（一些国家在 1900 年前后已禁止使用含铅涂料），因此通用汽车公司在推广四乙基铅时仅将其称作“乙基”，刻意避免提到铅，以免引起人们的惶恐。在公开场合，四乙基铅的开发曾被认为是一项重要的科技突破，米基利也因此于 1922 年被美国化学学会授予著名的尼克斯奖章。此后，在得到化学工业充分支持的情况下，含铅汽油于 1923 年 2 月投放市场。

然而，随着含铅汽油的推广，四乙基铅在汽油燃烧时产生的铅严重污染了大气，使得世界各地铅中毒的人急剧增多，人们对含铅汽油的质疑也逐渐增加。米基利本人在与有机铅化合物接触一年以后，也不得不给自己放长假，以缓解含铅粉尘对肺的压力。1923 年 4 月，通用汽车开设了一个下属的化学公司，

图 4-3 托马斯·米基利和他对世界环境产生巨大影响的两项发明：四乙基铅与氟利昂

聘用凯特林为总裁，米基利为副总裁，专门负责监督当时负责生产四乙基铅的杜邦公司。杜邦公司在生产四乙基铅期间，有两名工人因铅中毒而死亡，数人患病。其他的生产工人因此对四乙基铅怨声连连，要求停止生产这种产品。

尽管如此，通用汽车对杜邦公司的生产效率仍不满意。1924 年，通用汽车和标准石油公司共同创办了“乙基汽油公司”，摒弃了杜邦公司生产四乙基铅时用的“溴化物法”，改用需要高温且更为危险的“氯乙烷法”来专门生产四乙基铅。然而，该工厂开工一周内就有五名工人相继因铅中毒而死亡，加深了公众对四乙基铅安全性的怀疑。10 月 30 日，米基利举办新闻发布会，向公众证明四乙基铅的使用是安全的。会上他以自己为试验对象，先是将四乙基铅撒在他手上，然后打开一瓶四乙基铅，将其放在鼻子下闻了 60 秒。试验完后的他安然无恙，于是他向媒体说：“我每天都暴露在这样的环境下，从未发生过任何问题，四乙基铅是非常安全的……工人们疏忽大意没有遵守安全指示。”讽刺的是，发布会几天后，该工厂就被所在的新泽西州州政府强制关闭。米基利也因为中毒而送医治疗，并用将近一年的时间才能从这 60 秒的四乙基铅试验中缓过来。即使如此，米基利仍在 1925 年一次科学会议上提出：“就目前科学所知，四乙基铅是唯一可以产生抗爆震效果的材料，这对于持续、经济地使用现有的汽车设备至关重要……”并且极力避免提及之前他对乙醇添加剂的研究工作。

在相关大公司的巨大压力下，美国卫生局局长最终被说服，认为与含铅汽油经济利益相比，其对健康的影响是“微乎其微”的。几年之内，部分州和卫生当局设置的监管障碍皆被扫清。到 1936 年，四乙基铅被添加到美国销售的 90% 的汽油中，每年仅因四乙基铅的生产就消耗超过 20 万吨铅。这些铅从汽车排气管进入大气后，最终“落脚”在哪里呢？据阿默斯特学院发表的一项关于铅暴露影响的研究，大量铅被吸收到儿童的血液中。这些铅会影响儿童正在发育的大脑，导致贫血、智力下降，攻击性和冲动行为的可能性增加——这些影响是永久性的、无法治疗的。据世界卫生组织统计，世界范围内约有 1800 万儿童因含铅汽油的使用而导致永久性脑损伤。此外，一些研究人员还将儿童时期的铅暴露与社会中的暴力犯罪水平联系起来。如图 4-4 所示，随着铅中毒的一代人在成年后走向社会，开启了 1960—1970 年的犯罪高峰期。

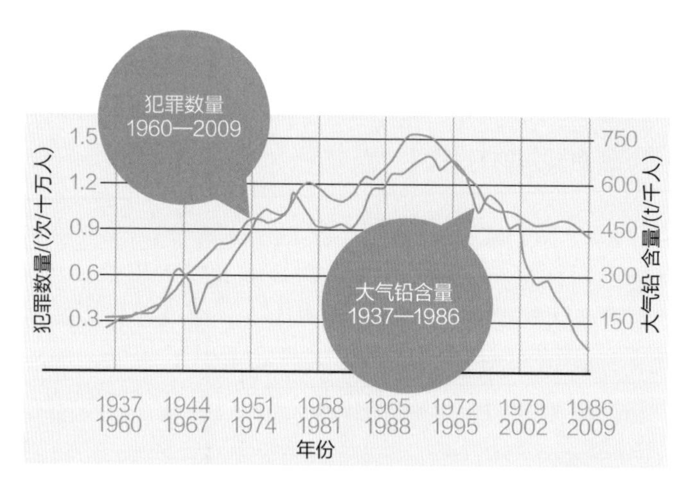

图 4-4 不同年代儿童期铅暴露与成年后犯罪率之间的关联

到了 20 世纪 60 年代，学术界和医学界对于铅暴露的破坏性影响已经相当确定，但含铅汽油（铅含量超过 2.2 克 / 美加仑）仍在大规模销售。1970 年，强烈的公众压力催生了修订版《清洁空气法》，使得汽车尾气催化转化器的应用成为必然。然而，尾气中的铅会与贵金属（铂、铑、钯）结合，使三效催化剂“中毒”而无效化（详见 4.2.2 节）。因此，《清洁空气法》对汽油中的铅含量制定了限值（0.8 克 / 美加仑）。1973 年，EPA 宣布了在未来会持续降低每个炼油厂总汽油池中的铅含量（日本的相关法案也在同期推行），到 1979 年需要减少到 0.5 克 / 美加仑。以此为契机，汽车制造商为新车配备了仅使用无铅燃料的尾气催化转换器，无铅汽油也开始面市。到 1985 年，所有销售的汽油中已有 60% 是不含铅的，炼油厂池铅含量标准也在 1986 年降低至 0.1 克 / 美加仑。总体而言，从 1970 年到 1986 年，世界主流汽油的铅含量下降了 98% 以上，由此也使得人类血铅浓度从峰值时期的 16.5 微克 / 分升降低至 1996 年的 3.6 微克 / 分升（图 4-5）。2000 年之后，世界大部分地区均开始转向无铅汽油，并终于在 2021 年实现了含铅汽油的全面禁售。即使如此，一个世纪以来含铅汽油的使用已使大量有毒的铅被埋藏在土壤、空气、水和人体内部。

四乙基铅退出了历史舞台，但人们对高辛烷值汽油的需求却有增无减，哪些物质取代了四乙基铅的位置？

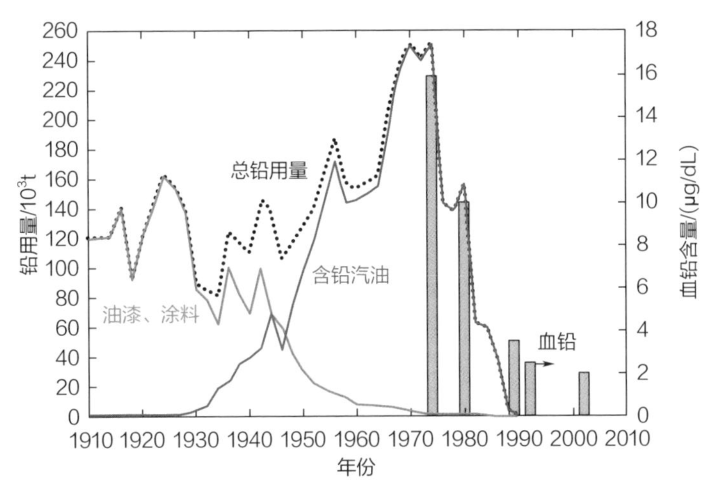

图 4-5 历史铅用量及其与人体血铅含量之间的关系

1979 年开始，四乙基铅开始逐步被甲基叔丁基醚（MTBE）取代。但随后人们发现 MTBE 是一种有毒的水污染物，其泄漏引发了一系列地下水污染事件，这使得 EPA 在 2000 年开始逐步淘汰 MTBE，并将乙醇指定为汽车燃料系统的替代抗爆震剂。

作为最早被研究的“种子选手”之一，乙醇作为汽油添加剂尚存在几个问题：它可将水蒸气从潮湿的空气中吸出，并且还显著增加燃料中的游离氧含量。这两者都会导致汽油残留物和发动机腐蚀；乙醇汽油可能会聚合、蒸发并因此失去其可燃性，老化降解的乙醇汽油更可能对发动机造成严重损坏。汽车发动机可通过定期清空油箱、换用耐乙醇的零件和高精度电子喷油系统来解决上述问题，但由乙醇汽油导致的损坏已经成为很多小型汽油发动机（如发电机和割草机等）主要的故障模式。综合考虑上述因素，如用于未经改造的传统汽油发动机，乙醇在汽油中添加量一般不超过 15%。

除乙醇外，典型的汽油抗爆震剂还包括甲基环戊二烯基三羰基锰（MMT）、二茂铁、五羰基铁、甲苯和二甲苯胺等。其中，MMT 在成本和环境安全性等方面具有一定优势，因而最早在加拿大得到普及。同时，MMT 也存在一些问题：在车辆兼容性方面，大众、宝马等汽车公司曾报告称，使用 MMT 会导致锰氧化物沉积（图 4-6），进而造成火花塞失火、排气阀泄漏等问题。2000 年前后，加拿大汽油中的 MMT 曾导致至少 25 款车型的催化剂严重堵塞，约占加拿大轻型汽车销量的 85%。大多数主要汽车制造商在其《车主指南》中都表示不建议使用 MMT，福特、本田等汽车公司更明确将“因使用 MMT 导致的汽车故障”排除在保修范围之外。在人体健康方面，有报告称大气中的锰一旦被吸入人体，其神经毒性可能导致疲劳乏力、头痛、睡眠障碍、肌肉疼痛和协调性降低等锰中毒症状。基于对人体健康和车辆发动机部件的影响，加拿大已于2004年停止使用MMT。MMT目前仍在美国、中国、澳大利亚以及东欧、非洲和阿根廷的部分地区普遍应用，出于安全考虑，锰添加量一般不超过8.3毫克/升。

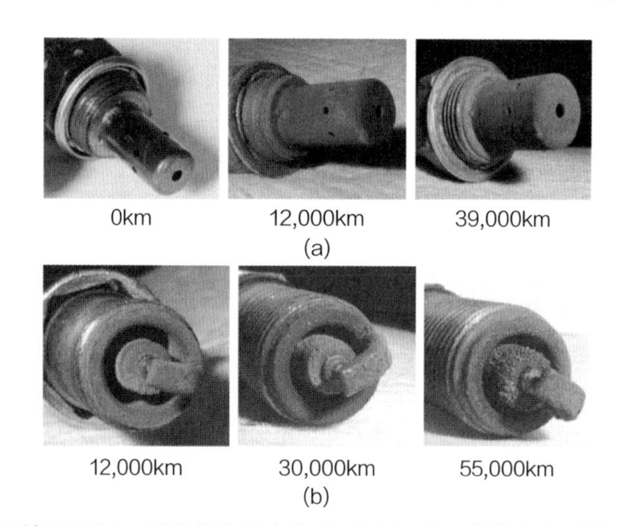

图4-6 因使用MMT导致的汽油车氧传感器(a)及火花塞(b)锰氧化物沉积

4.1.2 裂化与重整催化剂

由上节内容可知，乙醇、MMT等汽油抗爆震剂均不能过量添加，因此仅通过添加剂提升燃油辛烷值显然不能满足现代社会对高标号汽油的需求。实际上，这一目标主要是通过原油炼制过程中的“流化催化裂化”和“催化重整”两个工艺实现的，它们的共同作用彻底改变了燃料的基本组成，大幅提高了汽油辛烷值，燃料添加剂只能算它们之上的“添头”。

原油是数千种分子量变化很大的碳氢化合物的混合物，各成分由于沸点不同，可以通过蒸馏的方法进行初步分离。早在公元512年至518年，北魏地理学家、文学家、政治家郦道元在其名著《水经注》中就介绍了将原油提炼成各种润滑油的过程。在19世纪之前，巴比伦、埃及、中国、菲律宾、罗马和阿塞拜疆都以各种方式了解和使用石油。1856年，罗马尼亚利用其丰富的石油资源，在普洛耶什蒂建造了世界上第一座系统化炼油厂，主要依靠蒸馏法生产各种石油产品。然而，人们发现用蒸馏法获取的汽油收率还不到原油的20%，辛烷值也只有50左右。1891年，俄罗斯工程师弗拉基米尔·舒霍夫（Vladimir

Shukhov）发现，在高温、高压的环境下，石油中高分子量烃可“裂化”为汽油、烯烃和其他高值产品。随着1913年第一套热裂化工业装置的投产，以及1930年石脑油重整技术的使用，使汽油收率在1936年急剧上升，辛烷值也提高到了71～79。到20世纪中叶，裂化装置和重整装置已经成为多数炼油厂的“标配”（图4-7）。

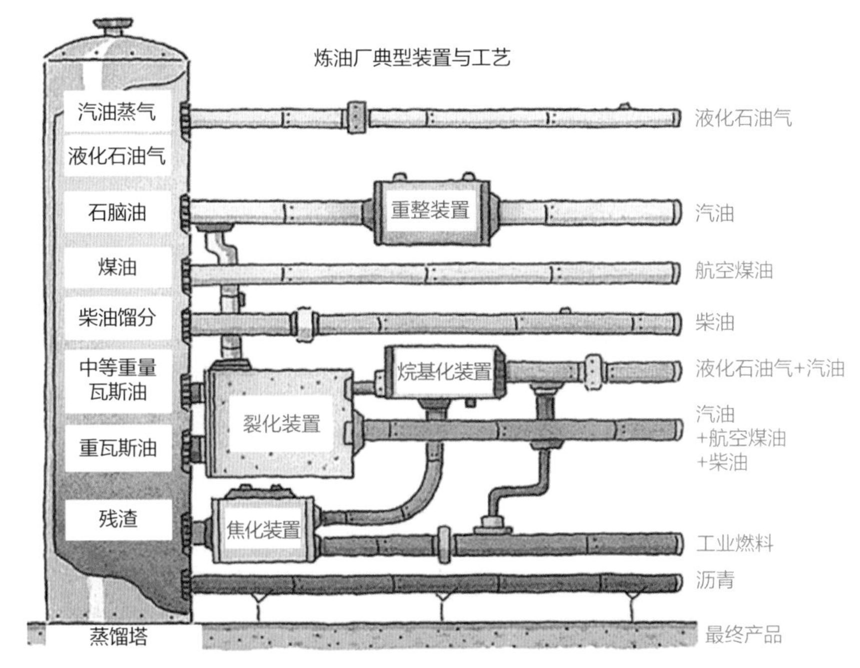

图4-7 炼油厂的原料、典型加工工艺与产品

低于80的辛烷值显然仍未“达标”，这就推动了“催化裂化”技术的开发。相关研究可追溯到19世纪90年代，当时在海湾石油公司工作的阿尔默·迈克菲率先发现采用三氯化铝作为催化剂，可促进石油裂化，提高汽油收率。1915年，海湾石油公司据此建立了第一套工业化催化裂化装置，但三氯化铝催化剂高昂的成本阻碍了该技术的推广。1922年，尤金·霍德里（也是汽车尾气催化转化器的发明者，见1.3.2节和3.1.1节）与同事一起筛选出了高效而廉价的催化剂——富勒土（一种含有硅铝酸盐的黏土矿物）。1930年，真空石油公司（即后来的美孚石油公司）邀请尤金·霍德里来美国，并于1937启动了“霍德里十一四号机组”，它每天能够裂解1.5万桶热裂解装置剩余的渣油原料，并以48%的高选择性生产辛烷值为81的汽油，当时被《财富》杂志称为“十一四的奇迹”。到1940年，已经有至少14条类似的催化裂化产线在运行，每天处理

14 万桶原油。借助源自这些产线的新型汽油和四乙基铅添加剂的配合，人们开始能够生产辛烷值达到 100 的航空燃料。

霍德里催化裂化工艺无疑是炼油领域的重大发展，但其采用的“固定床”设备结构复杂、操作烦琐。为了克服这些缺点，研究人员先后发明了“移动床催化法”和“流动床催化法”，后者也即现代炼油厂采用的“流化催化裂化（Fluid Catalytic Cracking，FCC）”工艺。如图 4-8 所示，与早期的霍德里工艺不同，FCC 工艺依靠催化剂在“反应器”与“再生器”之间的往复流动实现催化剂再生。这样就不必轮流切换原料油进气和空气来烧掉催化剂表面的积碳，可以保持整个系统的连续运转。现代 FCC 工艺采用的原料通常是重瓦斯油（图 4-7），通过将其加压并与热催化剂接触，可使得其中的长链分子转化为短链分子，最后以蒸气的形式收集汽油等产品。到 2000 年，全世界 FCC 装置加工能力占全部催化裂化总加工能力的 98%，霍德里的早期工艺已经被彻底淘汰。

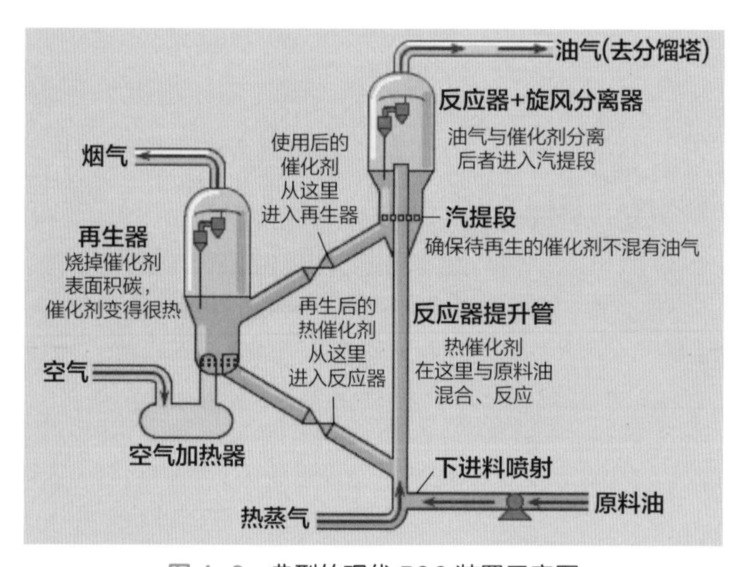

图 4-8　典型的现代 FCC 装置示意图

作为 FCC 系统的核心部分，FCC 催化剂也经过了多次更新换代。如前所述，无水三氯化铝是最早被开发的 FCC 催化剂，其在应用 10 年后被霍德里等人开发的酸化富勒土所取代。1940 年，真空石油公司发现，人工合成的无定型硅铝比天然富勒土具有更优异的 FCC 性能，并在 1942 年第一套 FCC 装置中应用了此配方。1962 年，沸石分子筛催化剂开始登上历史舞台，含有 Y 分子筛催化剂产品的 FCC 性能比无定型硅铝高 200 倍以上，大大提升了汽油收率，被誉为“20 世纪 60 年代炼油工业的技术革命”。1976 年后，又出现了“超稳Y型（USY）”分子筛，其应用不但可提高汽油收率，还可大幅提高产品辛烷值。1986年后，ZSM-5和ADZ等分子筛被作为添加剂使用，可以进一步提高汽油辛烷值。随后的催化剂进展更多关注重油、渣油的催化转化，具体总结于表4-1中。

表4-1 FCC催化剂的发展历史

年份	催化剂类型及反应	主要特点	开发者
1915	无水三氯化铝，反应在液相下进行	催化剂成本较高，不易分离和回收	阿尔默·迈克菲
1928	酸化富勒土，在固定床反应器中进行	汽油的收率、质量远高于热裂化产品	尤金·霍德里
1940	合成硅铝催化剂，用于移动床和流化床催化裂化	粉末状催化剂稳定性和流化性不够好	真空石油公司
1948	微球催化剂	催化剂强度提高，反应中损失大大降低	戴维森化学公司
1962	分子筛催化剂，主要是Y型分子筛开始应用	催化剂性能大幅度提高	美孚石油公司
1976	超稳Y型分子筛（USY）	进一步提高汽油辛烷值0.5～1.5，成本低	格雷斯戴维森公司
1986	ZSM-5分子筛助剂	汽油辛烷值提高，但收率下降	美孚石油公司
1987	ADZ分子筛助剂	催化剂稳定性、收率和辛烷值均提高	阿克苏诺贝尔公司
1990至今	新型渣油、重油裂化催化剂	主要应用改良的USY催化剂	各催化剂制造公司

如图4-9所示，除了占总重量10%～15%的（主要是Y型）分子筛活性组分外，现代FCC催化剂一般还包括另外三个主要成分：

❶ 三氧化二铝基质，用于提供高的比表面积，辅助分子筛发挥催化作用；

❷ 填料，通常是高岭土等黏土，用于提供催化剂物理强度；

❸ 黏合剂，通常是硅溶胶，用于将各个组分结合在一起。

这些材料首先被混合并制造成60～80微米的小球，再填入FCC装置进行循环使用。全球FCC催化剂的主要供应商是雅宝公司、格雷斯戴维森公司和巴斯夫公司，其产品的研发思路和侧重点各有不同，此处不予赘述。

与FCC技术主要处理石油中高分子量的重瓦斯油不同，催化重整技术侧重于将“较轻”的低辛烷值原料——如“石脑油”（含6～11个碳的烷烃）——

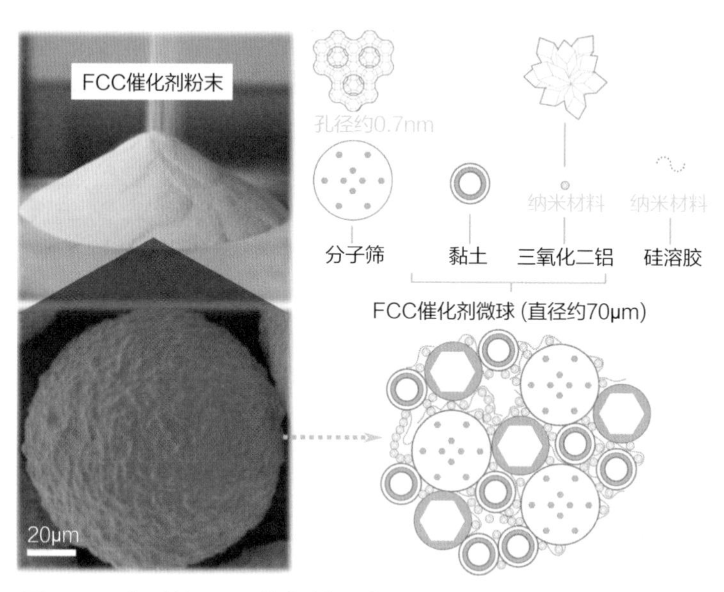

图 4-9 典型的 FCC 催化剂照片、微观形貌及组成成分示意图

通过脱氢、异构化、环化等过程转化为高辛烷值汽油和副产品氢气。相关工艺在 1940 年由 UOP 公司的弗拉基米尔 · 汉塞尔（Vladimir Haensel）开发，并于 1949 年实现产业化。如图 4-10 所示，催化重整装置一般具有至少三个固定床反应器，因此每个反应器前端还有加热器，以确保足够高的反应温

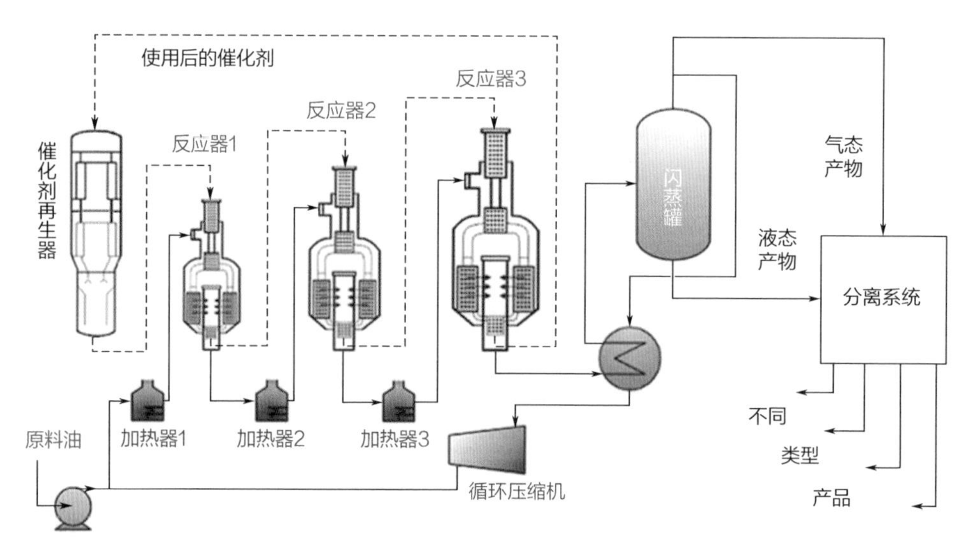

图 4-10 典型的连续催化再生（CCR）重整装置示意图

度。早期的反应装置需要在 6 ～ 24 个月进行停机催化剂再生，因此也称为“半再生反应器”，目前大概占全部装置的 60%；最新式的“连续再生反应器（Continuous Catalytic Reforming，CCR）”具有一个专门的再生装置，可在系统不停转的状态下原位再生部分催化剂。目前大多数新建的重整装置都基于 CCR 设计。

研究发现，催化重整在高压下运行会导致汽油和氢气产量下降，进而损害该工艺的经济性。近年来，由于催化材料的改进，催化重整工艺正从高压半再生重整向超低压 CCR 重整转变，由此也带来了更高的汽油收率和经济回报。如图 4-11 所示，最初的重整催化剂主要依赖负载于三氧化二铝上的铂发挥活性作用，经过铂 - 铼配方的过渡，目前较新型的催化剂为铂 - 锡配方。在一些为芳烃生产以高强度运行的超低压 CCR 装置中，全部催化剂小球每 3 ～ 5 天循环通过反应装置和再生器，以将催化剂上的积碳水平保持在 5% 以下。

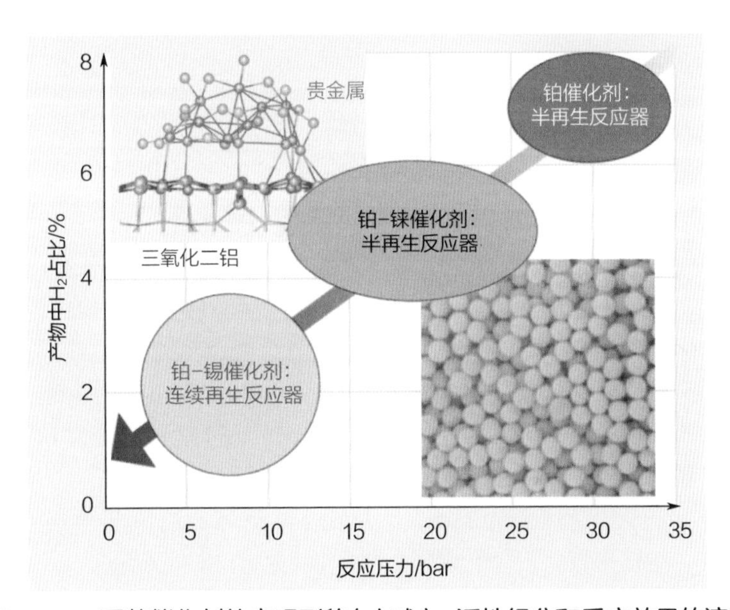

图 4-11　重整催化剂的宏观形貌（小球）、活性组分和反应效果的演变

如图 4-12 所示，基于现代催化重整装置和优化后的催化剂，直接生产辛烷值接近或达到 100 的汽油产品已经没有技术困难，加工难度主要取决于石脑油原料中环烷烃和芳烃的初始含量（即所谓“重整指数”，或“$N+2A$”值）。当加工重整指数较低的石脑油时，往往需要相当苛刻的工艺才能获得所需产品；反之，若进料重整指数较高，则可以在温和的条件下以很高的收率获取高辛烷值汽油。这里往往需要考虑进料和加工的经济平衡等问题。

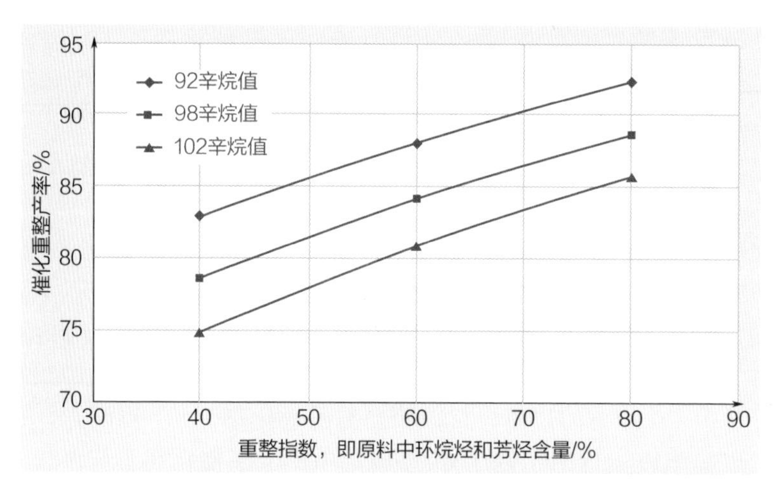

图 4-12　重整指数和产品汽油辛烷值对催化重整产率的影响

4.1.3　燃油脱硫材料

1991 年 6 月 15 日，菲律宾的皮纳图博火山以巨大的力量喷发，将大量的火山灰和气体喷射到大气中，一直穿透了“平流层”（海拔 10 公里至 50 公里的大气层）。此次火山喷发向平流层注入了约 1500 万吨二氧化硫（SO_2），在那里，SO_2 与水反应形成主要由硫酸液滴组成的雾状气溶胶颗粒（图 4-13）。在接下来的两年里，强烈的平流层风又将这些气溶胶颗粒散布到全球各地。与低层大气（即“对流层”）不同，平流层没有雨云作为快速冲洗污染物的机制。因此，皮纳图博火山的含硫羽流在平流层中停留了数年，其对阳光的散射和吸收作用使全球平均气温降低了 0.6℃，同时也造成了一系列的生态影响。

与爆发性的火山喷发相比，人类活动对自然界的影响虽然缓慢但更加显著。据统计，2015 年之后，因人类活动每年排放的 SO_2 已超过 1 亿吨，其中约有 1/3 源自油气燃烧。柴油和汽油（尤其是由 FCC 工艺得到的汽油）均会大量携带原油中固有的硫杂质。这些硫杂质在燃烧过程中转变为 SO_2，进而会对炼油厂催化重整装置和汽车尾气后处理系统造成严重损害。尾气 SO_2 在大气中的扩散更可能催生含硫二次气溶胶，其被认为是诱发雾霾、酸雨等环境公害事件的典型污染物。

研究表明，燃油硫含量低于 150ppm 时，汽车尾气排放的少量 SO_2 可不再被视为典型污染物；低于 50ppm 时（此时的燃料称为“低硫燃料”），能够保障大部分汽车尾气后处理系统（例如三效催化剂、颗粒物过滤器和 NH_3-SCR）正

图 4-13　1991 年菲律宾皮纳图博火山喷发实景

常运行；低于 10ppm 时（此时的燃料称为“超低硫燃料”）可保证尾气后处理系统中不耐硫的装置（例如 LNT）完美运行，确保汽车尾气减排。因此，世界各地区汽车制造商和政府经常表示，在市场提供质量兼容的燃料之前，不会（也不能）供应符合排放要求的新车。

从 1990 年开始，世界各国均在制定汽车尾气排放法规时推进燃油含硫量限值（此前柴油含硫量可达 5000ppm 以上）。在相关领域，日本一度处于全球领先地位。例如，日本在 2005 年采用了 50ppm 的“低硫柴油”标准。该标准并未对柴油供应造成干扰，因为炼油厂早在 2003 年就已自愿转向硫含量为 30ppm 的柴油；日本随后于 2007 年采用了 10ppm 的“超低硫柴油”标准，炼油厂再次提前介入，于 2005 年 1 月开始提供超低硫柴油。截至目前，中国、北美、欧洲和日本等地区均已全面推行超低硫燃料。据 EPA 估测，世界范围内燃料硫含量的降低，辅助汽车污染物排放减少了 90% 以上。

原油中的含硫杂质包括硫醇、噻吩和硫醚等，其总含量可能高达 0.5% ～ 10%，必须在将其炼制为燃油时将大部分硫脱除。脱硫工艺可以根据用于脱硫的关键物理化学工艺的性质分为两大类：目前最发达和商业化程度最高的技术是加氢脱硫（Hydrodesulfurization，HDS，也称“加氢处理”），该技术利用氢气催化分解有机硫化合物；另一类技术则采用与 HDS 不同的物理化学过程来分离 / 转化有机硫化合物，如吸附脱硫、生物脱硫、渗透气化脱硫、萃取脱硫和氧化脱硫等。其中，较有代表性和产业化基础的技术为吸附脱硫，即利用高表面积吸附材料选择性地从原油样品中吸收含硫分子。下面从这两条技术路线出发，分别介绍相关的核心工艺和材料。

HDS 具有其他技术难以比拟的脱硫效率，这使其成为当今最重要的原油脱硫工艺。世界第一套 HDS 装置由 UOP 公司设计，并于 1967 年 10 月在日本出光兴产公司千叶炼油厂建成投产。到 2019 年，全球几乎所有的大型炼油厂都拥有一个或多个 HDS 装置，至少 36% 的燃油在出厂前经过了 HDS 处理（年产能超过 40 亿吨），这一比例较 1987 年提高了 2 倍。在具体应用时，一般需将 HDS 催化剂置于固定床反应器中，在 300 ～ 400℃的高温和 30 ～ 130 个大气压 [1] 的高压下进行脱硫反应。此时，在催化剂的作用下，杂质中的硫以气态硫化氢（H_2S）的形式被脱除，随后再被转化成单质硫或者硫酸副产品。

传统 HDS 催化剂的主要成分为钴 / 钼或镍 / 钼复合氧化物，其在高温、高压、含硫的环境中会转变成以 2 ～ 3 纳米厚的单层二硫化钼（MoS_2）为主体，钴、镍等元素为添加剂的催化活性相。一般认为，层片边缘处的 Co-Mo-S（或 Ni-Mo-S）是主要的活性位点。这些活性物质作为 HDS 催化剂被使用了一个多世纪后，业界为了节约成本，提高耐久性，开始将它们负载于高比表面积的三氧化二铝载体上，形成了 $CoMo/Al_2O_3$、$NiMo/Al_2O_3$ 等高性能催化剂沿用至今（图 4-14）。近年来，人们也尝试使用酸性分子筛或超高比表面积碳材料代替三氧化二铝作为催化剂载体，发现其可能具有更优异的 HDS 性能。

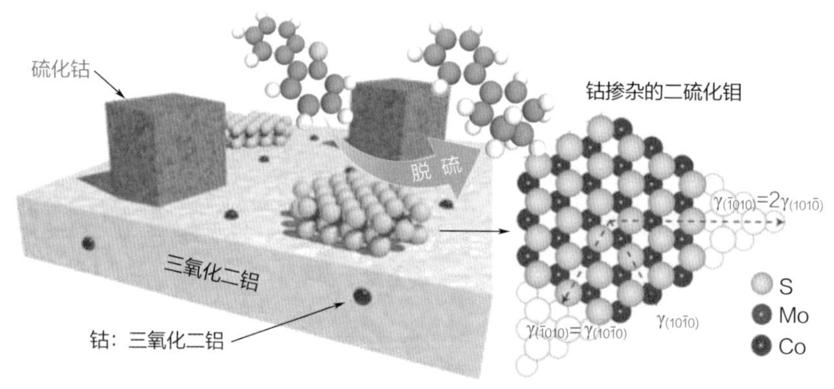

图 4-14 商用 HDS 催化剂 $CoMo/Al_2O_3$ 的主要活性相示意图

由于 HDS 技术需要借助高活性催化剂，在高温、高压、含氢的苛刻条件下实现，因此其总体成本较高。近年来，替代能源（如生物燃料和太阳能）的不断出现导致国际市场原油价值下降，这使得 HDS 的成本问题日益凸显；此外，虽然 HDS 可以轻松处理有机硫化合物，但对于杂环硫化合物（如 4，6- 二甲基二苯并噻吩）则需较为极端的工艺完成脱硫（反应温度超过 400℃，反应压力超过 10 兆帕）。上述问题促使炼油行业积极寻找 HDS 的替代或补充工艺，

[1] 1 个大气压（atm）=101.325 帕（Pa）。

由此催生了工艺成本低、操作条件温和（低温、常压）的吸附脱硫技术。该技术由美国康菲公司于2000年开发（当时被称为“S-Zorb”工艺，见图4-15），主要利用氧化锌、氧化锰、氧化钙和一些复合金属氧化物的“吸附-氧化-再活化”循环反应，实现含硫汽油中硫组分的脱除。自2001年在Borger炼油厂投产后，利用“S-Zorb”工艺每天可处理6000桶原油，生产含硫量仅为10ppm的低硫汽油。在2003年，该工艺也拓展至柴油脱硫领域。

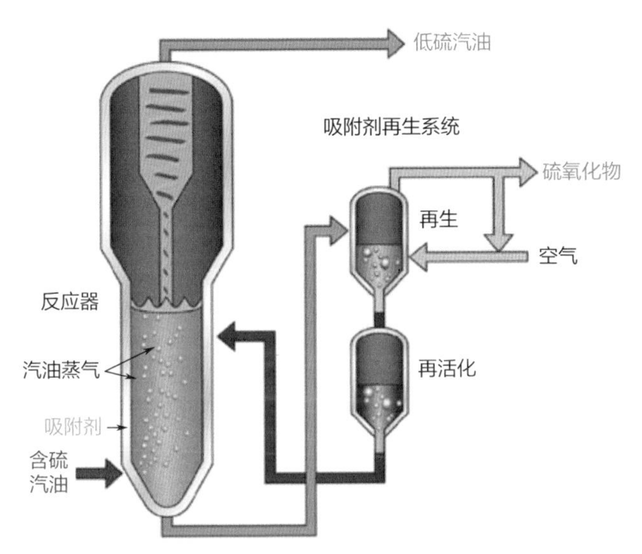

图4-15 康菲公司开发的“S-Zorb”吸附脱硫工艺装置示意图

2006年，“S-Zorb”工艺在中国石化的燕山炼油厂投产，每天可处理30000桶原油。2007年，中国石化收购了相关技术的知识产权，同时针对原有技术吸附剂消耗大、能耗高、辛烷值损失偏大等问题进行了攻关研究，开发了第二代吸附脱硫技术。除了对整体工艺的优化外，新技术的核心在于对高性能吸附剂的开发。如“FCAS-R09”系列吸附剂由硅铝负载的镍和氧化锌组成，其中氧化锌与含硫分子反应后可经历氧化脱硫循环利用，镍则需要经过氢气活化保持其金属态。此外，如图4-16所示，借助硅铝载体片层结构交织而成的“柔性骨架结构”，脱硫过程中氧化锌-硫化锌转变引起的吸附剂结构性破碎问题可以得到很好的解决。其中，镍组分均匀浸渍在吸附剂载体内孔道并与氧化锌处于最短可及距离，进而使得吸附剂能够同时保持高的脱硫活性及低的辛烷值损失。基于上述技术，截至2018年10月，国内已建成投产35套装置，年总加工量大于4700万吨，加工了全国超过50%的FCC汽油。目前，学术界正在积极开发下一代脱硫吸附剂载体，如分子筛、石墨烯、金属-有机框架材料等具有极高比表面积的材料都是有潜力的候选者，其应用或许将进一步提高吸附脱硫工艺的效率，降低其成本。

图 4-16 FCAS-R09 系列脱硫吸附剂扫描电子显微照片

4.1.4 现代车用燃油组成

车用汽油是多种组分调和而成的产品，按炼油厂装置来源，早期车用汽油调和组分可分为三类：第一类是直馏汽油；第二类是催化重整汽油、烷基化汽油、异构化汽油和含氧化合物等高辛烷值组分；第三类包括催化裂化汽油、加氢汽油和焦化汽油等重油加工产物。随着无铅汽油的推广，现代汽油调和组分中不再包括低辛烷值的直馏汽油和焦化汽油，而异构化油的比例大幅度增加。同时，催化裂化汽油、异构化油和重整汽油的辛烷值都有所提高，含氧化合物的调和量也有所增加。从 2000 年到 2015 年，随着国内车用汽油质量升级步伐加快，对烯烃、硫含量的限制值降低，催化裂化汽油直接作为车用汽油组分的比例将不断地下降（见表 4-2）。为降低汽油中的硫含量，到 2010 年约有 31.4% 的催化裂化汽油经过加氢脱硫，没有精制的催化裂化汽油的比例已经降低了 37.9%，而重整汽油组分的比例提高到 20.2%，抗爆震剂的加入量也有所增加。

表 4-2 国内车用汽油组分的变化 单位：%

统计年份	汽油的组成			
	催化裂化汽油	重整汽油	加氢汽油	其他（抗爆震剂等）
2005	74.7	17.7	2.5	5 1
2010	37.9	20.2	31.5	10.5

与汽油不同，早期国外车用柴油质量指标变化不大，一般十六烷值指标（压燃式发动机中燃料燃烧性能的核心指标，最高为100）的范围为40～50，硫含量多数控制在0.5%以下。我国早期炼油装置主要加工石蜡基大庆原油，其直馏柴油和二次加工的柴油质量均较优质，两者混兑就能满足车用柴油规格要求。为满足加工劣质原油和车用柴油质量升级的需要，柴油加氢精制能力从2000年至2015年逐步增加，对硫含量较高的直馏柴油和部分轻循环油进行了加氢脱硫/改质处理以提高十六烷值，为柴油质量升级奠定了良好的基础（表4-3）。随着轻柴油硫含量限制值的降低，未精制的直馏柴油的比例将不断降低。未来我国车用柴油在满足市场需求的同时，也应适应环保法规对柴油质量的要求，降低硫含量，控制柴油的密度范围和多环芳烃含量，提高十六烷值。

表4-3 国内车用柴油组分的变化 单位：%

统计年份	柴油的组成		
	加氢精制柴油	直馏柴油	其他（轻循环油等）
2005	51.0	40.5	8.5
2010	66.1	25.1	8.8

4.2 尾气后处理相关材料

4.2.1 催化剂载体材料

对于汽车尾气后处理系统而言，涉及的“载体材料”主要分为两个层面。在微观层面，为了减少贵金属用量，提高活性组分的稳定性，需要将贵金属等催化材料以纳米级颗粒的形式分散在三氧化二铝等氧化物“载体（support）”表面；在宏观层面，由于每个尾气后处理系统中仅需少量的催化剂涂层，因此需要一定的承载材料才能将其安装固定在排气管道中，蜂窝状堇青石陶瓷就是这类“载体（substrate）”中比较常见的一类。下面就这两类载体分别进行介绍。

在详细阐述载体功能之前，先简要说明“比表面积”这一基本概念。如图4-17所示，具有同样整体尺寸的高尔夫球比普通球体表面积增大了约30%，这些额外的表面积正是由其表面的孔洞带来的。类似地，载体微晶表面各种类型的缺陷和孔隙可以赋予催化剂极大的表面积，进而提高其与外界气体接触的机会。为了方便比较，催化剂的表面积可归一化为“比表面积”——即每单位质量材料的总表面积（米^2/克催化剂）来衡量。这一参数一般借助气体物理吸附法，结合布鲁尼尔-埃密特-特勒（Brunauer-Emmett-Teller，BET）理论计算获取。商用氧化物载体比表面积一般在100米^2/克以上，很多新型的多孔材料（如一些金属-有机物框架材料）甚至具有超过7000米^2/克的比表面积。

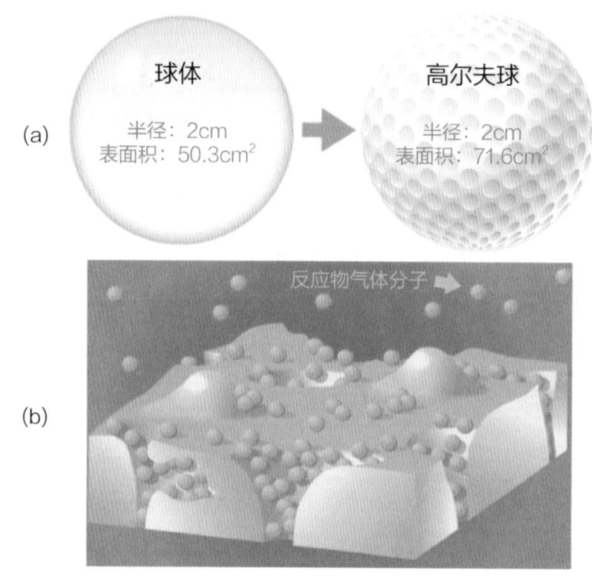

图4-17 孔洞对材料表面积的增益作用（a）以及常见催化剂载体微观形貌（b）

伽马相三氧化二铝（γ-Al_2O_3）具有松散的多孔结构和较大的比表面积（100～200米^2/克），也被称为“活性氧化铝”，是最常见的催化剂活性物载体。目前，高比表面积活性氧化铝主要通过以高纯铝旋屑和醇反应为起点的“醇铝法（有机法）”制得，南非萨索尔公司是生产相关产品的龙头企业。值得注意的是，如果将γ-Al_2O_3加热到1150℃或更高温度，则其晶相将转变成α-Al_2O_3。具体而言，其晶体结构发生显著变化，内部的空隙坍塌或封闭、晶体颗粒增大、表面积减小（图4-18）。典型的α-Al_2O_3比表面积仅为1～5米^2/克，不再适合作为催化剂的活性物载体。如果贵金属被分散到γ-Al_2O_3表面，而γ-Al_2O_3在高温下转变为α-Al_2O_3，那么大部分贵金属都将被掩埋在晶体结构之内，无法被气体接触和利用，催化剂将失去性能。为了提高活性氧化铝的热稳定性，一般在其制备过程中添加少量的氧化镧，进而可有效提高其相变温度，抑制其高温比表面积损失。氧化铈、氧化钡和二氧化硅等添加剂也有类似的效果。最后，活性氧化铝很容易与尾气中的SO_2反应而遭到结构破坏，因此如果燃料中含硫量较高，则可能需要采用酸性更强的载体（如分子筛等）对其进行替代。

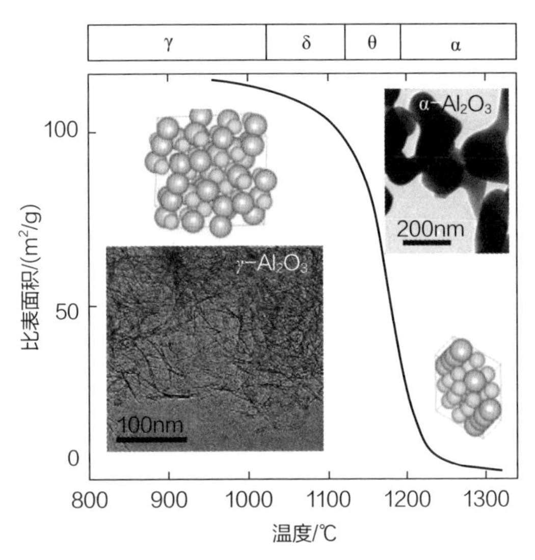

图 4-18 氧化铝在不同温度下物相、形貌、结构和表面积的变化

将活性组分负载于改性的 γ-Al_2O_3 表面制成催化剂后，如果直接将其装入汽车尾气后处理系统，则由于催化剂颗粒之间的缝隙很小，在尾气流过时会产生极大的背压降，损害整个发动机系统。因此，模仿石化工业中的催化剂微球技术（详见图 4-9 和图 4-11），早期许多汽车催化转化器都使用珠状载体，即将一些由 2.5 ～ 5 毫米直径的 γ-Al_2O_3 球形颗粒（表面负载贵金属和稳定剂等组分）放入钢壳中，并拦截在两个筛网之间以形成催化转化器。然而，与炼油厂的稳定工况不同，由于车辆在运行过程中会产生颠簸，这些催化剂小球很容易因相互碰撞而破碎、流失。

为了解决这一问题，尤金・霍德里用交错的固定陶瓷棒取代了珠状载体，发现由此获得的催化净化器兼具良好的催化效率和稳定性。1960 年代初期，3M 公司开发了一种比霍德里的陶瓷棒更有效的载体来固定铂催化剂。如图 4-19 所示，这是一种波纹板状的氧化锆 - 莫来石混合物，可以组合成易于通气的蜂窝构型，由此可提供较高的表面积以利于催化剂的分散。基于此类载体，安格公司和 3M 公司生产了一批催化转化器用于控制矿山和仓库等封闭空间中叉车排放的 CO。

1970 年，随着汽车尾气排放法规的推行，康宁公司在尝试生产汽车尾气催化净化器时又对上述“第二代”载体进行了全方位考察，发现其机械强度和生产成本并不能满足汽车尾气后处理系统的需要。在尝试了带有突出尖刺的玻璃板、不同形状的玻璃/陶瓷管堆叠、鸟巢形陶瓷网等多个版本的催化剂载体后，罗德尼·巴格利（Rodney Bagley）带领的团队最终于1971年底开发出了具有直通孔结构的蜂窝陶瓷（以正方形孔为主，也有六边形和菱形孔变体）。优异的机械强度、催化剂承载性和通气性能使其成为沿用至今的三效催化剂构型。以此为基础，康宁公司又于1978年开发了第一款蜂窝陶瓷壁流式颗粒物过滤器（过滤器的相邻孔道两端交替堵孔，迫使尾气气流通过多孔的陶瓷壁面，详见图1-17、图3-14和图3-17），用于去除柴油车尾气中的碳烟颗粒物。

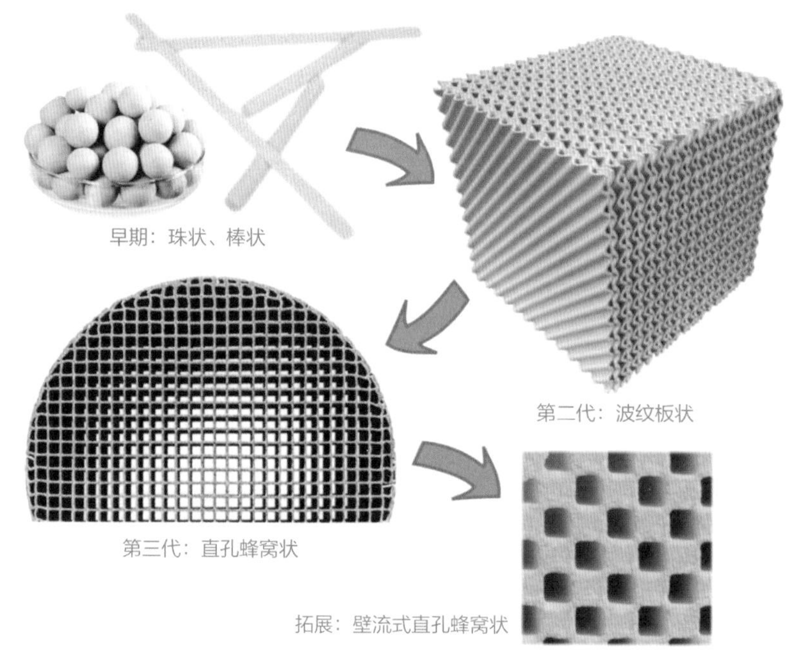

图4-19　汽车尾气净化催化剂陶瓷载体形貌的演变

蜂窝陶瓷的构型确定了，该用什么材料制造它呢？由于汽车（尤其是汽油车）尾气温度变化很快，要求材料必须具有极高的熔点、良好的抗热震性和足够低的热胀系数。经过大量尝试，康宁公司发现被称为“堇青石”的天然镁铝硅酸盐化合物（$2MgO \cdot 2Al_2O_3 \cdot 5SiO_2$）完全符合要求，其也自然成为现代汽车尾气后处理系统最重要的载体材料。各类陶瓷载体材料的特点及主要生产厂家如表4-4所示，除了堇青石外，较为典型的碳化硅（SiC，耐高温，但成型难度大）和钛酸铝（作为SiC替代物的新产品）也在柴油车颗粒物过滤器载体中占有一定的市场份额。除了陶瓷载体，也有部分厂家可生产力学强度高、形态精

细可调的铁 - 铝 - 镍合金载体，但其较大的密度和较低的催化剂适配性（如与 γ-Al_2O_3 等催化剂载体热胀系数差异大、结合力差）使其与陶瓷材料相比缺少核心优势。

表 4-4 各类陶瓷载体材料的特点及主要生产厂家

名称	优点	缺点	主要生产厂家
堇青石	价格低廉、热胀系数低，可生产紧凑的整体元件	热容量低、导热性差、高温易与颗粒物的灰分反应	美国康宁公司、日本 NGK 公司等
重结晶碳化硅（R-SiC）	热稳定性好、热导率高、热容量高、力学性能好，可直接用于电加热再生	热胀系数较高，无法整体加工	日本伊比登公司等
硅结合碳化硅（Si-SiC）	具有类似于 R-SiC 的热机械特性	热稳定性、抗化学中毒能力和热导率比 R-SiC 低	日本 NGK 公司等
莫来石	热胀系数低、耐高温、耐腐蚀	导热性差、热稳定性较低	美国陶氏化学公司等
钛酸铝（$A1_2O_3 \cdot TiO_2$）	热胀系数低、抗热震性好	机械强度比 SiC 材料低	美国康宁公司等

明确了材料和产品构型，加工工艺就成为下一个难题。用传统方法（如模块拼接）将堇青石等陶瓷制成蜂窝结构显然非常困难。为了解决这一难题，模仿高分子材料生产的陶瓷前驱体“挤出法”应运而生（图 4-20）。康宁公司早期发现将甲基纤维素添加入堇青石混合物后，生产出的复合材料在挤出过程中很容易流动，但在离开模具时会变硬，从而可避免蜂窝构型像湿报纸一样被自身重量压垮，还可使载体在切割过程中保持结构完整、不坍塌。通过介电加热技术，精确调制加热温度、速率和时间，可以均匀地干燥蜂窝陶瓷使其定型。按照惯例，用孔密度（一般为 200 ～ 600 个孔每平方英寸）/ 孔壁厚度（一般为 2×10^{-3} ～ 12×10^{-3} 英寸）指标来描述蜂窝陶瓷载体，400/6.5 是三效催化剂最常用的规格（即每平方英寸载体截面上有 400 个孔，孔壁厚度为 6.5 英寸）。对于需要快速升温的紧密耦合催化剂，一般选用 900/2.5 或 600/4 这样的大孔密度、薄壁载体；对于柴油车的催化剂，因为需要考虑尾气中颗粒物造成的堵塞，一般选用 200 ～ 300 个孔每平方英寸的大孔载体。

如何将催化剂固定在蜂窝陶瓷表面？这就涉及所谓的“催化剂涂覆”工艺，其第一步是将催化剂、黏合剂与水（对于疏水催化剂，则用乙醚等有机溶剂）配成浆料。黏合剂的选择与催化剂载体有关，γ-Al_2O_3 载体一般选择铝溶胶或拟薄水铝石作为黏合剂，二氧化硅载体则需要选择硅溶胶或者水玻璃。将浆料

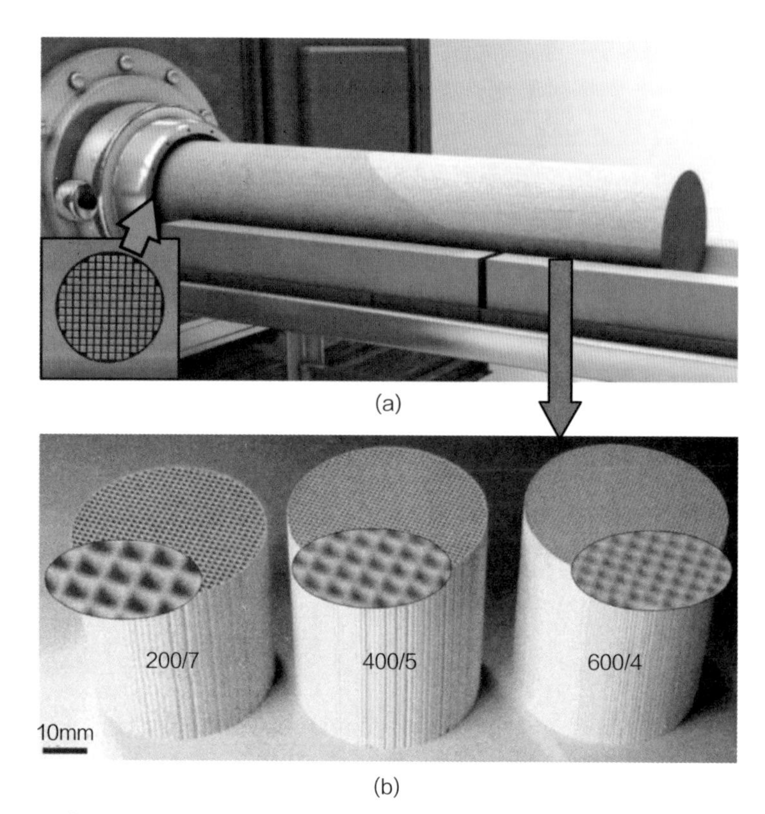

图 4-20 蜂窝陶瓷载体的挤出过程与模具头样例（a）和具有不同孔密度 / 孔壁厚度的蜂窝陶瓷产品（b）

pH 值（例如，γ-Al_2O_3 需要 pH=3 ～ 4 的酸性环境）、黏度和流动性调控在要求范围之内后，再经过一定时间的研磨使浆料中的颗粒尺寸尽量接近蜂窝陶瓷表面孔隙（通常为 5 ～ 7 微米），这样在涂覆后部分催化剂可通过嵌入构型与陶瓷载体紧密结合。最后，将蜂窝陶瓷浸入调制好的催化剂浆料中（浸渍工艺根据具体需要确定，包括真空吸入法、浸入法、喷淋法等，可辅助实现催化剂梯度分布或多层分布等特殊涂覆效果），之后在 110℃烘干脱水，再加热到 500℃以上进行煅烧，使贵金属等活性组分转化为金属或金属氧化物，永久停留在催化剂涂层内。如图 4-21 所示，随着水分蒸发，较小的黏合剂因毛细作用被吸引至较大的催化剂颗粒相互接触的位点以及催化剂 - 陶瓷载体界面处，进而可控地诱导其生成相对致密、结合牢固的催化剂涂层。需要注意的是，蜂窝陶瓷载体表面的催化剂涂层厚度需要经过预先调制，太薄可能催化效率不足，太厚则阻塞孔道，影响气流通过。

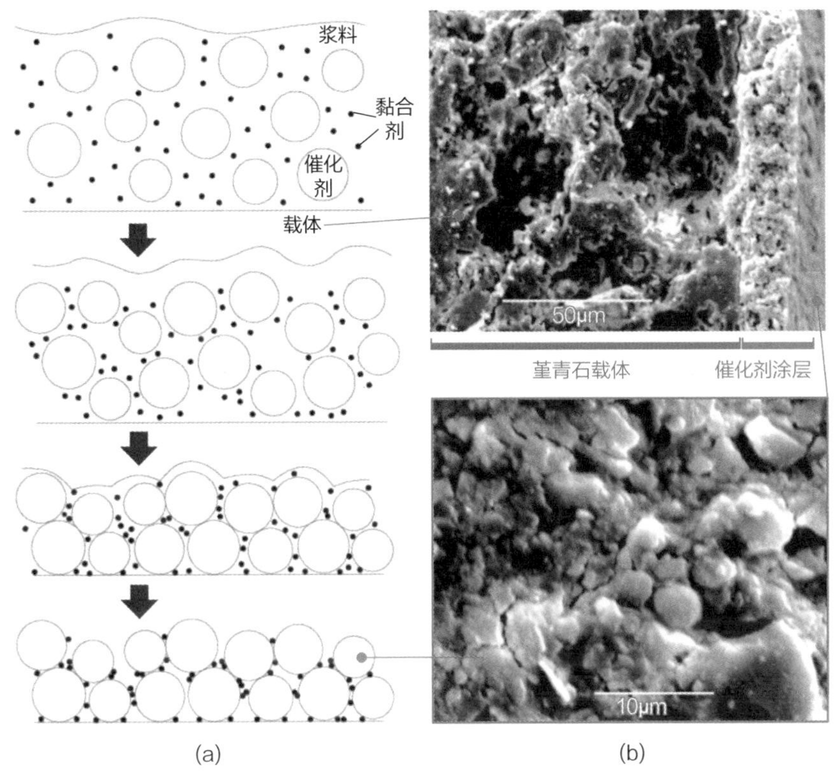

图 4-21　涂覆在堇青石载体表面催化剂浆料的干燥过程（a）和由此获得的催化剂载体 / 涂层电子显微图片（b）

4.2.2　贵金属材料

如图 4-22 所示，氧、硅、铝和铁元素（前三者是岩石主要成分，铁则是恒星核聚变的终点）在地壳中丰度很高。事实上，它们的重量占地壳总重量的 88.1%，其余约 90 种元素只占剩余的 11.9%。像金、银、铂等贵金属（是广义“稀有金属”中的一类）的重量更是不到地壳总重量的 0.03%。然而，正是这些稀有的贵金属一直以来为世人所追寻，被制造成林林总总的货币、首饰和工艺品。比较典型的作品包括公元 4 世纪的卢奇格斯杯，杯壁玻璃中的金 - 银纳米颗粒导致其颜色可在绿色（反光色）和红色（透光色）之间自由转换。甚至早在公元前 2500 年之前，中国人就开始研究黄金和长生不老的关系，东汉魏伯阳所著《周易参同契》曾记载：“金性不败朽，故为万物宝。术士服食之，寿命得长久。”被称为“白金”的铂比黄金更加稀有、更难提炼，一般也更加昂贵。18

世纪 80 年代，西班牙政府宣布“铂金不可交易，应该像黄金一样属于皇帝陛下”，自此拉开了西班牙“铂金时代”的大幕。如今，铂已被广泛用于催化、抗癌药物、电路系统和汽车动力系统等，在人类的生产、生活中发挥着不可替代的重要作用。

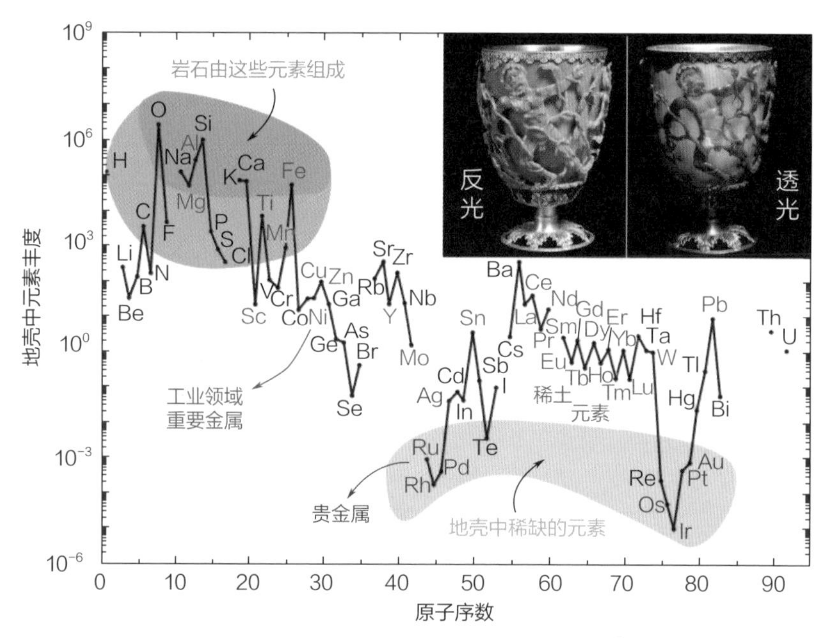

图 4-22　地壳中各种元素的丰度对比（以 Si 原子数量 $\times 10^6$ 为基准）和卢奇格斯杯

尽管铂是最后被人类使用的贵金属之一，但它仍然是最早用于催化的金属之一。自 1820 年代以来，铂一直是一种常见的催化剂，当时约翰·杜伯莱纳（Johann Döbereiner）发明了一种小型的灯状点火器[图 4-23（a）]，其核心部件为海绵状的铂催化剂。当阀门打开时，一股由锌 - 稀硫酸反应产生的氢气喷射到铂海绵上，在后者的催化作用下，氢气与空气中的氧反应产生温和的火焰。到 1828 年，德国制造商已生产了数十万个这种被称为“火药箱”的点火器，这也是多相催化的第一个商业应用案例。1831 年，佩里格林·菲利普（Peregrin Phillips）申请了使用铂作为催化剂的专利，该催化剂通过“接触法”氧化 SO_2 来生产硫酸[图 4-23（b）]。这项创新取代了传统的“铅室工艺”，实现了更经济的硫酸生产，这对于当时的化学工业至关重要。20 世纪 40 年代，随着内燃机的出现以及对大量精炼原油作为燃料的需求，负载在三氧化二铝上的铂纳米颗粒开始成为燃油“催化重整”技术的核心催化剂（详见 4.1.2 节）。这种技术进步为汽车提供了成本低廉、性能优异的高辛烷值汽油，推动了汽车产业和运输行业的蓬勃发展，进而改变了整个社会的文化。可以说，铂在催化领域是一个名副其实的“万事通”。有了上述应用经验，在20世纪70年代三效催化剂研发初期，安格等公司的工程师首先就应用了以铂为基础的催化剂，也确实取得了良好的尾气净化效果。

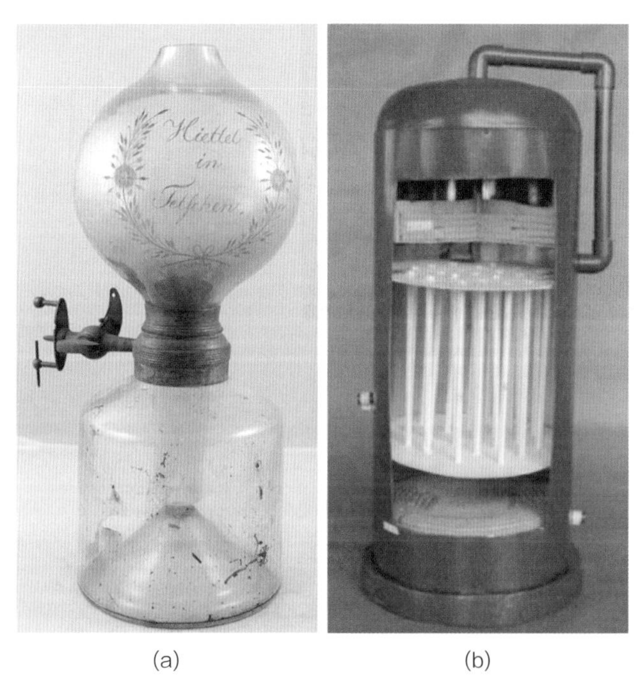

(a) (b)

图4-23 “火药箱”点火器(a)和催化法生产硫酸使用的“接触室”(b)

事实上，至少从1920年代开始，欧文·朗缪尔（Irving Langmuir）就使用铂作为催化剂进行了CO氧化（$CO + O_2 \longrightarrow CO_2$）的开创性工作，由此建立了著名的Langmuir-Hinshelwood（L-H）反应模型。该模型在1970年代被广泛用于理解和设计三效净化器中发生的催化过程。几十年来，人们一直致力于最大限度地提高内燃机的燃油效率和功率，同时最大限度地减少对环境的影响，汽车尾气催化净化器的问世和发展正是该领域具有里程碑意义的事件。继铂的成功应用后，为了平衡成本、提高催化剂稳定性并应对成分复杂的尾气污染物，钯和铑也被纳入三效催化体系。这三种贵金属在每辆汽车中的总含量仅为3～7克，却占催化净化器总成本的10%以上。为了尽量高效使用这些昂贵的催化材料，它们一般以纳米颗粒（粒径小于3纳米）的形式分散在三氧化二铝等载体上，暴露尽可能多的表面活性位点。如图4-24所示，铂的功效主要是氧化CO和HC，其在尾气稀燃条件下尤其高效，因此铂也是柴油车氧化催化剂的首选配方。对于汽油车（三效催化剂中气体成分接近理论空燃比，$A/F \approx 14.7$），铂和钯的效果相近，因此通常根据相对成本进行选择。最后，三效催化剂还必须能够将 NO_x 还原为氮气，这就是其配方中含有铑的原因。此外，铑还可协助铂和钯净化 CO 与 HC，因此若削减铑的用量，可能会显著影响催化剂总体性能（表 4-5）。

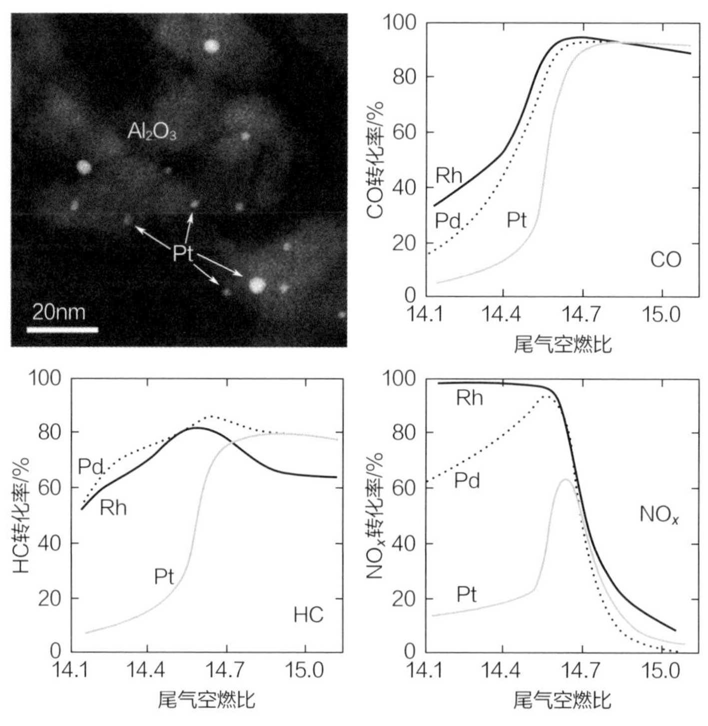

图 4-24　贵金属负载于三氧化二铝表面的高角环形暗场扫描透射显微图片，以及铂（Pt）、铑（Rh）、钯（Pd）独立的三效催化净化效果对比

表 4-5　三效催化剂配方对其性能的影响（排放值越低说明性能越好）　单位：g/km

催化剂组成（Pt：Pd：Rh 比例）	HC 排放	CO 排放	NO_x 排放
0：25：5	0.066	0.245	0.038
25：0：5	0.065	0.242	0.035
25：0：7.5	0.063	0.228	0.030
25：0：2	0.081	0.304	0.051

铂、钯和铑催化能力的区别主要源自其对不同分子断键能力的差异。如图 4-25 所示，铑能够较为容易地“切断” NO_x 中的氮 - 氧键，这是将 NO_x 转化为氮气（N_2）必不可少的步骤，铂和钯均因不具备此能力而难以催化还原 NO_x。此外，铂、钯的断键类型非常相似，这也是它们具有相近催化性能的化学基础。不过，图中所示的其他类型贵金属（如钌、银等）也具有一定的断键能力，为什么它们最终没有大量出现在三效催化剂配方中？答案与它们的稳定性有关。在催化转化器中，随着尾气和催化剂温度的升高，贵金属纳米颗粒会逐渐变得具有流动性，最终发生团聚（也称为“烧结”），这一现象当金属接近其塔曼温度（差不多是材料熔点绝对温度的一半）时会变得特别明显。烧结后的贵金属表面积和催化活性大大降低，因此将金和银等塔曼温度较低的贵金属应用于汽车尾气环境（多见 600 ～ 700℃的高温）中颇为不易。钌和铱虽然具有较高的塔曼温度，但前者在含氧环境下一般以氧化钌形式存在，可能包含具有强挥发性和毒性的 RuO_4；后者则是最稀缺、最昂贵的元素之一（详见图 4-22）。因此，价格“适中”、综合性能优越的铂、钯和铑就成了三效催化剂的核心组分。

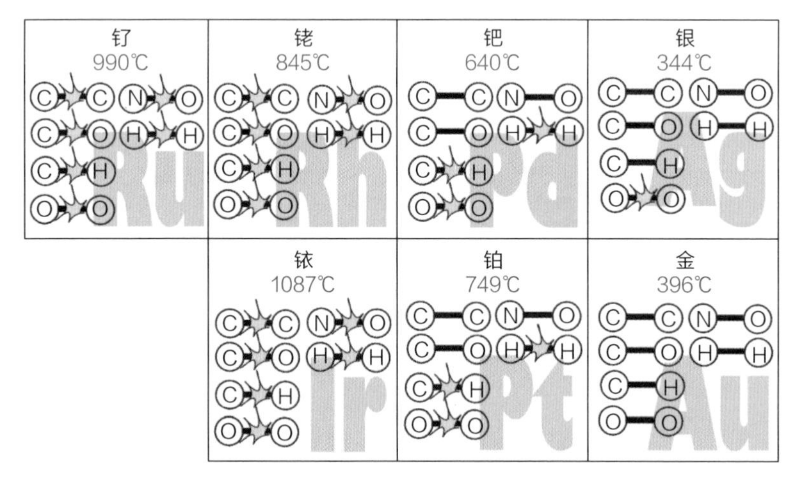

图 4-25　不同贵金属的塔曼温度及其在催化反应中的断键能力比较

在实际使用过程中，由于汽油车尾气温度有时可超过 800℃，即使是商用铂、钯和铑催化剂也经常出现高温烧结的现象。如图 4-26 所示，铂催化剂经过 1000℃处理 24 小时后性能显著削弱，其氧化丙烯和 CO 的 T_{90} 温度各升高了约 150℃。向其中掺入至少 20% 的钯，形成铂 - 钯合金（Pt/Pd）后可在一定程度上增强催化剂的热稳定性（这也是现在商用柴油车氧化催化剂的基本配方）；此外，尾气中的铅会与铂和钯形成合金（Pt/Pb 或 Pd/Pb），进而令催化剂不可逆地失活。与铂相比，钯对铅中毒更为敏感，好在这一问题已随着含铅汽油的淘汰而得到解决；最后，尾气中的硫（通常是二氧化硫）会与贵金属反应生成表面硫酸盐，进而“毒化”催化剂。不过，这种中毒一般是可逆的（硫酸盐在高温下会分解产生贵金属），而且低硫燃油的应用也正在让这一问题得到缓解。总体而言，目前汽车尾气净化用贵金属催化剂面临的最大问题仍是高温导致的烧结。

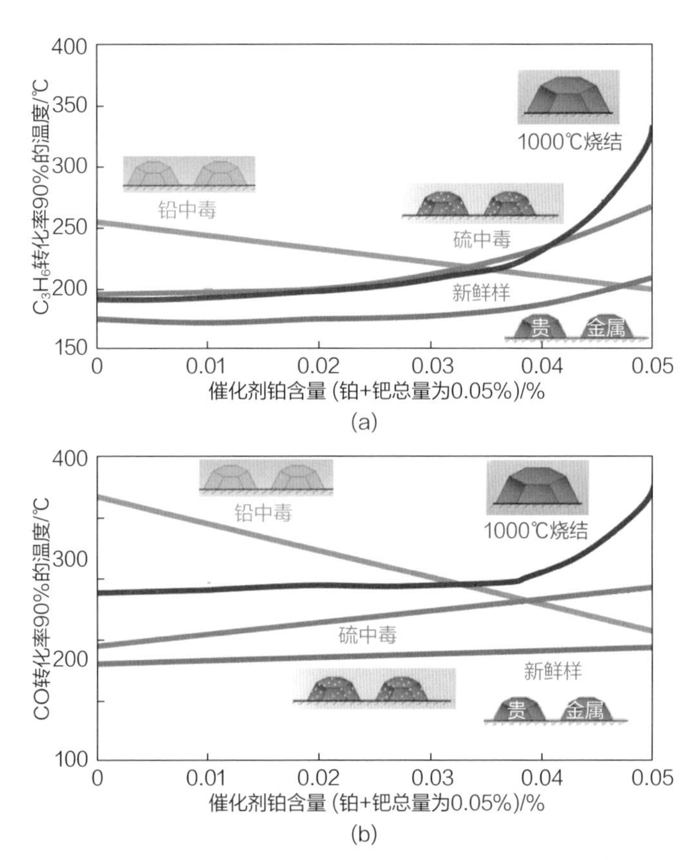

图 4-26 不同条件处理对铂 - 钯复合催化剂氧化 C_3H_6（a）及 CO（b）性能的影响（转化温度越高意味着催化剂性能越差）

学术界曾尝试过很多方案以提高贵金属催化剂的热稳定性，其中比较有代表性的包括载体限域、贵金属颗粒均一化以及贵金属 - 载体相互作用绑定，等等。如图 4-27 所示，在早期工作中，人们尝试使用二氧化硅（SiO_2）等多孔氧化物组分对贵金属纳米颗粒进行包覆形成核壳结构。如此一来，贵金属颗粒彼此间难以碰撞、团聚，但可通过壳层中的微小孔道与外界气体接触，发挥催化作用。利用具有大孔、介孔结构的氧化物和具有微孔的分子筛等载体包裹贵

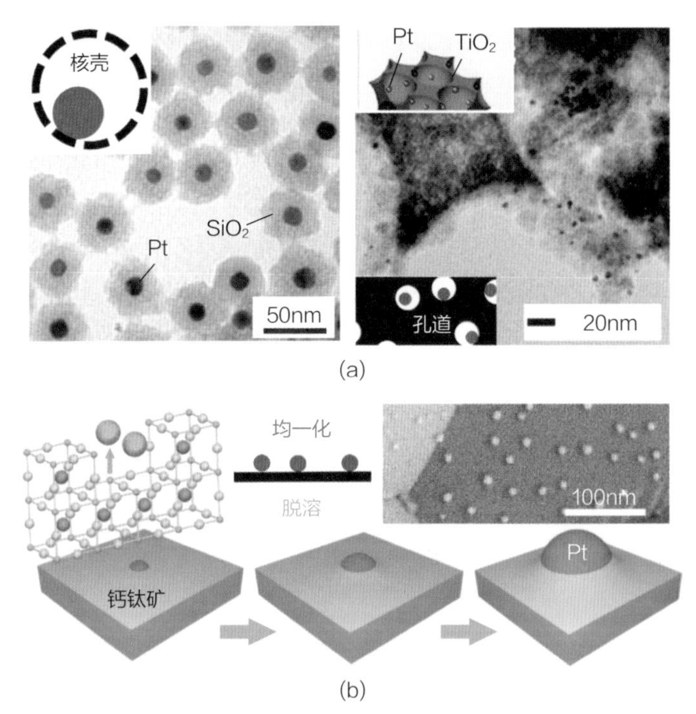

图 4-27　学术界提出的增强贵金属催化剂热稳定性的部分办法：核壳结构或孔道结构限域保护（a），以及脱溶导诱导的载体绑定和颗粒均一化（b）

金属纳米颗粒也可实现类似的效果。这类策略的通病在于部分贵金属活性位会被载体覆盖，因而不可避免地造成组分浪费；另一类策略从贵金属颗粒本身着手，力求使颗粒之间的尺寸差异最小化，由此从原理上抑制奥斯特瓦尔德熟化（可以类比为由原子迁移造成的“大鱼吃小鱼”）过程发生，保持全部颗粒的稳定。考虑到传统的催化剂生产工艺难以保证贵金属颗粒的一致性，新兴的“钙钛矿载体脱溶”技术可能是一个有效的解决方案。该方案可让贵金属从载体中原位“生长”至表面，形成高度均一且与载体结合牢固的贵金属颗粒，如何降低体相“未脱出”贵金属的浪费和拓展载体种类是该方案需要考虑的问题。最后，利用载体本身的微观缺陷及其与贵金属原子的电子相互作用实现“颗粒绑定”也是提高催化剂热稳定性的有效策略，该策略在三效催化剂中主要借助二氧化铈的添加来实现，相关内容将在 4.2.3 节详细论述。

对现役贵金属纳米颗粒稳定性的研究核心目的是防止其尺寸过大影响催化剂性能。从相反角度考虑，如能尽量缩小贵金属粒子的尺寸，就有可能获得综合性能极高的高分散催化剂。理论上讲，催化剂活性组分的极限尺寸为单个原子，此时活性成分的原子利用率为 100%，传统的催化剂以及被称为“纳米和亚纳米”催化剂的原子利用率远低于这种理想水平。2011 年，中国科学院大连化学物理研究所张涛等团队成功地合成了 Pt_1/FeO_x 单原子催化剂用于 CO 氧化，由此将“单原子催化”这一概念（图 4-28）推而广之。随后，美国新墨西哥大学阿波耶·戴特等团队于 2016 年提出了利用二氧化铈高温“捕获”挥发性 PtO_x，由此获得具有超强耐热性（稳定性）的单原子分散 Pt 催化剂。可惜的是，上述催化剂由于缺少贵金属桥位和平台位，一般仅对 CO 氧化具有良好效果，很难处理尾气中的 HC 和 NO_x。近年来，韩国科学技术研究院李贤珠（Hyunjoo Lee）等团队开发了充分暴露各个金属位点，但又具备金属 - 金属键的“完全分散团簇型催化剂”。如图 4-28 所示，以铂、钯为主要活性组分构成的此类团簇型催化剂具有远强于商用催化剂的三效催化性能，可在 125℃的低温实现 CO 和 HC 的高效脱除，有望在进一步优化后挑战三效催化“150℃目标”。

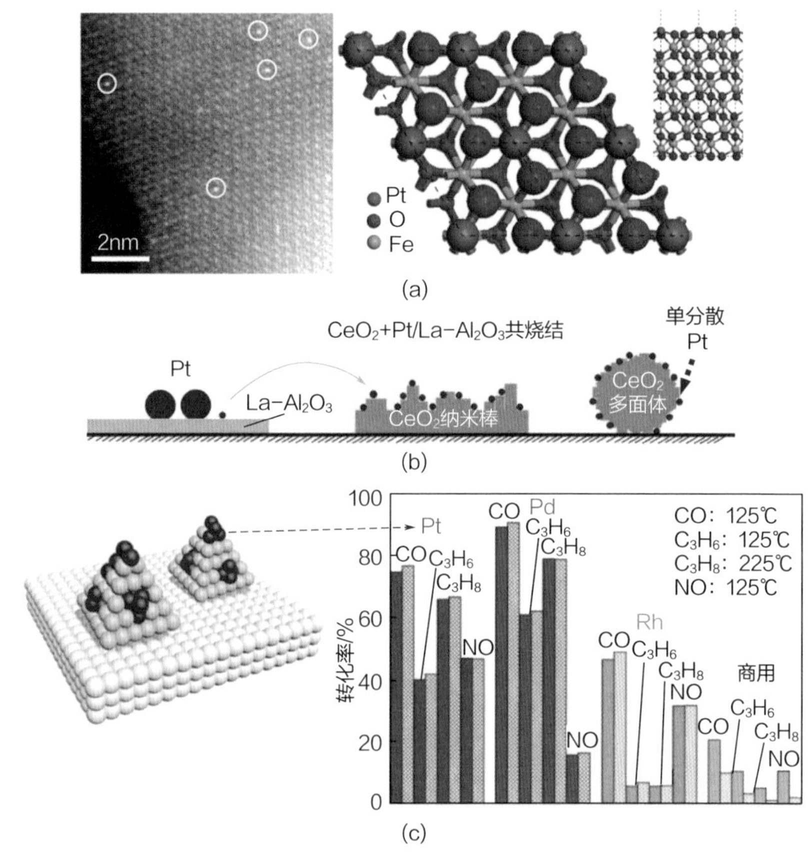

图 4-28　Pt_1/FeO_x 单分散催化剂结构（a），铂原子在不同载体表面的迁移和单原子绑定过程（b），以及原子团簇型贵金属催化剂与商用三效催化剂性能对比（c）

4.2.3 稀土材料

稀土是化学元素周期表中镧系元素镧、铈、镨、钕、钷、钐、铕、钆、铽、镝、钬、铒、铥、镱、镥，以及与镧系元素密切相关的钪和钇共 17 种元素的总称。其中前 7 个元素被称为“轻稀土”元素，后 10 个元素被称为“重稀土”元素。“稀土元素”这一称呼源自 18 世纪使用的术语，当时世界上仅发现了一处位于瑞典的稀土矿床（伊特比矿，钇、镱、铽和铒的命名均与其有关），由此产出的稀土在当时被认为是罕见的矿物。然而，随后人们发现稀土元素在地壳中的含量并不低，部分元素的丰度甚至比铜、锌、锡、铅、镍等常见元素都更高，即便是其中最“稀有”的镥和铥也比银更常见（图 4-22）。

近 30 年以来，稀土一直是中国的战略资源。中国稀土矿产资源种类齐全，不仅有大量岩矿型轻稀土矿（集中于北方，如内蒙古白云鄂博矿），也有丰富的离子型重稀土矿（集中于南方，如南方七省稀土矿）。2020 年，全球稀土储量和产量分别为 1.2 亿吨和 24 万吨，其中中国占比 38% 和 58%，在稀土资源供应方面占据绝对话语权。除了资源优势外，中国也具有完整的稀土工业体系，涵盖上游的选矿，中游的冶炼分离、氧化物和稀土金属生产，下游的稀土新材料以及应用的全部产业链，是全球稀土市场上最重要的生产者和消费者。值得注意的是，近年来，土耳其、巴西、加拿大、俄罗斯、越南、印度、缅甸以及格陵兰等国家和地区陆续发现大量稀土资源并加以开发，可能导致未来世界稀土资源格局发生变化。

如图 4-29 所示，催化材料和磁性材料是稀土的两个主要应用领域，二者共占据了世界 47% 的稀土矿产消费量和超过 50% 的稀土产品产值。与磁性材料对中重稀土（尤其是钕、镨、铽和镝）的依赖不同，催化材料主要消耗镧、铈等轻稀土元素的化合物，其发展可有效改善世界范围内“磁材稀土、中重稀土供不应求，大丰度、高产量轻稀土（尤其是铈和镧，见图 4-30）大量积压”这一稀土资源开采和应用不平衡的局面。截至 2020 年，全球共有 61808 件关于稀土催化材料的专利申请，共涉及 85 个国家和地区，其最主要的两个应用方向为石油化工（尤其是石油裂化）和大气污染物（尤其是汽车尾气）净化。可见，稀土催化材料的研发与应用涉及地域广泛，属于全球热点技术之一。

20 世纪 60 年代，稀土（镧、铈）改性的分子筛催化剂逐步取代无定型硅铝催化剂，引领了 FCC 催化的一次技术革命（详见表 4-1）。在此之后，随着对三效净化系统的开发，人们开始寻找能够将汽车尾气空燃比稳定在 14.7（汽油理论空燃比）附近的技术。如今，精准的电控燃油喷射系统（详见 2.1.1 节）和氧传感系统对实现这一目标功不可没，但在 20 世纪 70 年代相关技术还很薄弱，

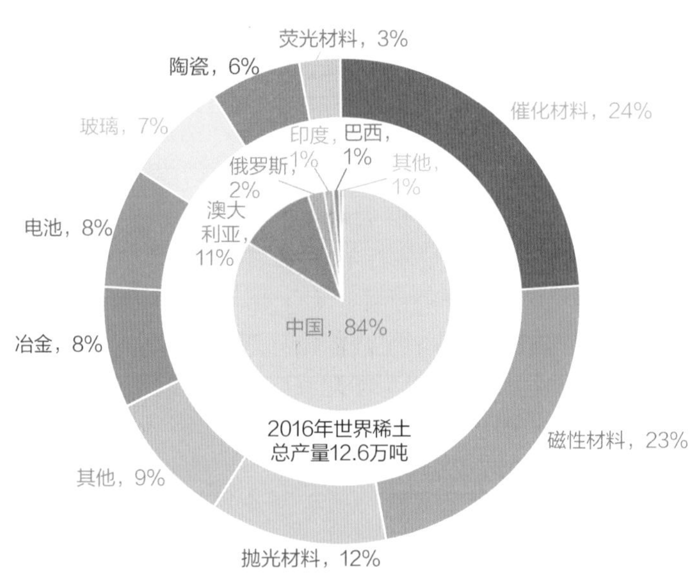

图 4-29　2016 年世界稀土产量和应用领域分布

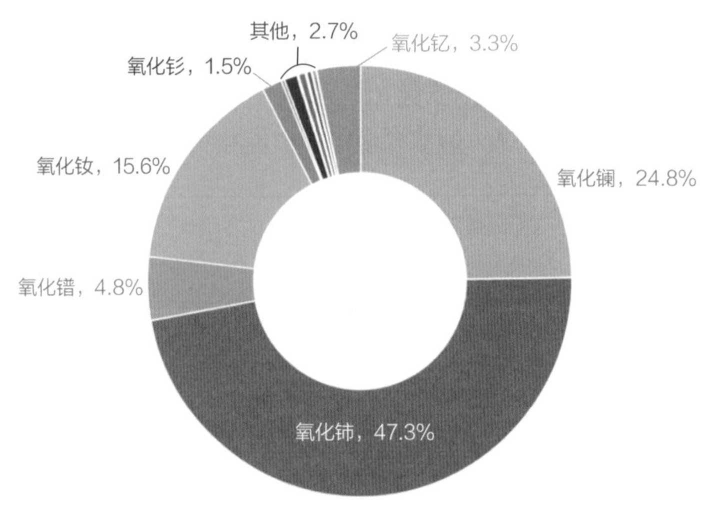

图 4-30　世界各类稀土储量比例估算

并且它们仅作用于尾气宏观成分，不易确保贵金属催化剂周围尾气环境的绝对稳定。想实现如此微观的调控，最佳的方案似乎是在催化剂涂层中加入能够储放氧的“氧池”，进而在氧过量时将氧吸入，再在氧不足时将其释放。事实上，大部分金属氧化物都或多或少拥有此项“储放氧”功能，但它们中的多数不是储放氧速度太慢，就是在经过反复得氧、失氧后容易发生结构坍塌。历经多年筛选，在排除掉氧化铜、氧化镍、氧化铁等看似有潜力的配方后，福特汽车公司于 1976 年开发出了以产量最大的稀土材料——二氧化铈为基础的储氧材料配方。

如图 4-31 所示，与常见的其他氧化物载体（如二氧化钛、三氧化二铝、氧化镁等）相比，二氧化铈在非常低的温度和较高的环境氧分压下就可将自身晶格氧“吐出”到环境中，形成表面氧空位（$CeO_2 \longrightarrow CeO_{2-x} + O_2$），这是其作为合格储氧材料的基础（背后的原因与其晶体结构和电子结构均有关，此处不展开详述）。此外，由于二氧化铈（CeO_2）存在一系列稳定的 CeO_{2-x} 物相结构（Ce_6O_{11}、$Ce_{11}O_{20}$、$Ce_{62}O_{112}$、$Ce_{40}O_{72}$、$Ce_{19}O_{34}$、Ce_9O_{16}、Ce_7O_{12} 等），因此其可在失去相当含量的晶格氧（常见的理论范围是 CeO_{2-x} 中 $0 < x < 0.286$）后仍然完美维持其初始结构，进而在富氧环境中再逐步被氧化为 CeO_2。上述因素使二氧化铈成为理想的储放氧材料被加入三效催化剂。事实上，20 世纪 80 年代的三效催化剂涂层中往往含有超量的二氧化铈（有时甚至达到涂层总量的 50%），除了利用其储放氧性能外，也将其用于最大限度地负载铑纳米颗粒，避免铑因与三氧化二铝载体接触和反应而失活（$Rh + Al_2O_3 \longrightarrow RhAlO_x$）。

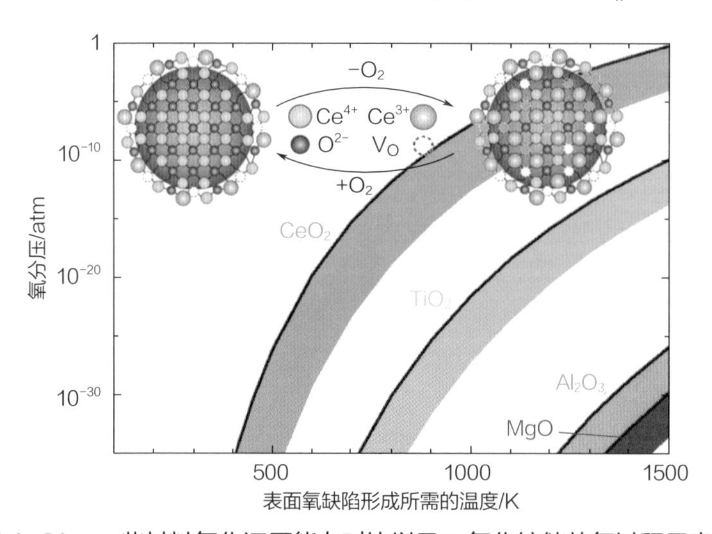

图 4-31 一些材料氧化还原能力对比以及二氧化铈储放氧过程示意图

然而，在早期三效催化剂实用探究过程中，人们发现二氧化铈虽然具有很大的理论储氧性能，但其在快速波动的尾气氛围中往往仅能利用表面数层晶格氧（CeO_{2-x} 中的 x 常在 0 ～ 0.005 之间波动），不能充分满足尾气空燃比调控需要。在尝试用氧化镧、氧化钡等添加物后，丰田汽车公司于 1987 年确定了由氧化锆改性氧化铈组成的新型储氧材料配方（CeO_2-ZrO_2）。由于铈与锆具有相近的原子半径和电子构型，理论上可以形成无限固溶体（$Ce_xZr_{1-x}O_2$，即二氧化铈中的任意铈原子均可被锆原子替代而不改变其晶体结构，但当时在工艺上最多仅能掺入20%的锆)。受到锆组分的影响，二氧化铈晶体结构中出现大量缺陷，使得体相深处的晶格氧也可能参与储放氧过程，其储放氧能力较纯二氧化铈可提高2～3倍。此外，铈锆固溶体也有远强于二氧化铈的热稳定性，这与汽车尾气后处理系统的需要完全吻合。1989年，CeO_2-ZrO_2作为“第一代储氧材料”搭载于三效催化剂中面市。实车测试表明，CeO_2-ZrO_2材料稳定汽油车尾气空燃比的能力明显强于CeO_2，前者可以较为精确地将空燃比“锁定”在14.7附近，进而为三效催化——同时去除CO、HC和NO_x构建基本前提（图4-32)。

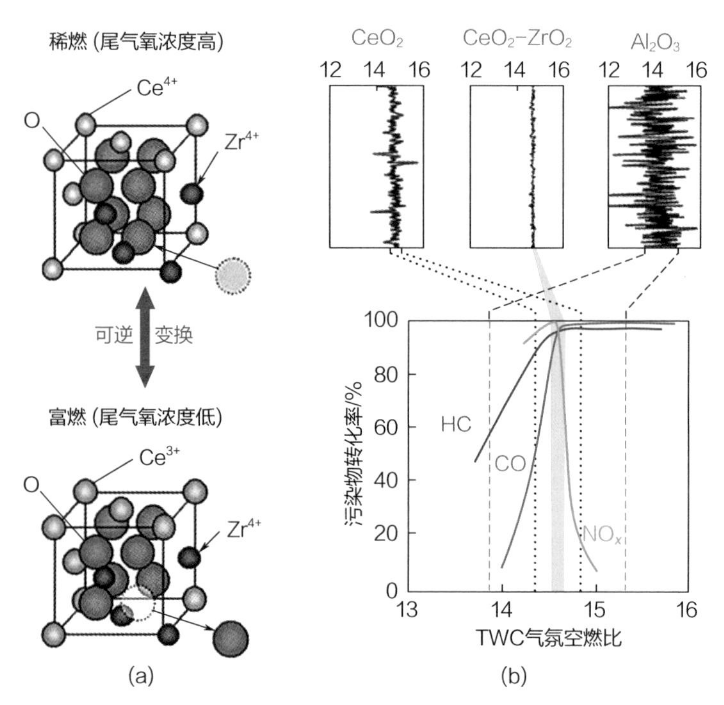

图4-32 铈锆固溶体储放氧过程示意图(a)以及二氧化铈、铈锆固溶体控制三效催化剂周围尾气空燃比效果对比(b)

性能更优异的“第二代储氧材料”于1996年研制成功，次年搭载于三效催化剂中面市。其基本配方仍为CeO_2-ZrO_2，不过该类材料经过特殊的热处理，其中的二氧化铈和氧化锆以近乎完美的方式形成固溶体$Ce_xZr_{1-x}O_2$（常见配方为$x=0.5$)。如图4-33所示，高度有序固溶体$Ce_xZr_{1-x}O_2$的储放氧能力远强于常规无序CeO_2-ZrO_2，后者很快就被前者完全取代。1998年，丰田汽车公司又开发了所谓“第三代储氧材料”，并在2001年将其引入商用三效催化剂。该类

材料由 $Ce_xZr_{1-x}O_2$ 和三氧化二铝混制而成，二者在汽车尾气环境中几乎不发生化学反应。更重要的是，三氧化二铝可以起到“热扩散屏障”的作用，在高温环境（例如模拟汽车尾气气氛进行 1000℃老化）中显著抑制 $Ce_xZr_{1-x}O_2$ 晶体的烧结，进而一方面保持其比表面积和储放氧性能，另一方面维持其表面贵金属（例如铑）的高分散性。与最早发现的储氧材料（纯二氧化铈）相比，经过充分优化的“第三代储氧材料”的储放氧能力提高了约 23 倍，搭载该材料的三效催化剂（主要是其中的铑）脱除 NO_x 的性能较早期三效催化剂提高了约 5 倍。近 30 年来，仅依靠储氧材料的发展和进步，就在满足日益严格尾气排放法规的同时，还将三效催化剂中贵金属的含量削减了 50% 以上。

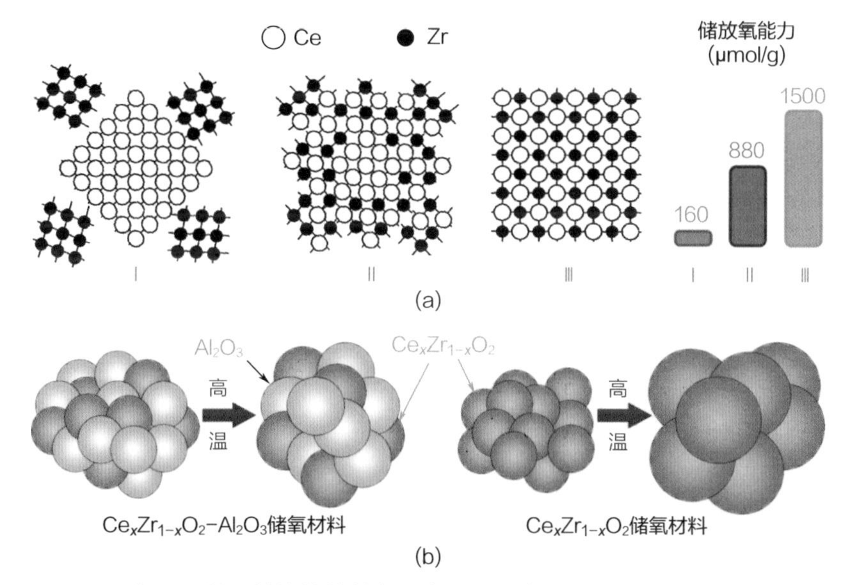

图 4-33 具有不同微观结构的铈锆复合氧化物储氧性能比较（a）以及三氧化二铝改性前后铈锆固溶体在高温环境烧结行为差异（b）

当然，储氧材料并非稀土在汽车尾气净化系统中唯一的用途。如前文所述，在活性氧化铝（γ-Al_2O_3）载体中加入一定量的氧化镧，可显著提高其相变温度，抑制其高温比表面积损失。类似地，二氧化铈也有著名的（在高温环境）稳定表面贵金属的功效。如图 4-34 所示，由于二氧化铈中的铈原子可在 +3 价与 +4 价之间快速切换，其具备所谓“强氧化还原性”，对于表面负载的金属纳米颗粒天然具有强电子相互作用，可产生一定强度的“绑定”效果，抑制金属原子在高温的迁移、团聚和烧结。

2006 年，丰田汽车公司提出这种强电子相互作用的本质是界面处的贵金

属 - 氧 - 铈（如 Pt-O-Ce）键，铈锆固溶体甚至有比二氧化铈更强的成键能力和“绑定”效果，可在 800℃老化处理后保持其表面负载的铂纳米颗粒粒径（1.1 纳米）几乎不变。近年来研究表明，铈锆固溶体等富含缺陷的二氧化铈材料除了电子作用外，还可利用其“表面台阶”等缺陷结构阻碍贵金属原子移动，从而造成物理性的“绑定”效果，甚至可诱导其发生“再分散”，由低活性大尺寸颗粒转变为高活性小尺寸颗粒。即使对于塔曼温度极低的银，这些缺陷位仍能在高温环境保持其较小的颗粒尺寸（图 4-34）。借助上述多方面的贵金属“绑定”作用，二氧化铈基材料的开发和应用有效抑制了贵金属烧结，增强了三效催化剂等尾气后处理装置的耐久性，同时也拓展了可供选择的贵金属范围。借助先进的二氧化铈基材料，有望在未来突破对铂、钯、铑三种传统贵金属配方的依赖，进一步削减尾气后处理系统的成本。

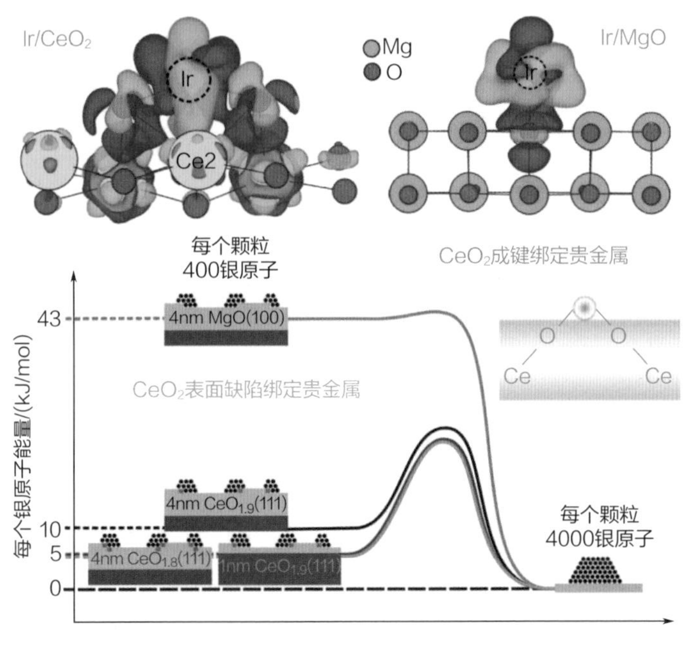

图 4-34　二氧化铈对负载于其表面贵金属的“绑定”作用

在现代三效催化剂中，先进涂覆工艺的应用（详见图 3-5）已经使得人们可以较为精准地控制二氧化铈基储氧材料与贵金属之间的分布模式。一种较为理想的状态如图 4-35 所示，即贵金属纳米颗粒被一定量的储氧材料“环绕（铑组分可能需要直接负载于储氧材料表面）”，由此一方面充分稳定尾气空燃比，方便贵金属发挥催化作用，实现污染物净化，另一方面对贵金属实现“绑定”作用，尽量避免其在长期使用后发生烧结和失活。值得注意的是，二氧化铈等组分很容易与尾气中的二氧化硫反应，生成硫酸盐而导致其储放氧能力和贵金属“绑定”功效显著降低，因此其广泛应用也依赖低硫燃料的推广。

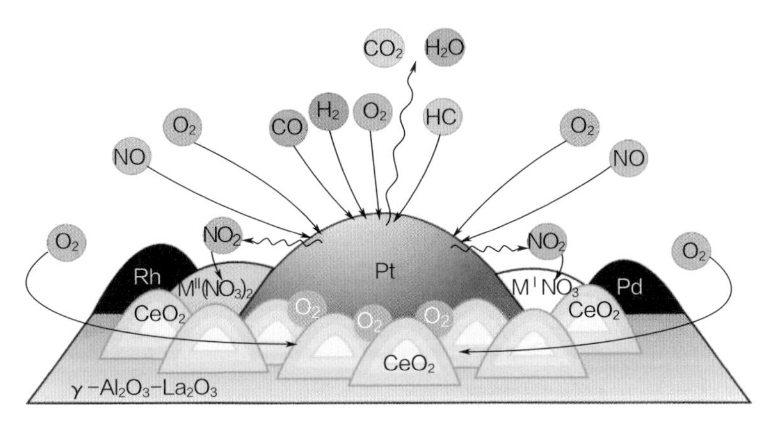

图 4-35 三效催化剂中贵金属、储氧材料在载体表面分布示意图

4.2.4 分子筛材料

沸石分子筛源于一位瑞典科学家的偶然发现。1756 年，克朗斯塔特观察到一种取自火山岩的矿物质在被焙烧时有气泡产生，类似于液体的沸腾现象，故将这种矿物称为“沸石”（现在该矿物标准命名为“辉沸石”）。如图 4-36 所示，沸石有固定大小的（亚）纳米级开口，可让小分子直接通过，但截留大分子，这就是为什么它们也被称为“分子筛”。随着地质勘探和矿物研究工作的逐步展开，到目前为止，已有超过 40 种天然沸石分子筛被发现报道。然而，直到 20 世纪 40 年代，这些沸石分子筛都被认为是没有实用价值的矿物，几乎只有矿物学家才对它们感兴趣。此后，随着石油化工领域的进步，尤其是 20 世纪 60 年代 Y 型分子筛在 FCC 中的大规模应用，沸石分子筛领域的发展得到有效促进，“人造”分子筛也开始出现。其中里程碑式的发展是有机胺和季铵盐作为有机模板剂的使用，使得分子筛合成领域大大拓展。在随后的 20 年中，沸石分子筛的合成进入黄金时代，大量新结构沸石分子筛被合成出来。20 世纪 80 年代之前，被发现的沸石分子筛均由硅铝氧化物组成，不断创新的合成工艺使其骨架硅含量可以从传统的低硅调控到高硅乃至全硅。

1982 年，美国联合碳化物公司（UCC）成功开发出了一个全新的分子筛家族——磷酸铝分子筛 $AlPO_4$-n（n 为编号），成为沸石分子筛发展史上另一个重

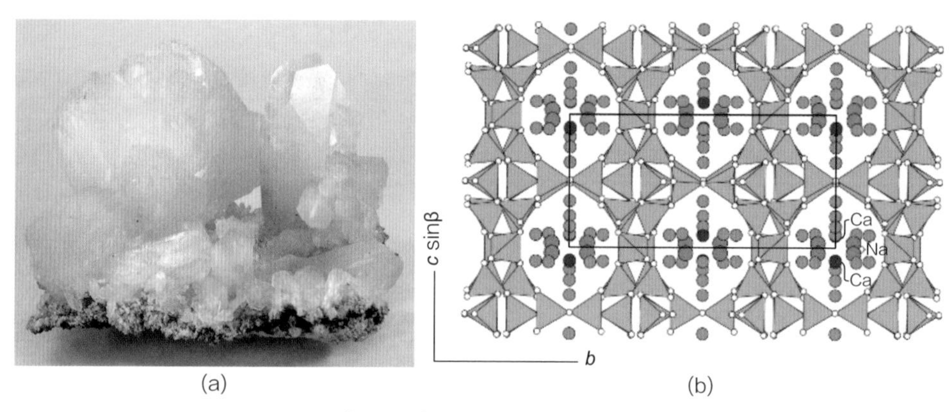

图 4-36　典型辉沸石矿（a）与其晶体结构（b）

要的里程碑。这个新沸石分子筛家族的孔径不仅涵盖了传统意义上的大孔、中孔和小孔，还出现了超大孔分子筛。进入 20 世纪 90 年代，介孔分子筛的出现使得分子筛的发展进入一个新领域。根据国际纯粹与应用化学联合会的定义，介孔分子筛的孔径在 2 ～ 50 纳米之间。尽管日本早稻田大学的黑田幸一教授一直坚称他们在 1990 年就已经成功地合成出有序介孔材料，但学术界仍然将 1992 年美孚石油公司报道的有序介孔材料 MCM-41 作为介孔分子筛合成的开始。2000 年，克劳斯 · 雅各布森等首次报道在合成 ZSM-5 沸石的过程中引入碳纳米粒子，成功地制备了介孔 ZSM-5 沸石，这也开启了使用模板法合成介孔沸石的先河。介孔沸石结合了微孔分子筛和介孔材料的优点，因而成为过去 15 年沸石分子筛研究领域的热点。21 世纪初，以金属 - 有机框架（MOF）、共价有机框架（COF）、多孔配位聚合物（PCP）和多孔有机聚合物等为代表的多孔有机 - 无机杂化材料或者多孔有机聚合物材料逐渐兴起。国际分子筛学会已经确认将这些新兴的多孔材料纳入分子筛的定义范畴。借助图 4-37 所示的发达孔道结构，上述分子筛一般具有较高的比表面积（数百甚至数千米^2/ 克），可以方便地作为吸附材料应用于汽车尾气后处理系统中。典型的应用场景为汽油车紧密耦合催化剂中的“HC 吸附材料（详见 3.1.2 节）”，即在汽车冷启动阶段将尾气中大量的 HC 吸附在其孔道内，再在尾气温度升高后将其释放并与贵金属等催化剂反应（详见图 3-12）。综合考虑材料吸附能力、稳定性和成本，纯硅分子筛、Y 型分子筛、β- 分子筛、ZSM-5 分子筛等都被用于商用 HC 吸附材料。

如 4.1.2 节所述，FCC 是沸石分子筛应用于催化领域的第一个经典案例。1962 年，美孚石油公司在传统的硅铝催化剂中加入了少量的 Y 型沸石分子筛（图 4-37 中 FAU 结构），推出了新一代的 FCC 催化剂，大幅度提高了汽油收率，由此迅速占领了整个 FCC 催化剂市场。十二元环的 Y 型沸石由于具有

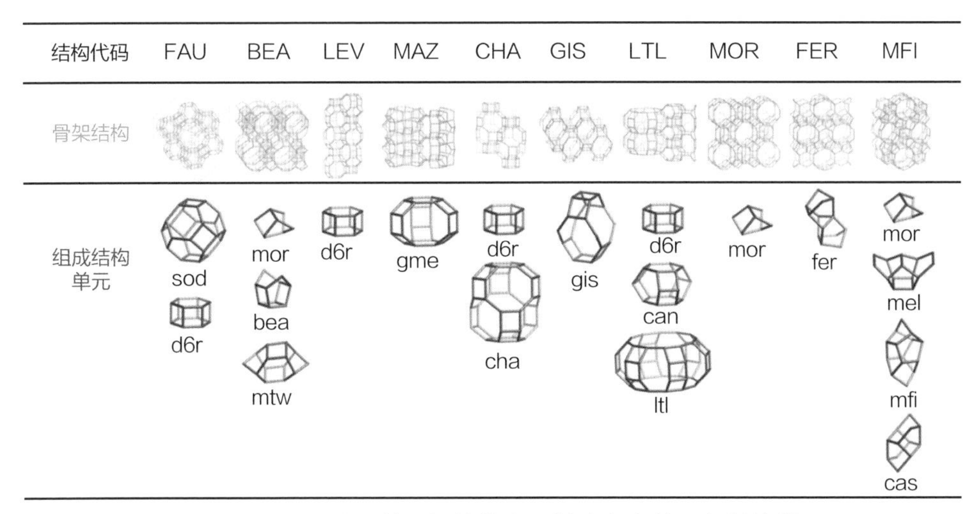

图 4-37 不同分子筛骨架结构以及其中存在的二级结构单元

较大的比表面积、较强的酸性、合适的酸密度及超笼结构等特点，被认为是FCC 催化剂最合适的沸石分子筛。然而，在 FCC 过程中，催化剂往往会面临苛刻的水热环境，由此于 1976 年催生了在高温、高湿环境下更为稳定的“超稳Y（USY)”型分子筛。除了 Y 型分子筛外，十元环的 ZSM-5 分子筛（图 4-37 中 MFI 结构）也是 FCC 催化剂中重要的组成部分（占比 1% ～ 20%）。后者在 FCC 过程中可以有效地提高汽油辛烷值以及丙烯的选择性。1986 年 ZSM-5 作为独立组分被添加到商用 FCC 催化剂中，解决了 20 世纪 80 年代对高辛烷值汽油的需要以及高产丙烯的经济效益需求。2010 年后，为了避免传统分子筛微孔结构对反应物进入和扩散的限制，介孔分子筛开始被使用于 FCC 领域。如图 4-38 所示，原油液滴可以到达介孔分子筛大部分活性位点，从而实现 FCC 催化效率的进一步提高。

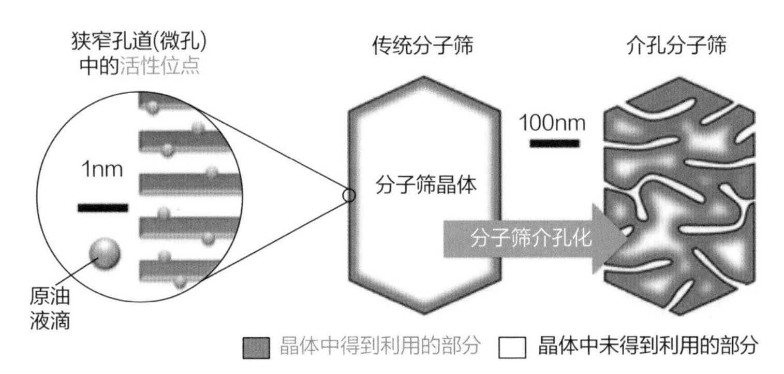

图 4-38 介孔分子筛与传统分子筛相比在 FCC 催化过程中的优势

除了直接用作催化材料外，由于沸石分子筛的笼状骨架结构使其具有大量的离子交换位点，可以将其他带正电的离子（如 Cu^{2+}、Fe^{3+}、La^{3+} 和 Ce^{3+} 等）与最初被困在这些位点的离子（一般是 Na^+、NH_4^+ 或 H^+）交换（图 4-39），从而赋予沸石分子筛特殊的催化性能。这方面的一个典型案例是金属基分子筛材料在柴油车 NH_3-SCR 系统中的应用。如 3.2.3 节所述，早期的柴油车 SCR 催化剂使用与工业烟气脱硝催化剂同样的 V_2O_5 基配方。但汽车尾气温度波动范围较大，V_2O_5 在低温（如冷启动阶段）时脱硝效率很低，在高温（如 DOC 喷油助燃阶段）时又可能变为有毒蒸气排放，因此其逐步被更高效、更稳定的铜、铁交换分子筛所取代。一般而言，铜基分子筛在低温区间（如 200 ～ 300℃）具有非常优越的脱硝能力，而铁基分子筛则很适用于高温（如 400 ～ 600℃）脱硝（详见图 3-33）。

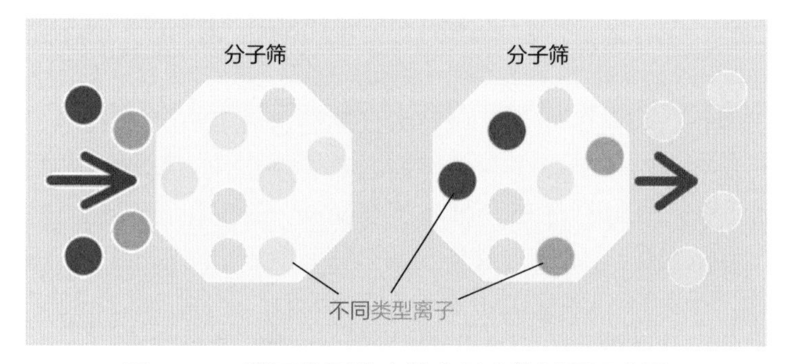

图 4-39 沸石分子筛中的离子交换过程示意图

事实上，早在 20 世纪 90 年代初期，典型的铜基分子筛 Cu-ZSM-5（随后是铁基分子筛 Fe-ZSM-5）就被研究用于 NH_3-SCR 和 HC-SCR 反应，并表现出了显著强于传统 V_2O_5 基催化剂的性能和优异的 SO_2 耐受性。然而，较差的水热稳定性和 HC 吸附敏感性限制了 ZSM-5 在 SCR 催化剂中的进一步应用。Y 型分子筛水热稳定性较差，超稳定的 Cu-USY 分子筛具有优异的低温活性和高水热稳定性，但总体催化活性不如 Cu-ZSM-5，因此也遭到淘汰。此后，人们广泛研究了 β- 分子筛（图 4-37 中 BEA 结构）在脱硝领域的应用，发现其具有明显强于 ZSM-5 系列样品的催化活性（图 4-40）。然而，Cu-β 在反应中会产生较多的 N_2O，且其耐久性也难以满足日益严格的后处理系统使用需要。

2008 年后，人们开始将目光转向具有细小孔道结构和超强水热稳定性的 SAPO-34 和 SSZ-13 分子筛[二者同为图 4-37 中 CHA（菱沸石）结构，后者具有更强的酸性]。2010 年，巴斯夫和庄信万丰公司几乎同期推出了商用离子交换 CHA（主要是 Cu-CHA）催化剂用于柴油车 NH_3-SCR，其现已成为移动源脱硝最常见的选择。如图 4-40 所示，即使经过高温长时间水热老化处理（模拟汽车行驶 10 万英里对催化剂的影响），Cu-SAPO-34 仍然能够在 240 ～ 470℃将 80% 以上的 NO_x 转化为氮气，同时仅产生少量的 N_2O。近期出现了一些将 Fe-SAPO-34 和 Cu-SSZ-13 结合使用的案例，由此得到的催化剂可在相当宽的温度窗口实现柴油车尾气 NO_x 减排。值得注意的是，目前正在研究和初步面市的新型发动机虽然具有很高的燃油效率，但其尾气温度也大幅降低（详见 2.2.2 节），可能要求脱硝技术在 150℃下稳态运行，这是目前各类 Cu-CHA 分子筛很难达到的性能。可以预见 SCR 催化剂研发界将面临“革命性”的技术挑战，新一代的催化剂材料与工艺有待被进一步开发和应用。

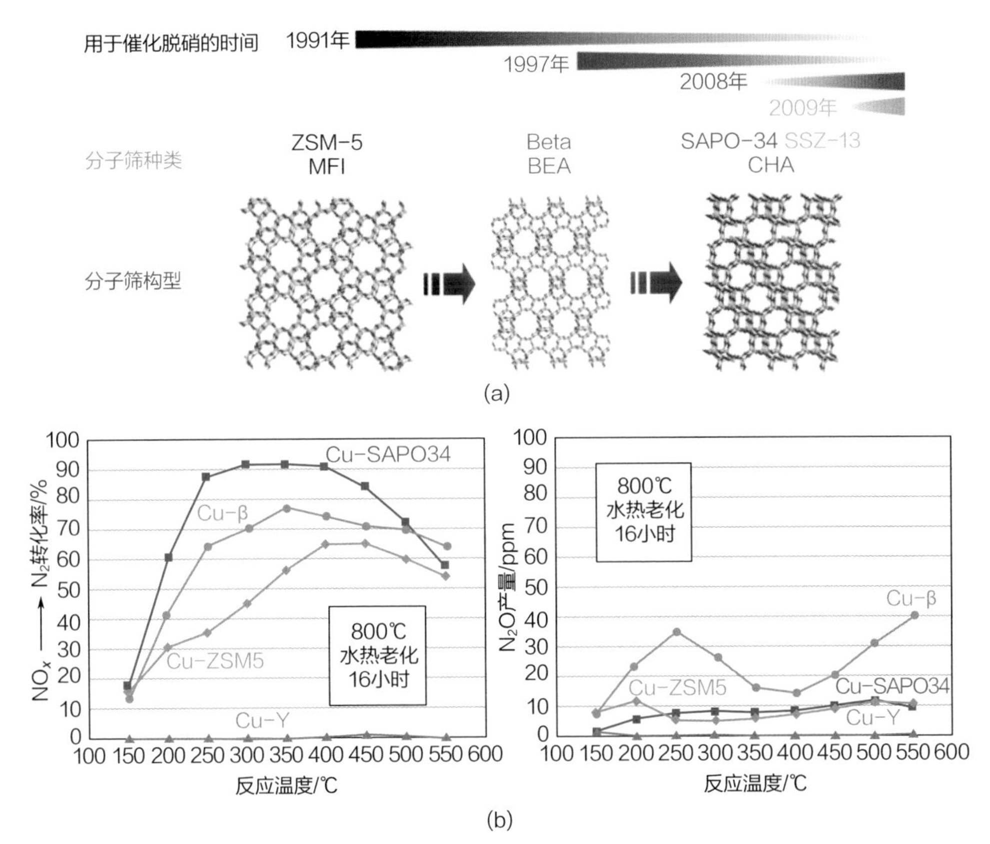

图 4-40 NH_3-SCR 催化剂选用分子筛的发展历程（a）以及不同类型铜基分子筛脱硝效率和脱硝选择性对比（b）

参考文献

[1] Bode M，Hauptmann A，Mezger K. Tracing Roman Lead Sources Using Lead Isotope Analyses in Conjunction with Archaeological and Epigraphic Evidence—A Case Study from Augustan/Tiberian Germania [J] . Archaeol. Anthrop. Sci.，2009，1：177-194.

[2] Filippelli G M，Morrison D，Cicchella D. Urban Geochemistry and Human Health [J] . Elements，2012，8：439-444.

[3] Kovarik W. Urban Ethyl-leaded Gasoline：How a Classic Occupational Disease Became an International Public Health Disaster [J] . Int. J. Occup. Environ. Health，2005，11：384-397.

[4] Afotey B. Impact Assessment of Metal-Based Octane Boosters：A Literature Review [J] . Int. J. Energ. Eng.，2018，8：67-88.

[5] Blumberg K O，Walsh M P，Pera C. Low-Sulfur Gasoline & Diesel：The Key to Lower Vehicle Emissions [C] . The International Council on Clean Transportation（ICCT），2003.

[6] Speight J G. The Refinery of the Future [M] . Oxford：Elsevier Inc.，2020.

[7] Saleh T A. Nanotechnology in Oil and Gas Industries [M] . Cham：Springer International Publishing AG，2018.

[8] 陈俊武，许友好 . 催化裂化工艺与工程 [M] . 3 版 . 北京：中国石化出版社，2015.

[9] Vogt E T C，Weckhuysen B M. Fluid Catalytic Cracking：Recent Developments on the Grand Old Lady of Zeolite Catalysis [J] . Chem. Soc. Rev.，2015，44：7342-7370.

[10] Robinson H. Springer Handbook of Petroleum Technology [M] . Cham：Springer International Publishing AG，2017.

[11] Pasandide P，Rahmani M. Simulation and Optimization of Continuous Catalytic Reforming：Reducing Energy Cost and Coke Formation [J] . Int. J. Hydrogen Energ.，2021，46：30005-30018.

[12] Rahimpour M R，Jafari M，Iranshahi D. Progress in Catalytic Naphtha

Reforming Process : A Review[J] . Appl. Energy, 2013, 109: 79-93.
[13]孙丽丽 . 汽油吸附脱硫工艺与工程[M] . 北京: 中国石化出版社, 2019.
[14] Ganiyu S A, Lateef SA. Review of Adsorptive Desulfurization Process : Overview of the Non-Carbonaceous Materials, Mechanism and Synthesis Strategies[J] . Fuel, 2021, 294: 120273.
[15] Saha B, Vedachalam S, Dalai A K. Review on Recent Advances in Adsorptive Desulfurization[J] . Fuel Process. Technol., 2021, 214: 106685.
[16] Arai H, Machida M. Thermal Stabilization of Catalyst Supports and Their Application to High-Temperature Catalytic Combustion[J] . Appl. Catal. A, 1996, 138: 161-176.
[17] Nijhuis T A, Beers A E W, Vergunst T, et al. Preparation of Monolithic Catalysts[J] . Catal. Rev. Sci. Eng., 2001, 43: 345-380.
[18] Moulijn J A, Kreutzer M T, Nijhuis T A, et al. Monolithic Catalysts and Reactors : High Precision with Low Energy Consumption[J] . Adv. Catal., 2011, 54: 249-327.
[19] Freyschlag C G, Madix R J. Precious Metal Magic : Catalytic Wizardry[J] . Mater. Today, 2011, 14: 134-142.
[20] Cooper J, Beecham J. A Study of Platinum Group Metals in Three-Way Autocatalysts[J] . Plat. Met. Rev., 2013, 57: 281-288.
[21] Golunski S E. Why Use Platinum in Catalytic Converters[J] . Plat. Me. Rev., 2007, 51: 162.
[22] McEvoy J E. Catalysts for the Control of Automotive Pollutants[M] . Washington, DC : American Chemical Society, 1975.
[23] Dai Y, Lu P, Cao Z, et al. The Physical Chemistry and Materials Science behind Sinter-Resistant Catalysts[J] . Chem. Soc. Rev., 2018, 47: 4314-4331.
[24] Wang L, Wang L, Meng X, et al. New Strategies for the Preparation of Sinter-resistant Metal-nanoparticle-based Catalysts[J] . Adv. Mater., 2019, 31: 1901905.
[25] Kothari M, Jeon Y, Miller D N, et al. Platinum Incorporation into Titanate Perovskites to Deliver Emergent Active and Stable Platinum Nanoparticles[J]. Nat. Chem., 2021, 13: 677-682.

[26]Qiao B, Wang A, Yang X, et al. Single-atom Catalysis of CO Oxidation Using Pt_1/FeO_x[J] . Nat. Chem., 2011, 3: 634-641.

[27] Jones J, Xiong H, DeLaRiva A T, et al. Thermally Stable Single-Atom Platinum-on-ceria Catalysts via Atom Trapping [J] . Science, 2016, 353: 150-154.

[28]Jeong H, Kwon O, Kim B S, et al. Highly Durable Metal Ensemble Catalysts with Full Dispersion for Automotive Applications beyond Single-atom Catalysts [J] . Nat. Catal., 2020, 3: 368-375.

[29]Gandhi H S, Graham G W, McCabe R W. Automotive Exhaust Catalysis [J] . J. Catal., 2003, 216: 433-442.

[30] Montini T, Melchionna M, Monai M, et al. Fundamentals and Catalytic Applications of CeO_2-based Materials [J] . Chem. Rev., 2016, 116: 5987-6041.

[31]Aneggi E, Boaro M, Colussi S, et al. Ceria-based Materials in Catalysis : Historical Perspective and Future Trends [J] . Handbook on the Physics and Chemistry of Rare Earths, 2016, 50: 209-242.

[32] Paier J, Penschke C, Sauer J. Oxygen Defects and Surface Chemistry of Ceria : Quantum Chemical Studies Compared to Experiment [J] . Chem. Rev., 2013, 113: 3949-3985.

[33] Sugiura M. Oxygen Storage Materials for Automotive Catalysts : Ceria-Zirconia Solid Solutions [J] . Catal. Surv. Asia, 2003, 7: 77-87.

[34] Sugiura M, Ozawa M, Suda A, et al. Development of Innovative Three-Way Catalysts Containing Ceria-Zirconia Solid Solutions with High Oxygen Storage/Release Capacity [J] . Bull. Chem. Soc. Jpn., 2005, 78: 752-767.

[35]Nagai Y, Hirabayashi T, Dohmae K, et al. Sintering Inhibition Mechanism of Platinum Supported on Ceria-Based Oxide and Pt-Oxide-Support Interaction [J] . J. Catal., 2006, 242: 103-109.

[36]O'Connor N J, Jonayat A S M, Janik M J, et al. Interaction Trends Between Single Metal Atoms and Oxide Supports Identified with Density Functional Theory and Statistical Learning [J] . Nat. Catal., 2018, 1: 531-539.

[37]Hu S, Wang W, Wang Y, et al. Interaction of Zr with CeO_2 (111) thin Film and Its Influence on Supported Ag Nanoparticles [J] . J. Phys. Chem. C,

2015, 119: 18257-18266.
[38]Margeta K, Farkaš A. Zeolites - New Challenges[M] . London : Intechopen, 2020.
[39]Li C, Moliner M, Corma A. Building Zeolites from Precrystallized Units : Nanoscale Architecture[J] . Angew. Chem. Int. Ed., 2018, 57: 15330-15353.
[40]Beale A M, Gao F, Lezcano-Gonzalez I, et al. Recent Advances in Automotive Catalysis for NO_x Emission Control by Small-Pore Microporous Materials[J] . Chem. Soc. Rev., 2015, 44: 7371-7405.
[41]郑安民 . 分子筛催化理论计算：从基础到应用[M] . 北京：科学出版社, 2020.
[42] Xiao F S, Meng X. Zeolites in Sustainable Chemistry : Synthesis, Characterization and Catalytic Applications [M] . London : Springer-Verlag Berlin Heidelberg, 2016.
[43] Xin Y, Li Q, Zhang Z. Zeolitic Materials for $DeNO_x$ Selective Catalytic Reduction[J] . ChemCatChem, 2018, 10: 29-41.

第5章

面向未来的尾气净化——减排与降碳

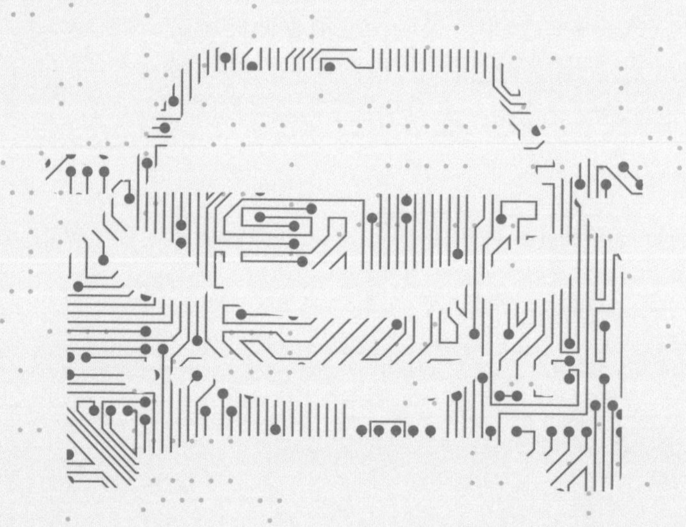

石油是工业的血液。自 20 世纪初以来，我们一直生活在石油时代，整个汽车产业也奠基于丰富而廉价的化石燃料能源。然而，在经历了大约一百年的石油消费稳步增长后，常规石油在未来数十年内就可能“耗尽”。这种资源困境，再加上由化石燃料燃烧产生的温室气体和各类污染物导致的环境效应，都促使人们找到适当的“可持续”能源来替代燃油驱动数量庞大的汽车。

事实上，用于取代车用汽、柴油的“替代燃料”已经被开发和测试了数十年。21 世纪之初，包括生物柴油和玉米乙醇在内的生物燃料在多个国家受到政府的大力推广，天然气和液化石油气也在中国、韩国、意大利等国家被广泛用作公交车燃料。这些替代燃料的共同特点是相较于汽、柴油，较少地利用碳 - 碳键（更多利用碳 - 氢键或其他键位）的断裂提供能量，因此在使用过程中往往能够排放更少的 CO_2。从“零碳”的思路出发，日本等国已经在氢能汽车领域深耕多年以实现温室气体减排。氨是新一代零碳燃料，它可以作为氢能的载体，以液体形式更方便地存储。上述各类燃料的利用也可能产生与燃油燃烧不同的污染物，因此也需要一定的后处理手段来实现尾气减排，这将是本章所论述的重点。

另一种“替代”的思路是用电动机取代内燃机驱动汽车，进而完全避免因缸内燃烧而产生的各种污染。本章将结合“双碳”的背景对几类“新动力”汽车予以简要分析。电池电动汽车是指借助电池存储的电力，通过电动机驱动的汽车，已随着清洁电力的发展成为目前内燃机汽车最可行的替代品之一。然而，化学电池较低的能量密度使得电动汽车在性能和使用便利性上暂时无法与传统汽、柴油车媲美。能够结合二者优点的混合动力汽车可能会是较好的过渡性选择。就理论而言，高效清洁、续航持久的燃料电池汽车或许会是未来电动汽车的终极方案，但其在取得市场认可前还需应对氢源和车载存储等诸多挑战。

5.1 传统化石燃料的现状与未来

化石燃料的使用历史与人类文明的历史一样古老。中国是世界上最早开采和使用煤炭（公元前 2000 年）、石油（公元 1 世纪）以及天然气（公元前 200 年）的国家，在三者中，煤炭的储量丰富、分布广泛且相对易得，似乎是一种理想燃料。然而，直至 18 世纪蒸汽机被用于地下煤矿的开采和运输，这种久为人知的“黑石”才逐渐登上“人类世界核心能源”的宝座。到 19 世纪初，煤炭的主导地位开始显现，木材、风、水、蜂蜡、牛脂、鲸油等“传统”能源都被煤炭及其衍生物稳步取代。近 100 年来，煤炭一直是支撑人类文明运转的主要能源。然而，当埃德温·德雷克（Edwin Drake）于 1859 年在美国宾夕法尼亚州开发了第一口现代商业油井后，情况发生了些许变化。19 世纪中后期，源自该油井的煤油成为比煤气（煤的衍生物）更受欢迎的灯用燃料。19 世纪末，一个事件永远改变了全球对石油产品的需求——第一辆带有内燃机的汽车诞生（详见 2.1.1 节）。随后，廉价汽车的大规模面市使汽油很快超过煤油，成为石油中需求最大的精炼产品，由此开启了“石油时代”。到 20 世纪末，出于运输行业对汽油和柴油的旺盛需求，石油成为全球消耗量最大的一次能源（图 5-1）。迄今为止，交通运输仍然是石油资源最主要的应用领域。

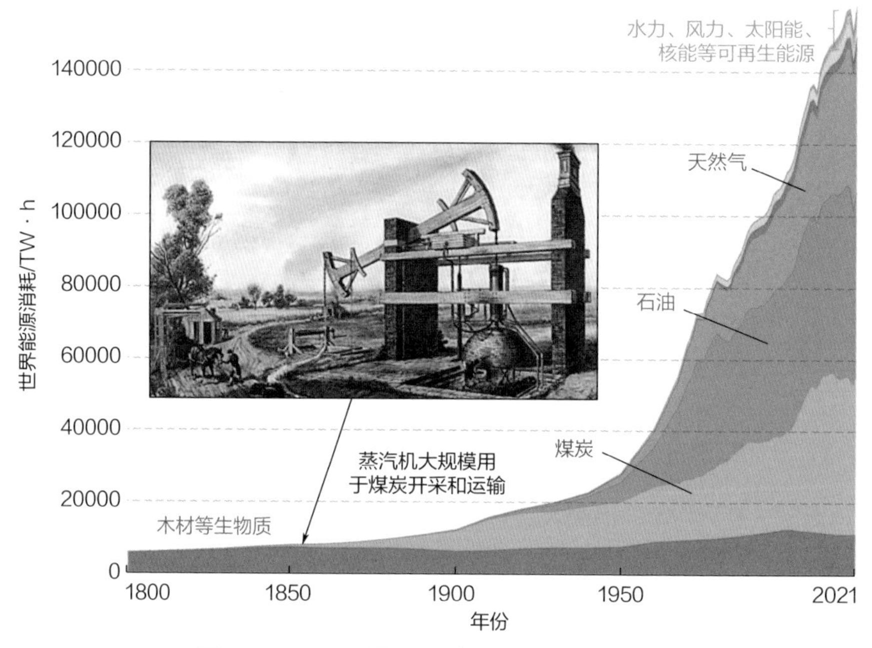

图 5-1　不同时期世界各类能源消耗量比较

如前文所述，大量汽、柴油车的应用在为人们的生活带来便利的同时，也导致了各类空气污染和人体健康问题（详见 1.2 节）。图 5-2 展示了 1970—2017 年世界范围内几类主要污染物的来源及其在大气中的浓度变化。由于汽车内燃机中的（不充分）燃烧和 N_2-O_2 反应，道路交通始终是 CO 和 NO_x 最大的排放源，也是 HC 等挥发性有机物（VOC）和 PM（如黑炭）的重要贡献者。得益于三效净化器的开发和应用，道路交通行业 CO 和 HC 的排放量在 1990 年左右达到峰值，之后就明显得到控制。此变化也直接带动了大气中CO总量的减少。由于对柴油车尾气的管控措施推行得相对较晚，NO_x和PM这两类“典型”柴油车尾气污染物的排放量直至2013年之后才呈现降低趋势，此后它们在大气中的总含量也越来越低。考虑到目前汽车尾气对各类大气污染物仍有极高贡献率，未来愈加收紧的尾气排放法规将对全球空气质量起到显著的改善效果。

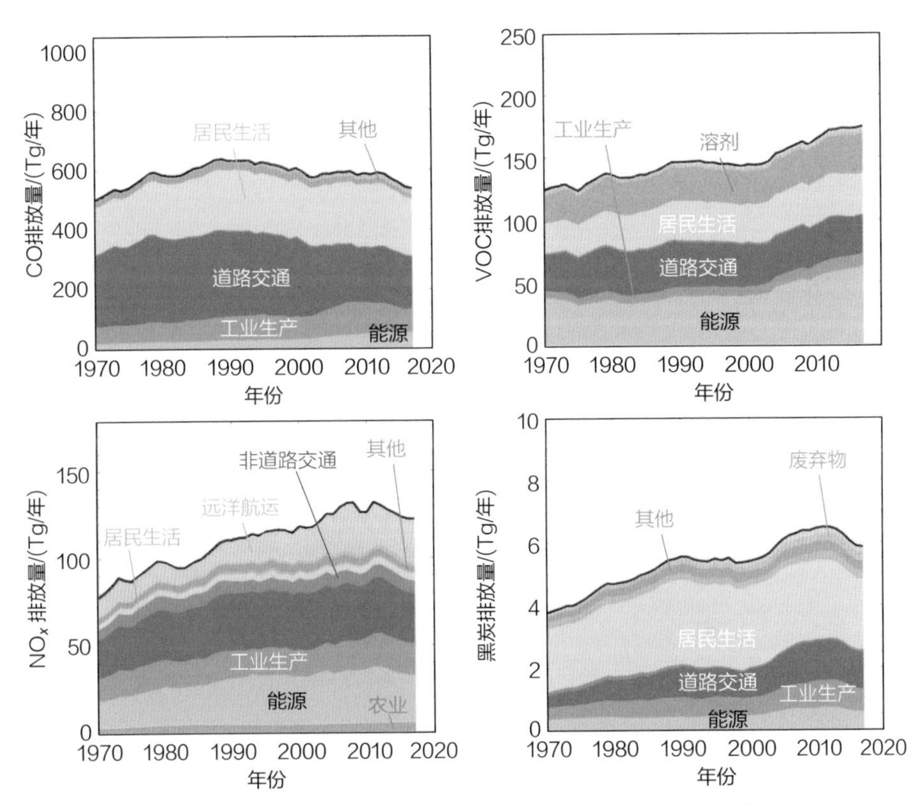

图5-2 各行业对世界几类主要大气污染物的贡献比较

由于汽油、柴油均为碳基燃料，其燃烧过程除了产生NO_x、CO、HC等污染物外，还会产生浓度数十倍于这些污染物的CO_2（详见图2-16）。众所周知，自100多年前工业时代开始以来，CO_2这种人类活动产生的温室气体就诱发了“局域温室效应”。如图5-3所示，短波太阳辐射穿透地球大气层到达地面，被加热的地面会辐射长波或红外能量，这些能量一部分被大气中的CO_2反射，导致地球（尤其是覆盖地球表面积70%的海洋）变暖。由此额外被蒸腾至大气中的水分（也是最典型的温室气体）又进一步强化了温室效应，形成了“温室效应正反馈”。最终结果是少量的CO_2排放即可“撬动”显著的全球暖化效应，进而导致一系列明确或潜在的环境问题。基于上述原因，世界上要求“减少化石燃料使用以抑制 CO_2 排放”的呼声自 21 世纪起就从未停止过。

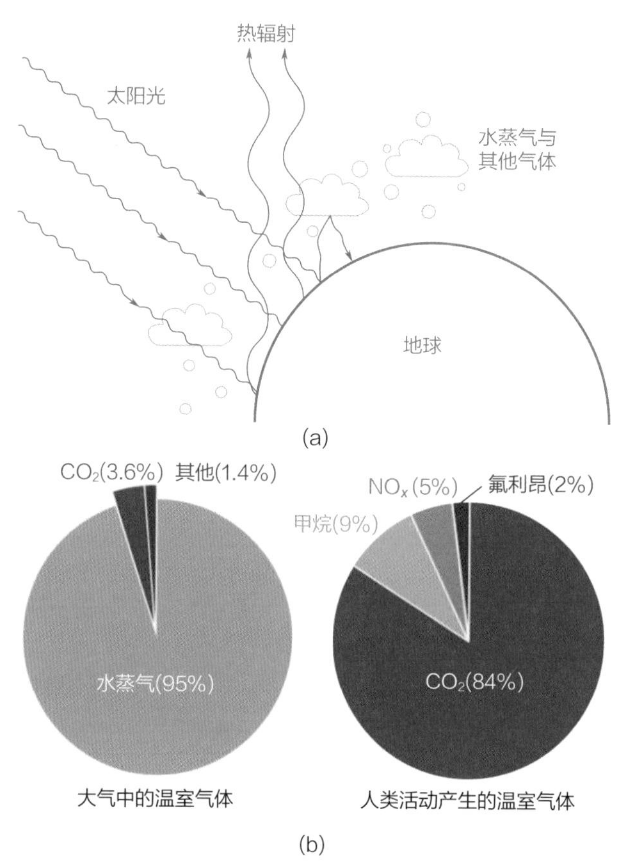

图 5-3 温室效应示意图（a）以及地球表面的典型温室气体（b）

除了污染物的排放外，使用化石燃料还必然面临另一个问题，即它们有朝一日的“耗尽”。一方面，化石燃料是由数亿年前死亡的植物和动物的遗骸在热量和压力的作用下形成的。这一转变通常需要花费数百万年，因此在人类文明存续期间（数千年周期），化石燃料的总量几乎不会增长；另一方面，随着世界人口的增长和人们生活水平的提高，全球化石燃料的消耗量自 1950 年以来增加了大约八倍，自 1980 年以来大约翻了一番（详见图 5-1）。基于这个“此消彼长”的概念，地质学家金・哈伯特（King Hubbert）曾在 1956 年提出“石油峰值”理论，即世界将经历化石燃料，特别是石油的经济破坏性稀缺。然而，随后石油勘探和开采新技术（例如近年来出现的水平钻井、水力压裂等）的涌现又将石油耗尽的期限一再推延，使其被戏称为"永远还能再用50年"的资源（图5-4）。无论如何，多年的持续采掘已使石油的能源投资回报率（ERoEI，即每消耗1桶石油能够产出的石油桶数）从1930年的超过100降低至2010年的15，而且还在不断降低。在未来，即使地底深处还藏有足量的石油，对其进行开采也不会带来任何经济效益，届时也就到了石油寿终正寝的时候。

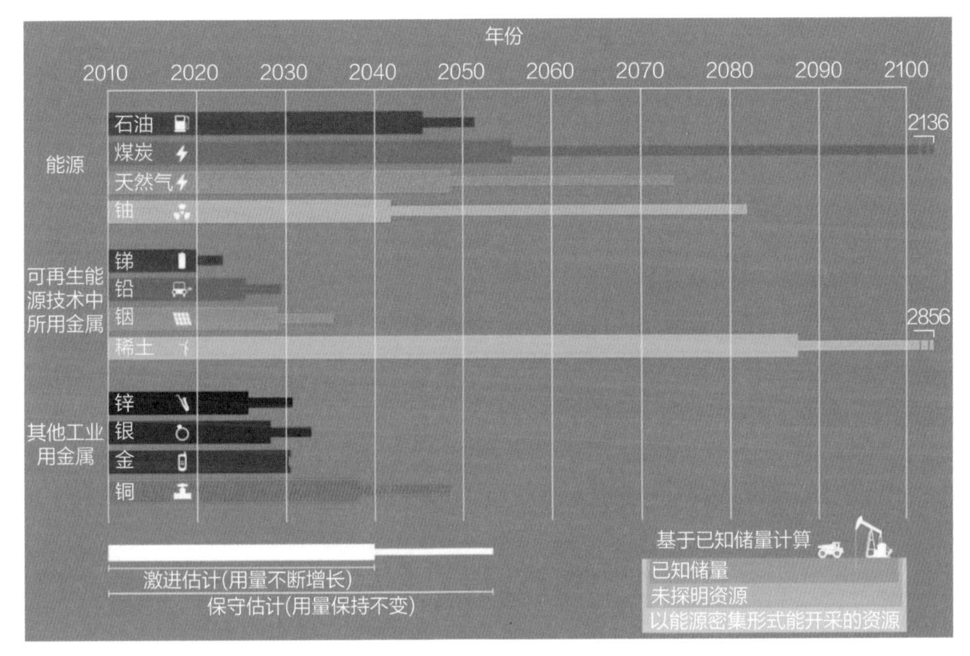

图5-4　世界各类资源耗尽时间分析

上述关于化石燃料的论述可以总结为图5-5。20世纪70～80年代，汽车尾气导致的环境污染推动了减排法律法规的落地，由此也催生了机内净化技术和尾气后处理系统的发展（见第2、3章）。21世纪以来，人们的关注重点已从污染物减排转向温室气体减排，以及能源的可持续（安全）供给。因此，更"低碳"的替代型燃料（如氢气）和不同于内燃机的驱动方式（如电动车）开始涌现。一些主流媒体反映的一个常见说法是，未来的交通将完全依靠电动系统，由"可再生的"风能和太阳能提供电能，彻底将内燃机排除出局。遗憾的是，已有证据并不能支持上述论断。

从宏观角度看，为了实现《巴黎协定》明确的"将21世纪内全球平均升温控制在工业化前2℃以内"这一长期目标，未来三十年内每天必须增加约1100

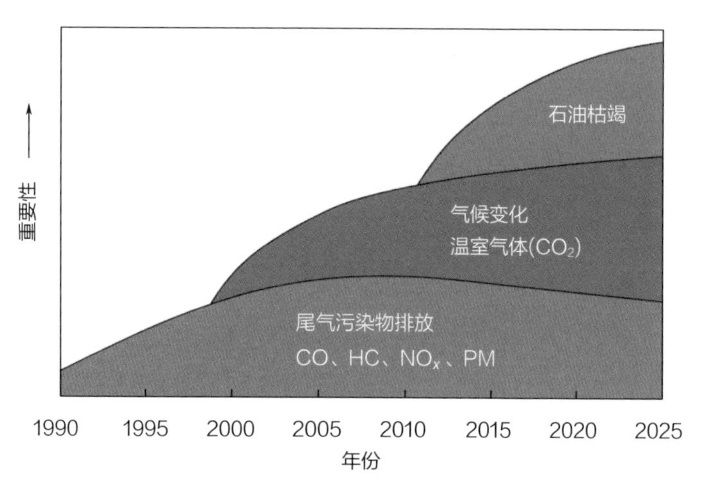

图 5-5　车用替代燃料和替代动力开发背后的驱动力

兆瓦的可再生能源。然而，目前全球每天仅增加约 151 兆瓦的无碳电力。按照这个速度，大幅改变能源系统需要的不是三十年，而是近四个世纪。从微观角度看，目前使用替代燃料和电动机的汽车占比较低，而且主要集中于欧洲地区的乘用车领域（图 5-6），这使得运输行业 91% 的最终能源继续依赖石油产品（仅比 20 世纪 70 年代初下降 3 个百分点）。中美两大市场占据了世界汽车销量的 50% 以上，但其新上市的乘用车仍以汽油为主要燃料。最后，在商用车（如货运卡车）领域，迄今甚至未出现能够完全替代柴油发动机的有力竞争者。

在节能（应对石油枯竭）、减排（控制大气污染物和温室气体）大目标的驱动下，既然已经出现了这么多新型燃料和新型动力，为什么它们还没有充分替代燃油和内燃机？在汽车领域，答案与石油令人难以置信的高能量密度和低廉的成本有关。一个人每天可以执行大约 0.6kWh 的工作，一桶（159 升）石油蕴含的能量相当于一个人 4 年的体力劳动——但其成本仅相当于几个小时的劳动量。横向对比数据如图 5-7 所示，可见，汽油和柴油具有各类替代燃料（也许核能除外）难以比拟的能量密度。同样装满一个油箱，假如汽油可以驱动汽车行驶 100 公里，则压缩氢气仅能让该车行驶 7 公里，充满电的电动车（由等体积锂电池供能）更是开出不到 4 公里后就需要重新充电了。由此可见，与各类新出现的“替代燃料”和“替代动力”相比，传统汽、柴油车在使用便利性和经济性上存在绝对优势，这也是它们得以保持常盛不衰生命力的奥秘所在。

在汽、柴油车占据绝对优势地位的今天，如何有效节能减排，实现“双碳”目标？国际能源署（IEA）等机构在此领域做出过详细的测算。如图 5-8 所示，考虑到未来 40 年全球人均出行量将翻一番以上，只有在做好基础建设、

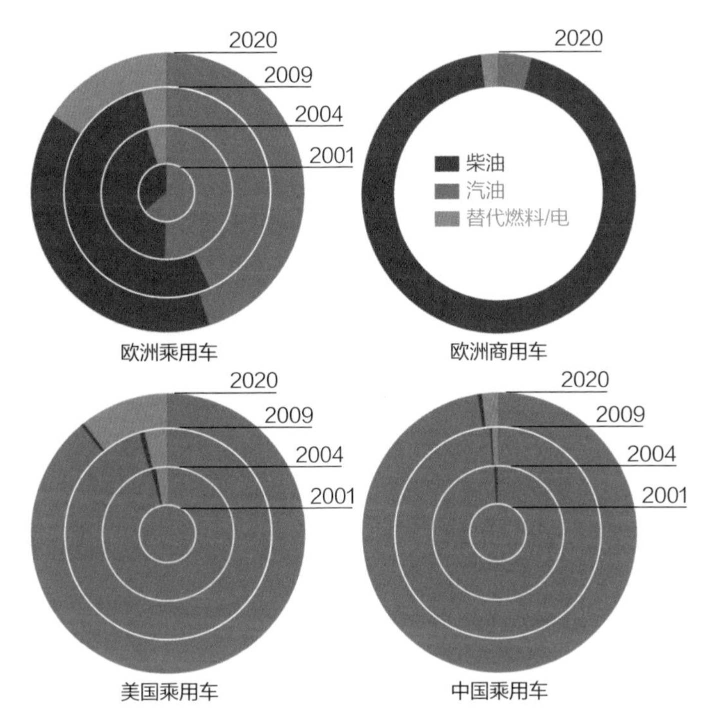

图 5-6　2001—2020 年欧洲、美国和中国新销售汽车所用燃料的演变

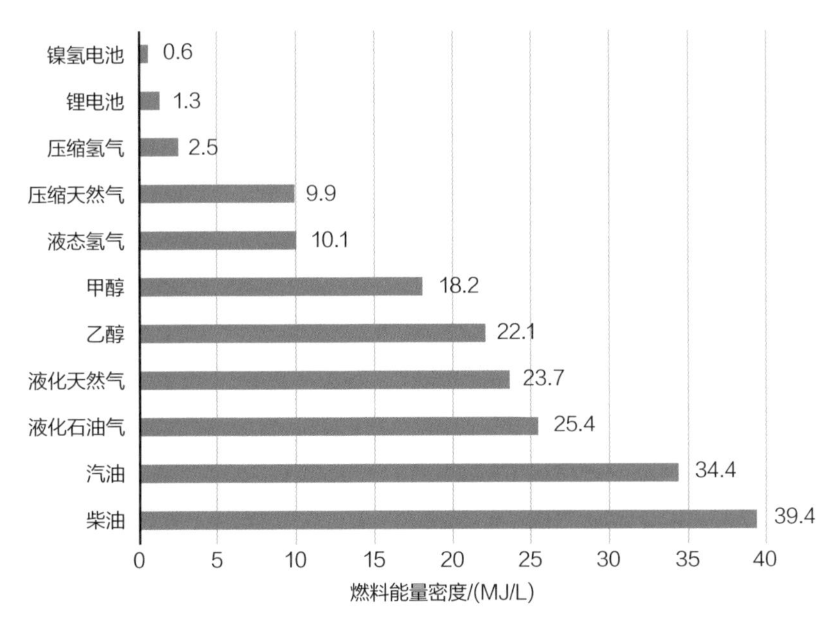

图 5-7　各种汽车燃料能量密度对比

尽量减少高能耗出行场景的同时，再在短期战略（改善现有内燃机汽车的燃料经济性）和长期战略（开发先进生物燃料、推广电动/燃料电池汽车）两方面双管齐下，才有可能满足“全球平均升温控制在工业化前2℃以内”的基本要求。

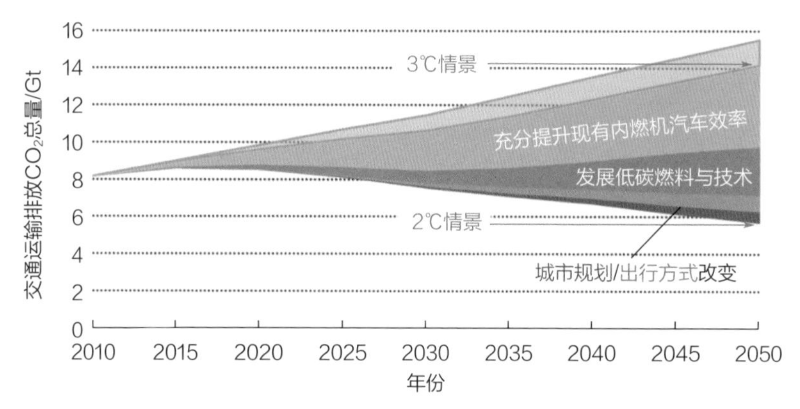

图5-8 国际能源署（IEA）提出的交通运输行业CO_2减排路线图

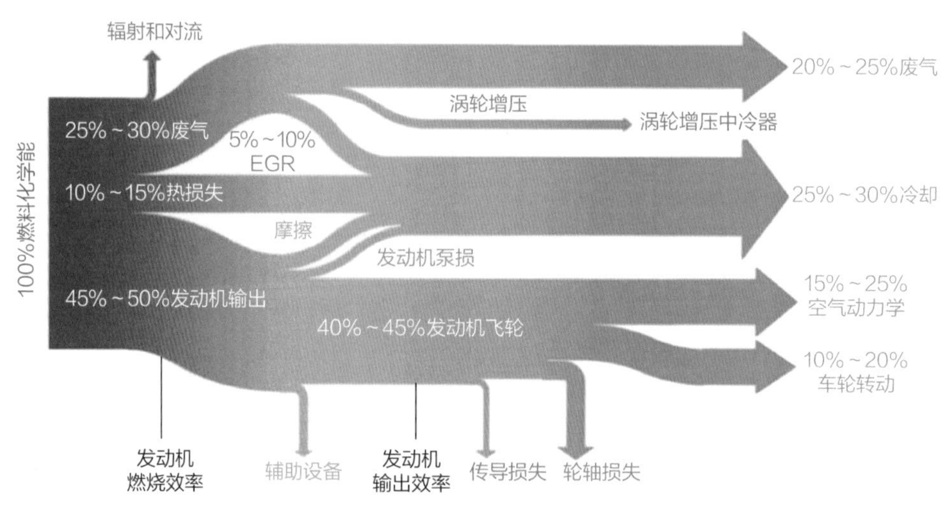

图5-9 对一辆在高速公路行驶的柴油车进行的能量流分析

提高内燃机汽车效率的第一步是找到导致效率损失的环节所在。如图5-9所示，对于常见的柴油卡车，其燃料在燃烧过程中约有10%～15%的能量因传热而损失。另有25%～30%的能量流入废气，部分用于驱动涡轮增压器并为尾气后处理系统提供热量，其余作为“废热”排放至大气。扣除上述损失后，仅有不到 50% 的能量可用于驱动车辆，再扣除传动损失和辅助设备能耗，最后让车辆“跑起来”的能量通常不超过被消耗掉燃料化学能的 45%（即所谓“制动热效率”，BTE < 45%）。由于汽油机压缩比相对较低，需要在化学计量比附近燃烧燃料（而不是像柴油机那样“稀燃”）且存在节气门导致的泵气能量损失，汽油车的 BTE 值还要比柴油车更低，一般很难超过 35%。总体而言，汽车发动机的效率还有很大的提升空间。

长期以来，各汽车制造商也一直致力于优化燃烧效率和动力总成以提高汽车的 BTE 值，汽油缸内直喷（详见 2.1.1 节）、涡轮增压（详见 2.2.3 节）、低温燃烧和先进燃烧（详见 2.2.2 和 2.3 节）、车身轻量化等概念均是这个思路下的产物。借助这些新技术，现代汽车发动机的效率已经比其前身提高了 50% 以上，其油耗和排放也得到了有效控制。

图 5-10 展示了几个全球主要市场轻型车在 2010—2019 年间油耗的变化情况。得益于大量新技术的使用，中国汽车的 BTE 指标（或燃油经济性）提升最快，平均油耗降低幅度最大（21%）。然而，出于两方面的原因，近年来汽车

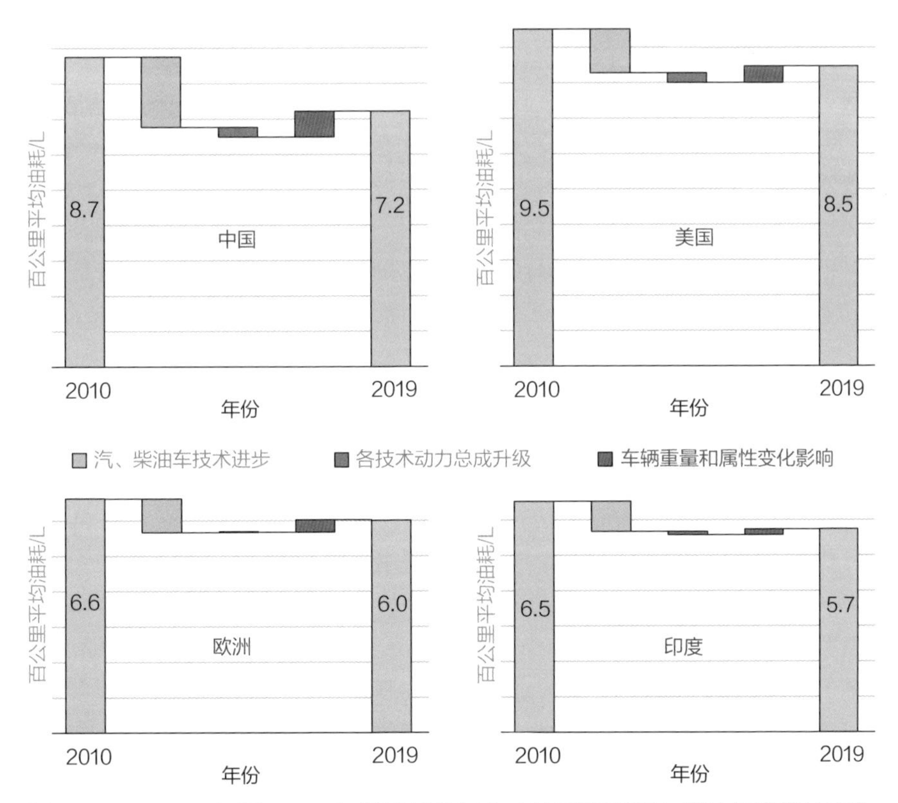

图 5-10　2010 年至 2019 年世界部分国家 / 地区轻型汽车燃油经济性的变化

BTE 的提高速度已经显著放缓。一方面，现代内燃机日益复杂，对其剩余效率潜力的发掘开始变得越来越困难、越来越昂贵；另一方面，SUV 等大型车辆的市场份额提升很快（从 2010 年的 20% 上升到 2019 年的 44%），它们比传统汽车更大、更笨重，因此侵蚀了超过 40% 的燃油经济性改善效果（该“负面效果”还在不断增强）。综上所述，虽然在未来的数十年内，内燃机仍将继续成为车辆动力、传动系统的关键组成部分。但能够显著降低油耗和排放的替代方案（如替代燃料汽车、混合动力汽车、电动汽车等）必须尽快开始推行，以应对传统燃油汽车在不久的将来可能会面临的“节能减排天花板”。

5.2 汽车的“替代燃料”

5.2.1 替代燃料的分类与效果

过去几十年，世界人口的增长导致对化石能源的需求激增。幸运的是，由于勘探、钻井技术的改进以及大量页岩气储量的出现，化石燃料预期的“枯竭时刻”被不断推延。因此，尽管核能、太阳能和风能等可再生能源不断发展，燃烧技术仍将在很长一段时间内主导交通运输领域。在过去的一个世纪里，随着内燃机和汽车工业的发展而得到广泛使用的核心燃料是汽油和柴油，二者有着相对低廉的成本、成熟的应用技术和稳定的供应链。然而，出于降低污染物排放和能源安全等角度出发，人们自 20 世纪 80 年代起就开始寻找它们的替代品。

近年来，推动替代燃料使用的一个重要动力是减少温室气体（如 CO_2）排放。化石燃料的燃烧是全球最主要的 CO_2 来源，使用可再生的生物质燃料则可以促进 CO_2 减排。例如，生命周期评价结果显示，使用以植物油或玉米 / 小麦乙醇为基础的生物质燃料替代汽油后，可以在“油井到车轮”的全过程中将温室气体排放量减少 50%。事实上，为了实现“全球平均升温控制在工业化前 2℃以内”的情景（简称“2℃情景”），2060 年生物质燃料在交通运输行业中的使用量需要达到2015年水平的10倍，提供约30%的运输能源（图5-11）。然而，尽管源于油页岩和生物质等非常规原料的燃料产量不断增大，现今大多数运输燃料仍来自具有成熟技术的石油精炼。全球生物质燃料的产量和用量均远远落后于“2℃情景”所需进度，还需要在未来实施更有效的政策予以充分的推动和刺激。

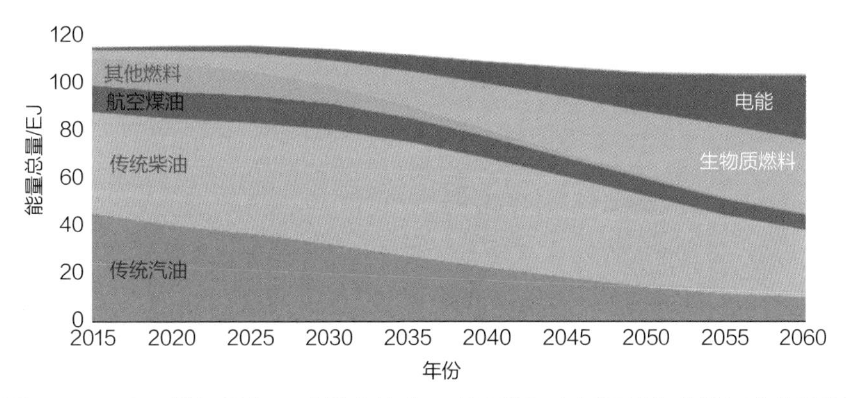

图 5-11 国际能源署（IEA）提出的“2℃情景”下交通运输行业能源变化构想

图 5-12 总结了从化石或生物质中生产液体和气体燃料的常见途径。源于石油精炼的汽油和柴油占据汽车燃料主导地位；合成燃料具有与石油衍生产品（主要是柴油）相似的性质，可以通过几乎任何碳氢化合物（或煤炭）原料经过重整和费托工艺而获得；除了作为合成燃料和生物柴油的原料外，生物质还可结合可再生能源（水电、太阳能、风能等）生产氢气，这是一类在燃烧过程中不产生 CO_2 的燃料，其应用为交通运输行业“减碳”开辟了独特路径。

在应用于汽车领域时，上述燃料的部分特性归纳于图 5-13。可见，诸如柴油、汽油等广泛应用的“商品油”在能量密度、成本、使用便利性等方面具有

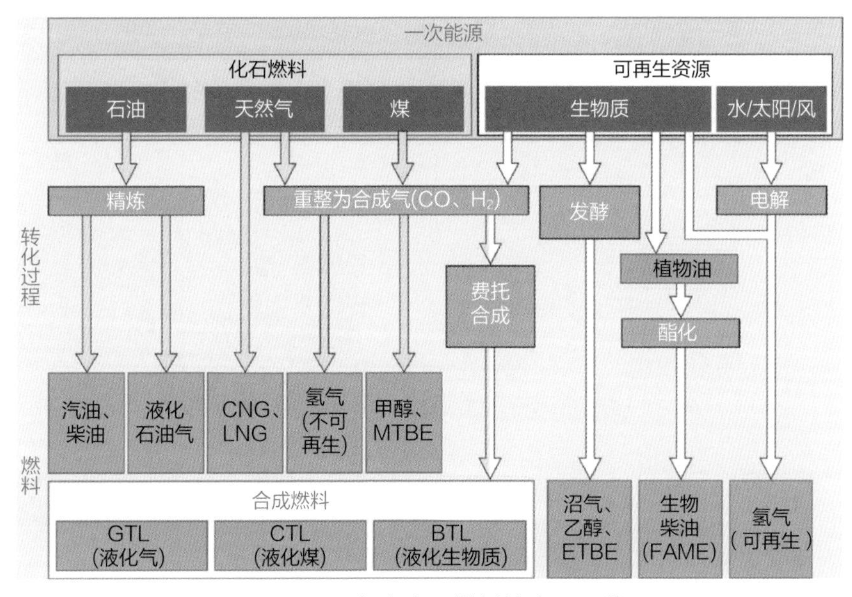

图 5-12 各类常见燃料的来源一览

燃料	能量密度	生产成本	配套基础设施建设	现有产量与车辆使用便利性	与内燃机车辆的匹配程度	温室效应
汽油	高	中	完善	很好	完全匹配	高
柴油	高	中	完善	很好	完全匹配	高
航空煤油	高	中	完善	很好	完全匹配	高
重燃料油	高	中	完善	很好	完全匹配	高
液化煤CTL柴油	高	中偏高	一般	很差	完全匹配	非常高
液化气GTL柴油	高	中偏高	一般	很差	完全匹配	高
谷物乙醇	中	中偏高	较差	一般	部分匹配	中偏高
甘蔗乙醇	中	中偏低	较差	一般	部分匹配	低
先进木质纤维素乙醇	中	高	较差	极差	部分匹配	低
油籽生物柴油	高	中偏高	较差	一般	部分匹配	中
液化生物质BTL柴油	高	高	一般	极差	完全匹配	低
压缩天然气CNG	低	中偏低	较差	很差	需要改造	中偏高
液化石油气LPG	低	中偏低	较差	很差	需要改造	中偏高
甲醇(天然气源)	低	中	很差	很差	需要改造	中偏高
二甲醚DME(天然气源)	中	中	很差	很差	需要改造	中偏高
氢气(化石燃料源)	低	中	很差	很差	需要改造	中偏高
氢气(可再生源)	低	中偏高	很差	极差	需要改造	低
电力(化石燃料源)	低	低	一般	很差	需要改造	中偏高
电力(可再生源)	低	中	一般	很差	需要改造	低

图 5-13 各类可用于内燃机汽车的燃料特性一览

其他“新型燃料”所难以企及的优势。由天然气、煤炭和生物质转化而得的合成燃料（主要是柴油，详细合成工艺见图 5-12）在使用便利性上具备一定优势，但存在成本高、产量不足等问题；源于生物质的生物柴油和醇类燃料（尤其是由甘蔗生产的乙醇）综合性能较佳，其产量还需提高，供应还有待进一步完善；

天然气、液化石油气、二甲醚、氢气等与现有的内燃机不能完全兼容，燃料加注站点也相对少见，这对其在车辆中的使用造成了诸多不便，需要在未来逐步改进。

需要明确的是，各类车用替代燃料虽然或多或少存在技术层面的问题，但如果（在满足一定条件时）替代商品油使用，大多可产生“减碳”效应。因此，在节能减排和“双碳”目标的推动下，汽车燃料的“新旧交替”在未来注定会发生，替代燃料在生产、分销、发动机匹配等方面的进步将使这一过程变得更加顺畅。

如图 5-14 所示，车用替代燃料可以按使用方式分为类似汽油的燃料（缸内点燃）和类似柴油的燃料（缸内压燃）。类汽油燃料通常具有较高的辛烷值和自燃温度，因此需要外部能源来点燃燃烧室中的油气混合物。典型的类汽油燃料包括源自化石燃料的压缩天然气、液化石油气，以及源自生物质的醇类和沼气等。值得注意的是，氢气既可以通过化石燃料重整获取，也可由可再生能源电解水获得。前者成本较低，但全生命周期内温室效应远高于后者，很难算作是真正的“清洁燃料”。与其他替代燃料相比，氢是一种“零碳”燃料，其在发动机中的燃烧不会产生 CO_2 排放（氨是常见的氢载体，也是相对较新的零碳燃料）。另外，除了在气缸内点燃外，氢气也可经过燃料电池更高效地消耗，这将在 5.3.2 节中详细论述。与类汽油燃料不同，类柴油燃料的自燃温度一般较低，因而可以在气缸内自行燃烧。典型的类柴油燃料包括生物柴油、二甲醚（DME）和费 - 托柴油（即图 5-11 中的合成燃料）等。其中，生物柴油是借助酯交换（或者氢化）过程，从各种植物油（以及动物脂）中获得的可再生燃料；

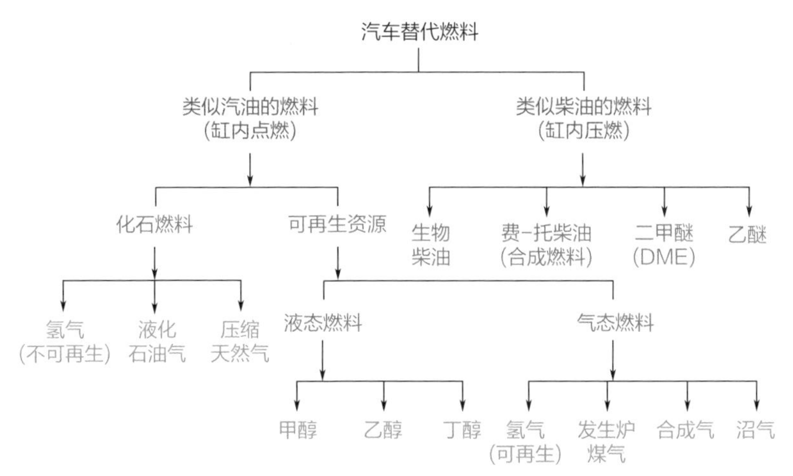

图 5-14 可用于内燃机汽车的替代燃料简要分类

DME是一种无毒无害的非温室气体，易于液化和运输，直到最近才作为汽车燃料出现。由于燃烧过程清洁高效，DME也被认为是压燃式发动机的最佳替代燃料之一。

图5-15展示了美国2004—2020年各类替代燃料/动力汽车保有量的变化（注意，相对于世界平均水平，生物乙醇和生物柴油在美国的用量偏高）。可见，天然气（CNG与LNG）、液化石油气（LPG）、醇类（E85等）、生物柴油和氢气是目前最主流的车用替代燃料。后文将对它们的使用性能、减排效果和尾气净化技术进行详细讨论。考虑到点燃式与压燃式发动机的机内、外净化策略均存在较大差异（见第2、3章），后续章节将按照惯用的燃烧方式对上述燃料进行分类探讨。虽然随着内燃机技术的发展，很多替代燃料（如天然气、醇类、氢气等）已可以同时适应在点燃式与压燃式发动机中的应用。但限于篇幅，这里不进行全面的展开讲解，仅做有侧重性的分析。

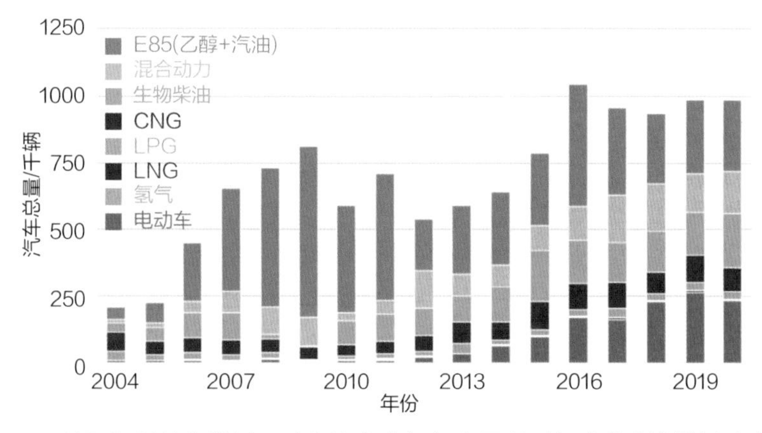

图5-15 美国各类替代燃料/动力汽车市场保有量随时间变化(按燃料种类分类)

5.2.2 类汽油替代燃料：天然气与液化石油气

被公认为“石油向可再生能源过渡的最大竞争者”的天然气是一种典型的化石燃料（目前生物发酵制得的沼气产量尚不足化石天然气产量的1%）。地下的天然气处于高温高压状态，开采到地面后因温度压力的降低而脱出溶解的重质组分，此即凝析油。按凝析油的含量，可以把天然气分成“干气”和“湿气”（图5-16）。干气90%以上由甲烷组成，也是天然气汽车的主要燃料。其中，轻型天然气车一般使用压缩天然气（CNG），重型/长途天然气车则使用液化天然气（LNG）。湿气中较轻的部分（丙烷、丁烷等）可以提取出来作为液化石油气（LPG）出售，较重的部分则炼制成汽油或直接用于油田发电。目前，全球天然气和液化石油气汽车保有量接近 6000 万辆，约占汽车总量的 4% ～ 5%。

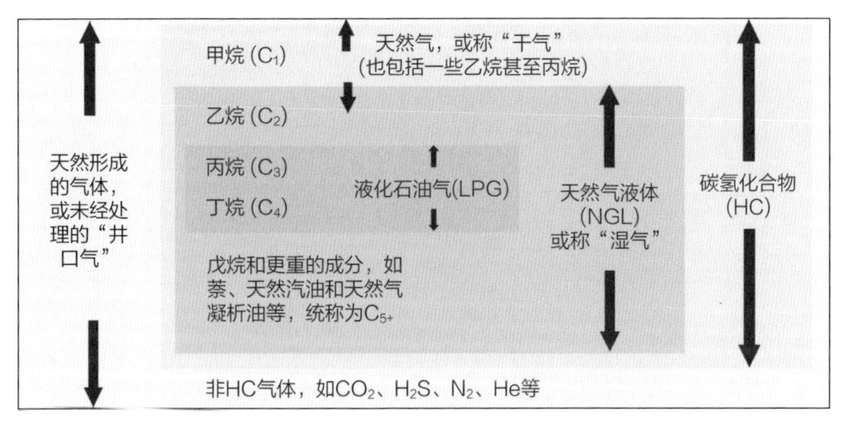

图 5-16　天然气与液化石油气的来源和差别

天然气具有各类 HC 中最低的 C∶H，因此理论上在燃烧过程中产生 CO_2 的量也最低。然而，需要注意甲烷是一种比 CO_2 更强的温室气体。一般认为，排放至大气中长达 20 年时，1 吨甲烷造成的温室效应与 84 ～ 87 吨 CO_2 相当；如果将这个时间周期扩展到 100 年，则由于甲烷相对 CO_2 更容易分解，这个比例会降低至 1∶（28 ～ 36）。因此，在使用天然气这种“清洁能源”的同时，必须考虑因甲烷自身泄漏（如存储和运输过程中逃逸、未燃尽导致排放等）额外造成的温室效应。如图 5-17 所示，以 100 年时间周期为基准，如果天然气在使用过程中泄漏比率低于 5.5%，则其在全生命周期内的温室效应低于煤炭。考虑到 20 年内的温室效应，则必须令天然气泄漏率低于 3% 才可称其“比煤炭更清洁”。目前全球天然气平均泄漏率为 1.7%（主要来自农业和能源部门），这意味着在任何评价标准下使用天然气都具有比煤炭更佳的环境效应。未来如果天然气的应用得到进一步扩大，这一比率还需得到严格控制，至少需要控制在 3% 以内。

值得注意的是，煤炭是一种公认的碳排放较高的燃料，考虑到实现“双碳”所需的大幅减排，仅凭“天然气产生的温室效应低于煤炭”这一点还是远远不够的。考虑到天然气和 LPG 在汽车中应用时主要替代物是汽油，其与汽油之间的 CO_2 排放量对照更有实际意义。通过台架测试可知，当同一辆汽车由天然气驱动时，每公里平均比用汽油时降低约 25% 的 CO_2 排放；LPG 燃烧产生的 CO_2 多于天然气，但也比使用汽油时减少了 10%（图 5-18）。可见，如果仅考虑 CO_2

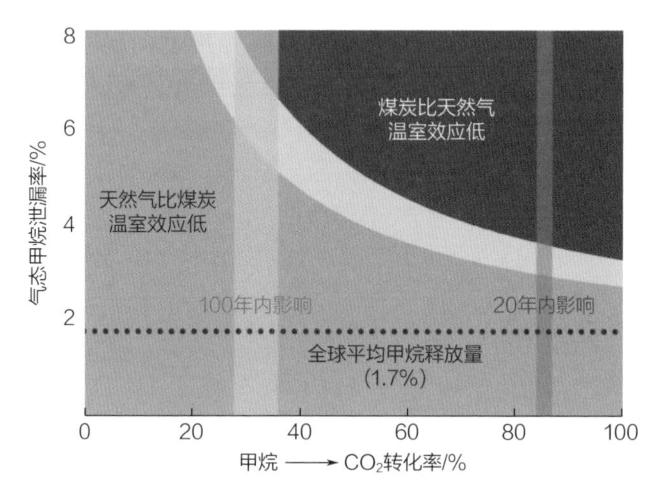

图 5-17　天然气与煤炭作为燃料使用过程中温室效应比较

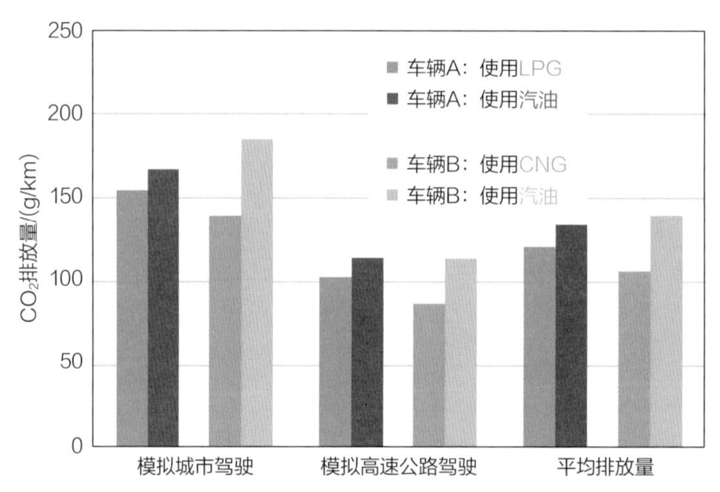

图 5-18　两辆“欧Ⅴ”标准双燃料汽车使用汽油、CNG 或 LPG 时 CO_2 排放比较

减排，那么采用天然气和 LPG 替代汽油作为车用燃料是有一定清洁效果的。

将天然气和 LPG 作为搭载化学计量发动机汽车（类汽油车）的燃料使用时，除了会排放 HC 燃烧固定产生的 CO_2，它们也和汽油一样会生成 NO_x、CO 和 HC（主要是 CH_4）等气态污染物。考虑到目前大部分天然气与 LPG 汽车均由汽油车改造而来，其燃料供应可在汽油和天然气 /LPG 之间切换，因此一般直接应用汽油车三效催化系统对其尾气污染物进行净化。其中，未燃尽的 LPG 主要以丙烷、丁烷的形式逃逸，这与传统汽油车尾气成分相近，因此其能够得到非常彻底的净化效果；天然气则有所不同，由于甲烷（CH_4）中碳 - 氢键键能强度远高于其他 HC，故其与 NO_x 的反应（即三效催化中去除 HC 的重要反应之一）较难进行，往往需要较高的反应温度且易被气氛中的 CO 干扰。如图 5-19 所示，当尾气成分接近化学计量比（$\lambda \approx 1$）时，汽油车尾气中的 NO_x、CO 和 HC 可被三效催化剂彻底净化（LPG 汽车也有类似的效果）；而由于 CH_4 难以参与反应，CNG 汽车则需要在甲烷过量的"富燃"（$\lambda < 1$）环境下才能实现 CO 与 NO_x 的共同去除，此时必然有一定量的甲烷逃逸。针对这一问题，主流的解决策略是人为扩大尾气空燃比振荡的窗口和提高三效催化剂中钯 / 铑组分的含量（可能超过 200 克 / 英寸 ^{3}）。

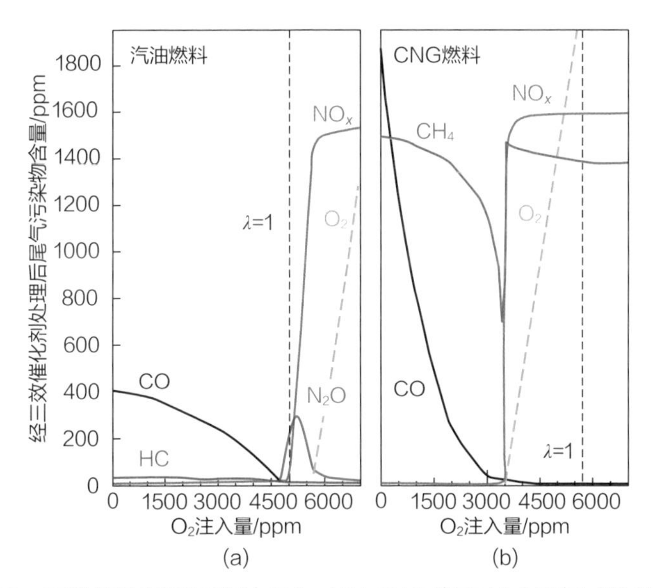

图 5-19 三效催化剂对于汽油车（a）和 CNG 汽车（b）尾气减排效果比较

具体的污染物排放对比如图 5-20 所示。当使用 LPG 作为燃料时，CO 和 HC 的排放量比使用汽油时更低，但会额外产生 35% 的 NO_x（由于三效催化剂的作用，该排放量仍然低于"欧Ⅵ"限值）；当使用 CNG（或 LNG）作为燃料时，汽车的各项污染物排放（尤其是非甲烷 HC）均低于汽油车，但会额外产生 7 倍的甲烷排放。由于目前各项排放法规均未将 CH_4 列为监控对象，因此天然气汽车可以轻松满足现代汽车尾气排放法规的限制。然而，如前文所述，CH_4 是一种强温室气体。当将天然气生产和汽车尾气中的甲烷排放纳入计算后，会发现现有的天然气汽车（无论是乘用车还是商用车）均会比传统燃油汽车造成更显著的温室效应（图 5-21）。考虑到中国拥有全球最高的天然气汽车保有量，

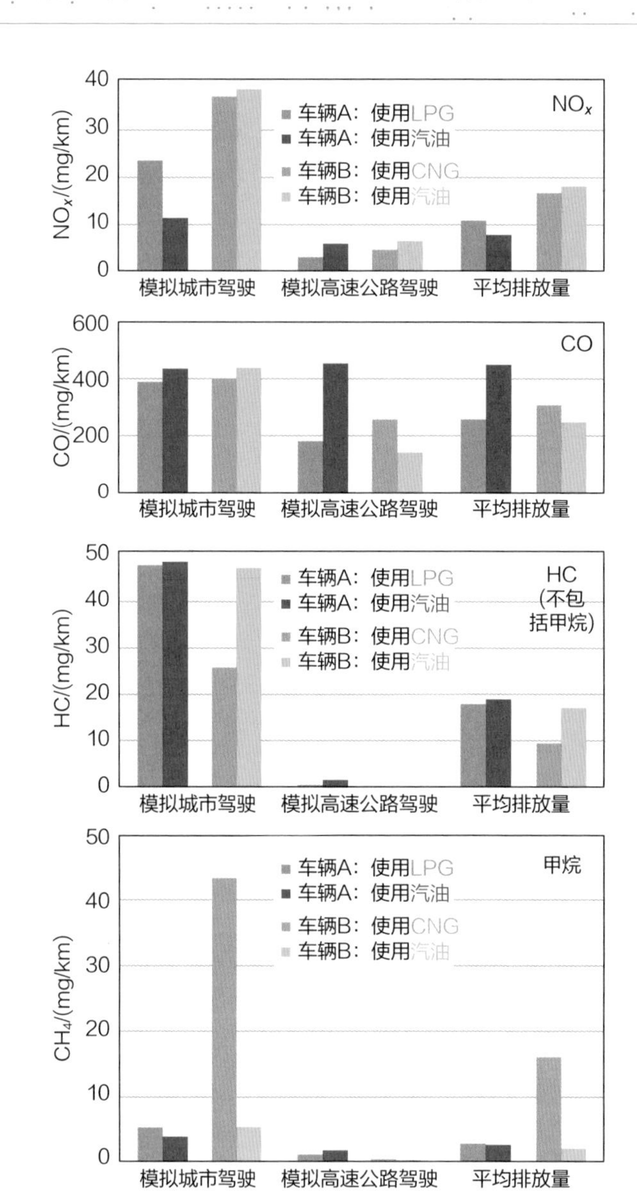

图 5-20　两辆“欧Ⅴ”标准双燃料汽车使用汽油、CNG 或 LPG 时污染物排放比较

有必要在未来加强对生物源天然气（如沼气）的开发和应用，同时进一步强化对汽车甲烷逃逸的控制，以防天然气这一所谓的“清洁燃料”诱发严重的温室效应。

最后，与液态的汽油和 LPG 不同，天然气在发动机内以气态形式燃烧，占据了空气所需的部分体积。因此，在化学计量发动机（如经改造的汽油机）

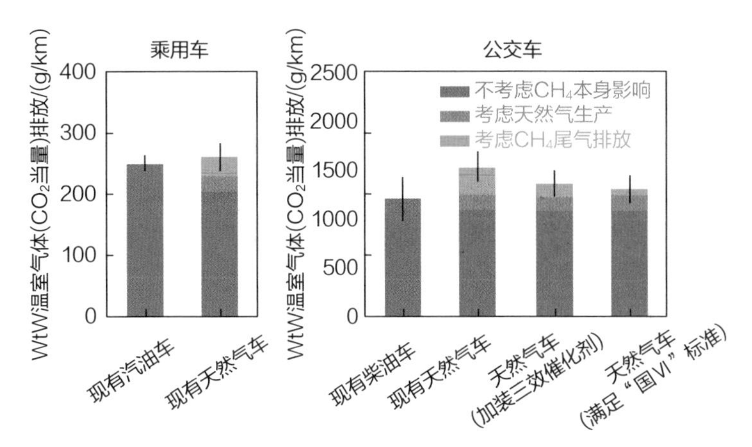

图 5-21　全生命周期（即“油井到车轮”，WtW）评价传统燃油汽车和天然气汽车的温室效应，可见后者行驶过程中 CO_2 减排的效应被天然气生产和 CH_4 排放完全抵消

中使用天然气作为燃料时，其输出功率（体积效率）一般会比使用汽油时降低 10% ～ 15%。为了解决这一问题，新型天然气发动机一般配合涡轮增压系统泵入大量空气，从而进入能量效率更高的“稀燃”模式（天然气的辛烷值为 130，这意味着 CNG 或 LNG 发动机可以在高达 16：1 的压缩比下运行而不会爆震）。如图 5-22 所示，为了同时避免发动机爆震和点火失效，稀燃天然气发动机一般在 $\lambda = 2.2$ 附近运行（效率提升 100%，同时大幅抑制 NO_x 排放）。由于发动机效率提升，稀燃 CNG（或 LNG）汽车具有明显优于传统汽油车的燃料经济性，其燃料消耗与先进的柴油车相仿。2015 年之后，博世等公司开始开发和应用缸内直喷天然气发动机，其基本结构与 GDI 发动机相似，可以在低发动机转速下提供高达 60% 的扭矩，进一步提高天然气汽车的燃料经济性和驾驶性能。

如 2.1.3 节所述，在“稀燃”模式下运行的发动机（包括天然气发动机）虽然具有较低的 NO_x 排放量，但由于此工况下三效催化剂无法还原 NO_x，一般需要额外借助 EGR 系统（甚至 NH_3-SCR 系统，详见 3.2.3 节）才能实现尾气 NO_x 净化，这提高了此类发动机的应用成本。此外，尾气中少量的甲烷可以借助甲烷氧化催化剂，配合尾气中过量的氧气燃烧脱除。如图 5-23 所示，钯是催化甲烷燃烧最有效的组分，但该组分对尾气中的硫较为敏感，且容易与水蒸气反应生成惰性的 $Pd(OH)_x$。近期研究表明，将钯离子交换进小孔分子筛（如 SSZ-13）可以有效规避上述问题，获得稳定性远强于传统 Pd/Al_2O_3 的催化剂，其有望在未来作为实用型甲烷氧化催化剂得到推广；最后，与传统 GDI 发动机不同，稀燃天然气发动机几乎不产生 PM，不需要为其配备颗粒物后处理装置。

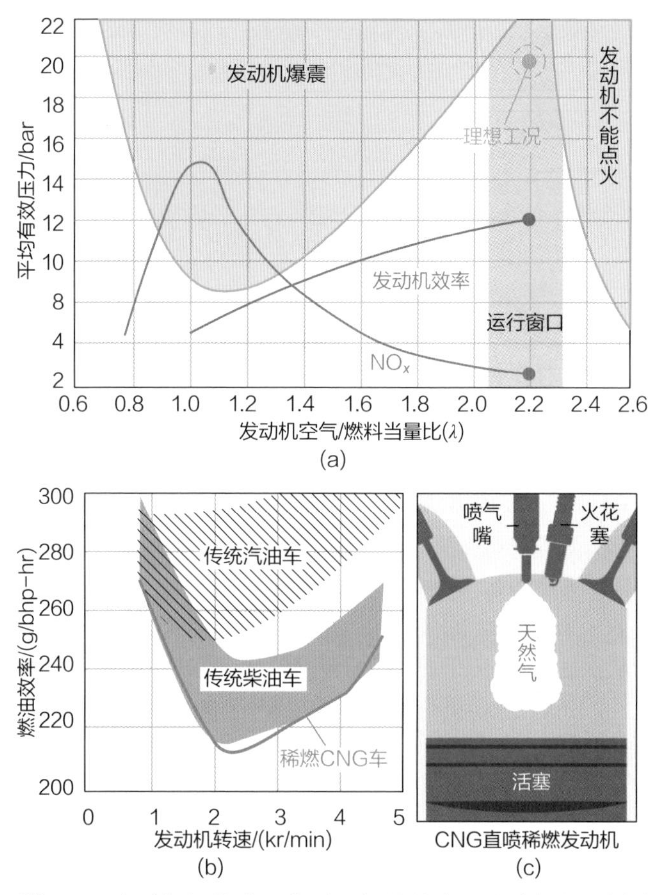

图 5-22 稀燃 CNG 发动机操作窗口（a）、与传统汽 / 柴油机相比燃油效率（b）和 CNG 直喷发动机结构示意图（c）

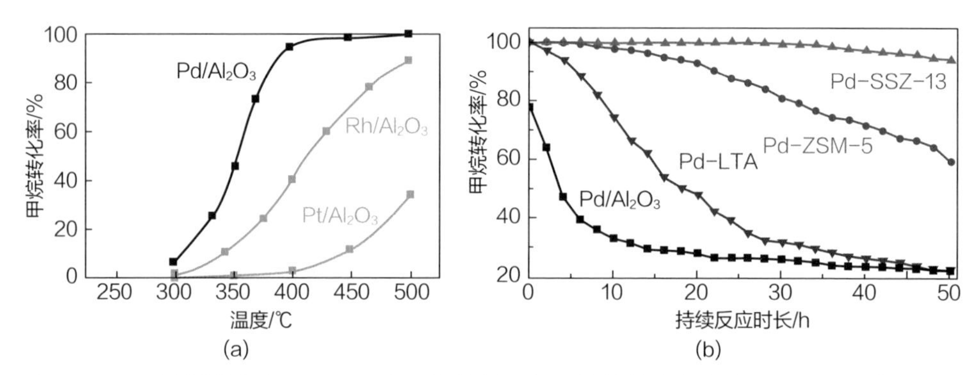

图 5-23 “稀燃”模式下不同贵金属催化剂氧化甲烷性能比较（a）以及不同钯基催化剂氧化甲烷稳定性比较（b）

5.2.3 类汽油替代燃料：甲醇与乙醇

乙醇作为内燃机燃料的历史几乎和内燃机本身一样悠久。从 17 世纪到 19 世纪初，至少有十几位发明家试图开发某种形式的“内燃机”。第一台使用挥发性液体燃料、初级化油器和火花点火活塞装置的内燃机是由美国工程师塞缪尔·莫雷（Samuel Morey）在 1826 年开发的。莫雷的发动机使用乙醇和松节油的混合燃料，以 8 英里 / 时的速度在康涅狄格河上为一艘小船提供动力。另一位负有盛名的内燃机开发者是德国工程师尼古拉斯·奥托（Nicholas A. Otto）。1860 年，奥托使用乙醇作为早期发动机的燃料，因为当时它在整个欧洲被广泛用于照明。20 世纪初的研究表明，虽然乙醇能量密度低于汽油（详见图 5-7），但其高辛烷值（约 111）允许发动机在较高的压缩比下运行，从而获得与汽油相近的热效率。除了“燃料可用性”，生物乙醇“可再生性”这一特点也相当引人瞩目。相关描述最早可能来自发明家亚历山大·贝尔。1917 年，贝尔曾预言当石油耗尽时，乙醇将成为未来的燃料，“作为一种美丽、清洁和高效的燃料，酒精（乙醇）可以从任何能够发酵的农作物蔬菜中制造出来……只要我们每年都生产酒精，就永远不必担心燃料供应耗尽”。不过，随后中东廉价石油的出现使得乙醇作为独立燃料缺乏成本吸引力，在 20 世纪中期，乙醇主要是作为抗爆震剂使用（掺入 20% 乙醇即可使汽油的辛烷值从 56 提高至 80）。因此，当 1973 年“第一次石油危机”发生，石油价格飙升时，巴西是唯一一个已经进行乙醇混合计划和工程测试的国家，在那里制作乙醇很早就被视为处理过量甘蔗（蔗糖）的一种方式。此后，为了保障能源安全，世界多数国家均开始对农作物乙醇的生产和销售进行补贴，使其一跃成为全球最重要的“生物燃料”。如图 5-24 所示，目前美国和巴西是主要的乙醇生产国，它们分别使用玉米和甘蔗作为主要原料，通过发酵法将作物中的淀粉或糖分转化为乙醇。

燃料乙醇主要用于内燃机汽车。第一辆完全使用乙醇的量产车是菲亚特 147，由菲亚特汽车公司于 1978 年在巴西推出。到 20 世纪 80 年代末，巴西纯乙醇汽车和轻型卡车的保有量超过 400 万辆，占该国机动车总数的三分之一（图 5-24）。20 世纪 90 年代初，世界过剩的石油产量严重冲击了燃料乙醇市场。2003 年 3 月，大众汽车公司在巴西推出了第一款能够混合使用汽油和乙醇的“灵活燃料汽车（FFV）” Gol 1.6 Total Flex，又使人们恢复了对乙醇动力汽车的信心。此后，巴西销售的汽油中至少含有 15% 的乙醇（即所谓“E15”燃料）。一般而言，E15 可以在任何传统汽油发动机中使用，但进一步增大其中的乙醇

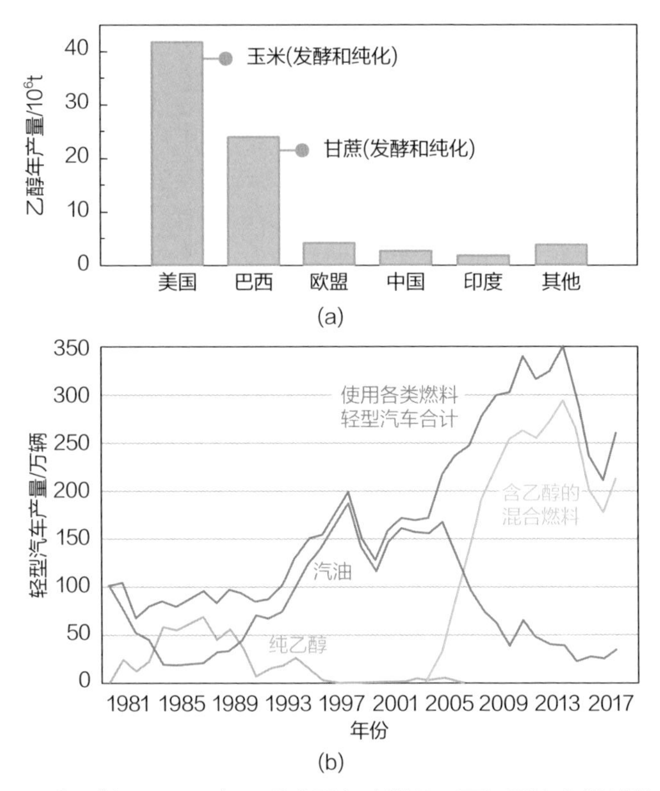

图 5-24 不同国家和地区 2020 年乙醇产量（a）以及巴西轻型汽车燃料随时间变化（b）

比例则会造成零件腐蚀和低温环境难以点火等问题。后续上市的 FFV 均设计了专用的发动机与高比例乙醇混合燃料适配，使其可以轻松使用 E85 燃料（含 51% ～ 83% 乙醇）。截至 2021 年，全球约有 2% 的汽车由生物乙醇驱动，其中超过半数在巴西行驶。

由于乙醇燃料几乎完全来源于生物质，对其温室效应的测算必须同时考虑全生命周期内（“油井到车轮”，WtW 估算）碳排放和由乙醇作物种植导致的土地占用影响（其占据的土地本可用于种植其他减碳作物）。如图 5-25 所示，生物乙醇的具体来源对其碳排放总量影响很大。使用甘蔗和各类废弃物作为原料生产乙醇将获得最大化的温室气体减排（比使用汽油降低超过 50%）；反之，如果使用小麦和其他粗制谷物作为生产乙醇的原料，则可能在其全生命周期内反而比使用汽油产生更显著的温室效应。按照目前全球生产乙醇的平均工艺估计，生物乙醇对汽油的替代将减少 0.7% 的温室气体排放（如果仅考虑 WtW 排放，则这一比例为 2.3%）。目前正在扩产的木质纤维素和藻类乙醇（即所谓“第二代”生物乙醇）有望让乙醇燃料在未来变得更加“低碳”。

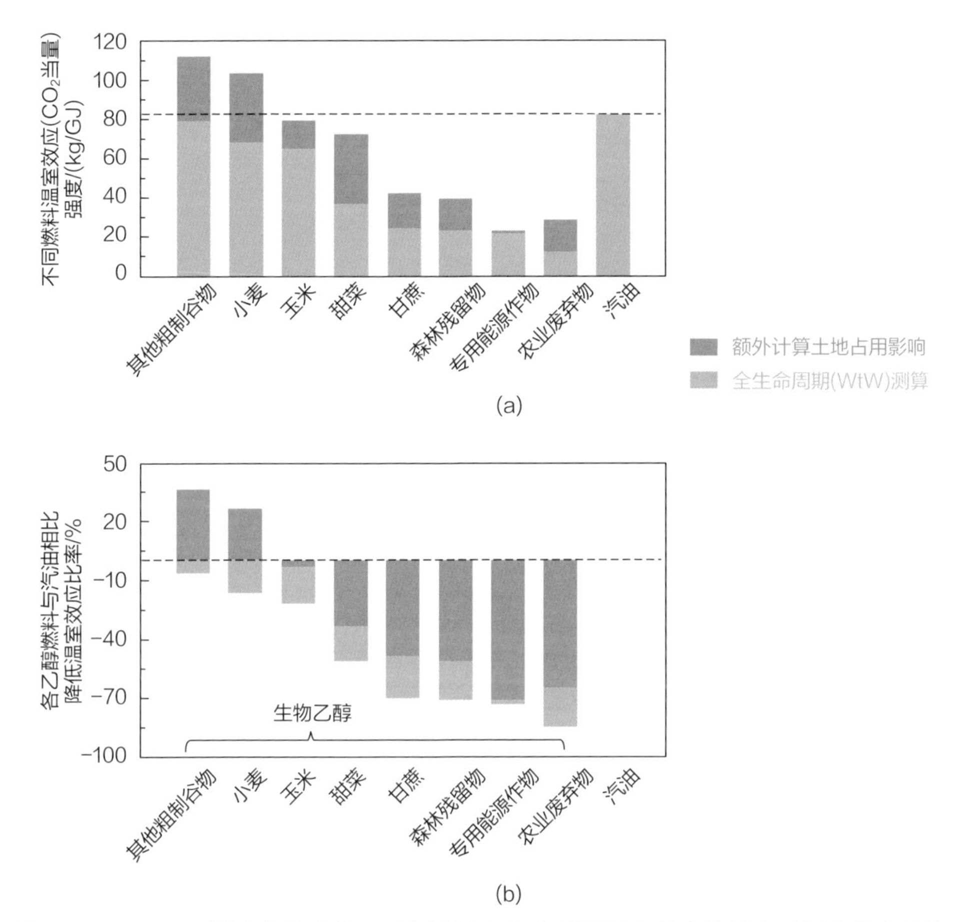

图 5-25 不同原料生产的生物乙醇与汽油全生命周期温室效应比较（a）以及将车用汽油替换为生物乙醇后产生的温室效应变化率（b）

目前，多数 FFV 所用的发动机均由汽油机改造而来，也使用传统三效催化剂实现尾气污染物净化。如图 5-26 所示，除非燃料中含有过量芳烃抗爆震成分，乙醇的添加总能使尾气 HC、CO 和 NO_x 排放量降低。其原因在于乙醇碳氢比较低，且其高氧含量可导致更有效的燃烧，这对于抑制 GDI 发动机颗粒物排放也具有显著意义。例如，与 E10 燃料相比，E78 燃烧排放的 PM 量可降低 94%，这使得使用乙醇 - 汽油混合燃料 GDI 发动机的颗粒物后处理变得相当容易。值得注意的是，使用高乙醇比例燃料（如 E85）时会在冷启动过程产生 2 ～ 20 倍的甲 / 乙醛排放。未燃尽的乙醇在大气中也可能转化为乙醛，需要在未来予以关注。

与乙醇类似，在 20 世纪 70 年代的石油危机期间，甲醇也曾作为发动机替

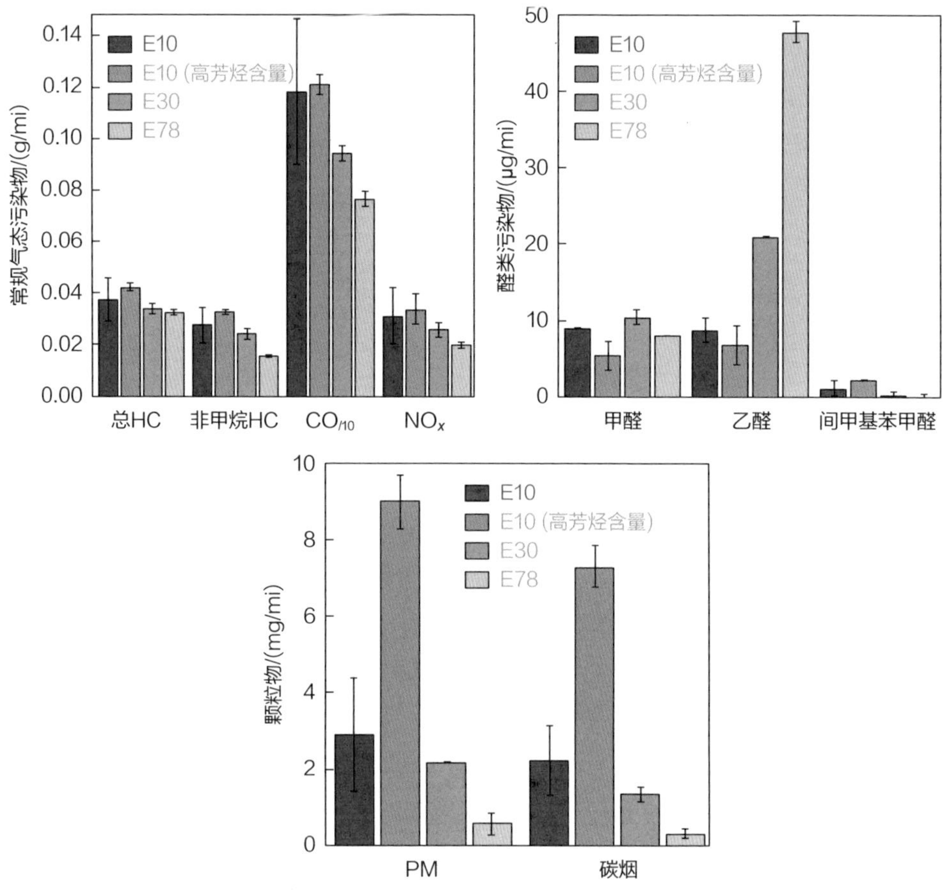

图 5-26　在配备 GDI 发动机的 FFV 中使用不同混合燃料，冷启动阶段污染物排放对比

代燃料受到广泛关注。20 世纪 80 年代大部分时间和 90 年代初，在欧洲销售的汽油燃料中均混合了低含量的甲醇。到 20 世纪 90 年代中期，美国推出了超过 2 万辆能够使用甲醇的灵活燃料汽车（这也是 FFV 设计的初衷）。不过，与乙醇几乎完全由生物发酵获取的生产工艺不同，世界范围内约 99.8% 的甲醇都从化石燃料（煤炭、天然气等）中产出。如图 5-27 所示，中国是全球甲醇产业的领导者，主要以合成气（$CO + H_2$）为媒介，通过化工手段从煤炭和焦炉气中制备甲醇。绝大部分的工业甲醇都用来生产甲醛、乙酸等化学品，每年用于燃料的甲醇仅占其总产量的 7.1%（车用甲醇燃料占比不到 0.9%，被用于从 M5 到 M100 的各种甲醇 - 汽油混合物）。与乙醇相比，甲醇的能量密度更低，且其极强的吸湿性使甲醇 - 汽油混合燃料很容易发生相分离，必须掺入助溶剂（异丙醇、叔丁醇等）才能使其维持稳定。2000 年之后，由于全球燃料乙醇的供应更充足且成本更低廉，甲醇 FFV 逐步被使用乙醇的 FFV 所取代。中国保有现今最大的甲醇燃料车辆市场。截至 2019 年，还有近 2 万辆使用纯甲醇（M100）作为燃料的车辆正在行驶，主要分布于中国的山西、陕西和贵州三个省份。

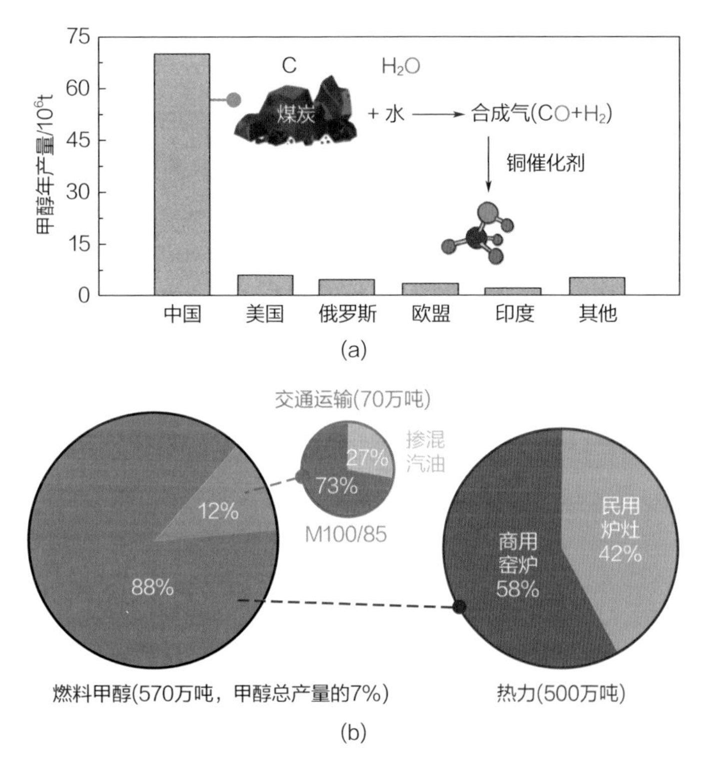

图 5-27　不同国家和地区 2018 年甲醇产量（a）以及中国燃料甲醇的应用领域（b）

图 5-28 展示了常见的甲醇燃料与汽油、柴油之间的温室效应比较。可见，从全生命周期（“油井到车轮”，WtW）角度考虑，从化石燃料制得的甲醇实际上会造成比汽油和柴油更严重的温室效应。因此，目前市面上供应的甲醇燃料很难算作一种“低碳”的清洁燃料。然而，甲醇也能从其他含碳的原料（生物质、沼气、固体废弃物和造纸工业的“黑液”等）制得。借助类似处理合成气的工艺，甚至能用大气中的 CO_2 和氢气制备甲醇。如图 5-28 所示，这些“可再生甲醇”甚至具有比生物乙醇更低的 WtW 碳排放。随着生产技术的进步，可再生甲醇燃料在未来或将具有能与化石燃料甲醇竞争的成本优势。

与乙醇燃料类似，使用甲醇 - 汽油混合燃料的 GDI 发动机可以与下游的三

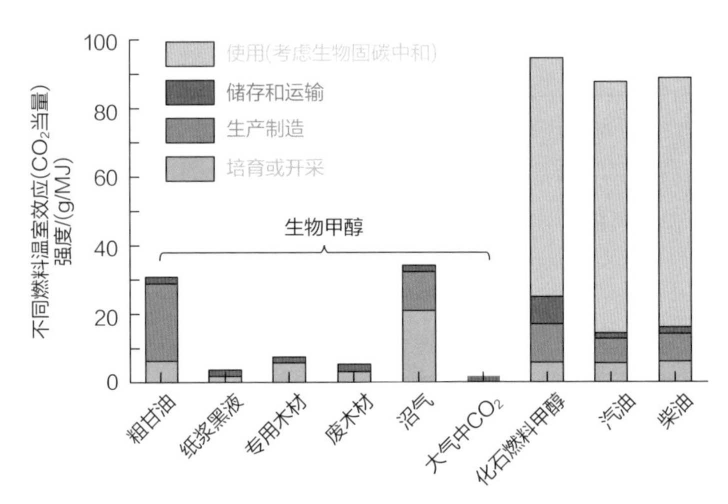

图 5-28　不同来源的甲醇燃料与传统燃油之间温室效应比较

效催化剂联动实现尾气减排。如图 5-29 所示，增加配方中甲醇的比例可大幅降低尾气中 CO、HC 浓度（M40 相较于汽油排放的 CO/HC 减少约 35%）。此外，甲醇的化学结构（CH_3OH）中不存在碳 - 碳键，其燃烧很难生成碳烟颗粒，这对于控制 GDI 发动机 PM 排放很有帮助（M40 相较于汽油排放的 PM 减少约 40%）。然而，需要注意甲醇的添加可能会将缸内空燃比推向“稀燃”一侧，由此略微增加 NO_x 排放。此外，在汽车冷启动阶段，甲醇的不完全氧化还会产生甲醛，这是一种众所周知的致癌物，需要在未来予以关注。

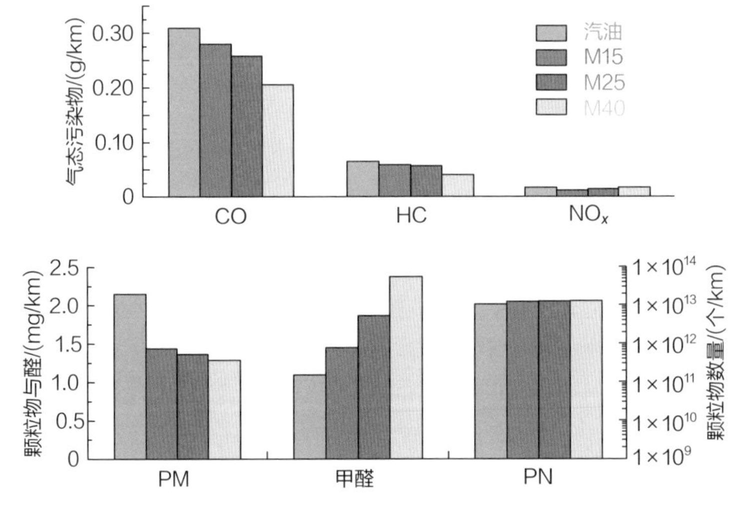

图 5-29　在配备 GDI 发动机的 FFV 中使用不同燃料污染物排放对比

5.2.4 类汽油替代燃料：氢与氨

氢可能是公众最耳熟能详的“清洁燃料”之一。事实上，这种听上去科技感十足的“新型燃料”已经在内燃机中被使用了超过一个世纪。如同汽油和柴油一样，氢气也可以被可控地喷入气缸中燃烧从而推动活塞运动。但与传统燃油相比，氢气的能量密度很低（详见图 5-7），−253℃的超低沸点又使其很难保持在液态，这就意味着使用氢时可能需要比其他燃料大得多的存储体积。由于氢气的上述特点，不难理解为什么 21 世纪之前，最著名的氢气驱动交通工具不是汽车，而是动辄超过 200 米长的“空中巨兽”——硬式飞艇（图 5-30）。早在 1929 年，充满氢气的“齐柏林伯爵号”就在氢内燃机的驱动下先后完成了环球飞行的壮举，由此开启了飞艇行业的“黄金时代”。据统计，在 20 世纪 30 年代，德国共建造了近 200 艘飞艇，法国、美国、英国也分别建造了超过 70 艘飞艇，它们被广泛用于交通、运输和军事领域。1936 年 4 月，被誉为“人类历史上最大飞行器”的“兴登堡”号飞艇在德国出厂，一年内横跨大西洋 37 次，

(a)

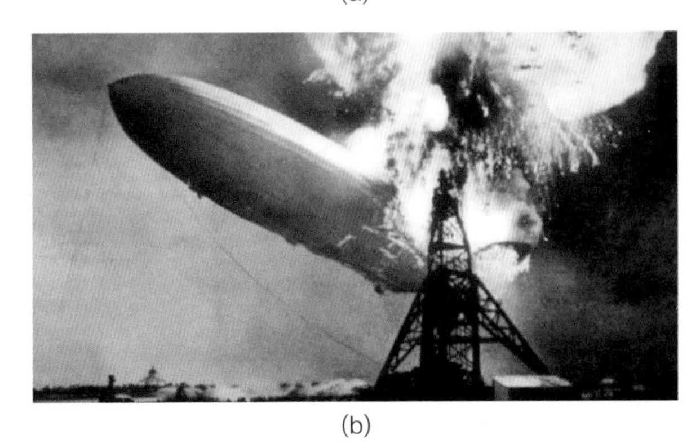

(b)

图 5-30 硬式飞艇与油轮尺寸比较（a）以及“兴登堡”号飞艇的烧毁（b）

总航程超过30万公里，运送旅客超过3000人次。1937年5月6日，在一次例行载客飞行中，恶劣的暴风雨天气使得其16个巨型气囊中的一个开始漏气，由于氢气具有较低的着火点和较宽的空气燃爆浓度，飞艇着陆时“接地”释放的电荷迅速点燃了这些燃料。30多秒后，巨大的“兴登堡”号就成了地上的一团火球，人们眼睁睁地看着700万立方英尺的氢气几乎立即被烈焰吞没，燃着的骨架落地跌得粉碎。“兴登堡”号在浓烟之中焚毁，也宣布了商用飞艇时代的结束。

基于“兴登堡”号飞艇的惨痛教训和氢存储与运输方面的实际问题，氢内燃机汽车的开发和应用进度远远落后于燃油汽车。直至1968年，苏联科学院西伯利亚分院才首次进行了汽油机改用氢燃料的研究。1974年开始，日本武藏工业大学和尼桑公司合作，开发出第一台缸内直喷氢燃料内燃机“武藏1号”（其后该项目持续发展，一直开发到武藏8号）。1978年，德国的奔驰和宝马汽车公司也开始氢内燃机汽车的开发，并验证了氢燃料直接应用于传统内燃机的可能性。20世纪80年代后，马自达、本田也相继加入氢动力行列，并逐渐成为该领域的领导者。进入21世纪后，人们对低碳燃料的需求使得氢能成为“明星能源”重返历史舞台，也催生了氢燃料电池汽车（HFCV）这一技术路线（详见5.3.2节）。与内燃机汽车直接燃烧氢气释放化学能（受限于卡诺循环效率）不同，燃料电池通过氧化还原反应，把氢气中的化学能直接转换成电能，可达到80%～95%的能量转化效率。然而，除了与氢内燃机汽车共有的氢存储与运输难题，HFCV还面临氢气纯度需求高、技术成熟度低等问题。受上述障碍影响，氢内燃机汽车与HFCV目前在可用性和使用性能上远不能与传统燃油汽车竞争。不过，根据麦肯锡咨询公司2021年做出的预测，在不久的将来，随着氢能的进一步成熟和普及，使用氢能源的汽车也会变得更便宜，更容易为大众所接受（图5-31）。

上述分析基本与国际能源署从1950年到2020年对世界范围内氢气需求的统计数据相符（图5-32）。2020年，全球共消耗了约9000万吨氢气，其中5000万吨用作生产化学品的原料（多数用于生产氨），交通运输行业对氢气的消耗量几乎可以忽略不计（约为2万吨，不到交通运输行业总能耗的0.01%）。基于许多气候政策的预测，氢的使用将在未来几十年内显著增加。在IEA的“净零”情景中，到2050年氢气需求可能增加到5.3亿吨，其中约1.4亿吨来自工业、1亿吨来自运输。

氢能源汽车到底有多“清洁”？想回答这个问题，首先需要了解氢气的生产方式。与石油、天然气等“一次能源”不同，自然界产生的氢气总量极少，大规模用于能源领域的氢气必须通过工业生产。考虑到生产过程中的能量损失，

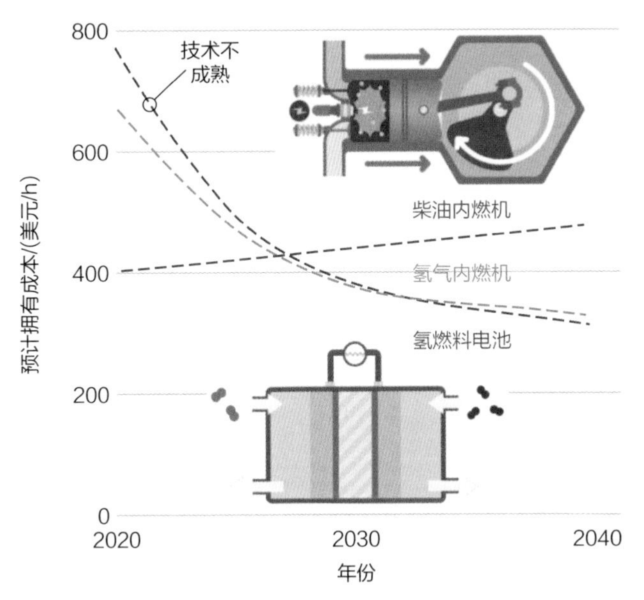

图 5-31 麦肯锡咨询公司对于不同动力驱动汽车使用成本变化的预测

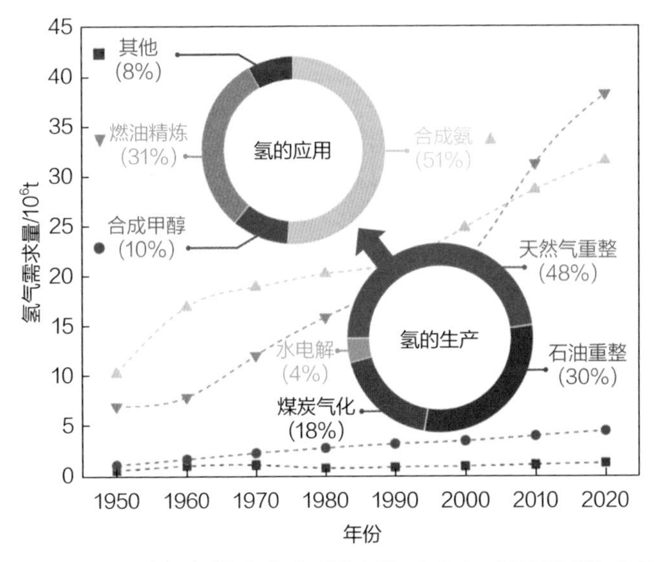

图 5-32 全球氢气的生产方式和近年来氢气应用领域的变化

被称为“二次燃料”或“能量载体”的氢气天然携带了比氢化学能更高的能量输入。

现代氢气的商业生产主要有四个途径：天然气重整（SMR）、石油重整、煤炭气化和电解水。前三个途径基于化石燃料的利用，均会排放大量温室气体；相比之下，使用“可再生电力”结合电解水工艺可能获得真正的“零碳”氢能。可惜的是，整个电解水领域生产的氢仅占全球产量的4%（图5-32），其中使用可再生电力的比例更是微乎其微。如果使用传统电力来电解水，实际仍然等同于使用化石燃料（尤其是碳负担较重的煤炭）来产氢。此外，由于氢气难以被压缩或液化，其存储、运输和分配往往需要大量的能量输入，这些过程甚至会比氢气生产造成更多的温室气体排放。综合上述原因，目前在汽车内燃机中使用氢气，反而会比使用汽油产生更严重的温室效应（图5-33）。不过，尚处于起步阶段的“CO_2捕集、利用与封存（CCUS）技术”正在快速推广，其应用可将SMR等过程中的CO_2排放降低71%～92%，大幅降低氢能汽车全生命周期内的碳排放；基于太阳能、核能、风能等来源的可再生电力也在全球范围内蓬勃发展，有望在2050年之前将电解水氢能变得比化石燃料更加“低碳”（详见5.3.2节）。

CO_2还不是氢内燃机汽车唯一需要考虑的排放问题。由于纯氢不含碳，因此其发动机尾气中确实不会含有CO、HC等碳基污染物。然而，由于氢气燃烧发生在含有氮气和氧气的气氛中，它仍会导致NO_x生成（$N_2 + O_2 \longrightarrow NO_x$）。如图5-34所示，当缸内空燃比接近化学计量比（$\Phi = 0.8 \sim 0.9$）时，可以获得较高的发动机效率。然而，此时缸内氢气燃烧的温度也极高，会产生数百甚至

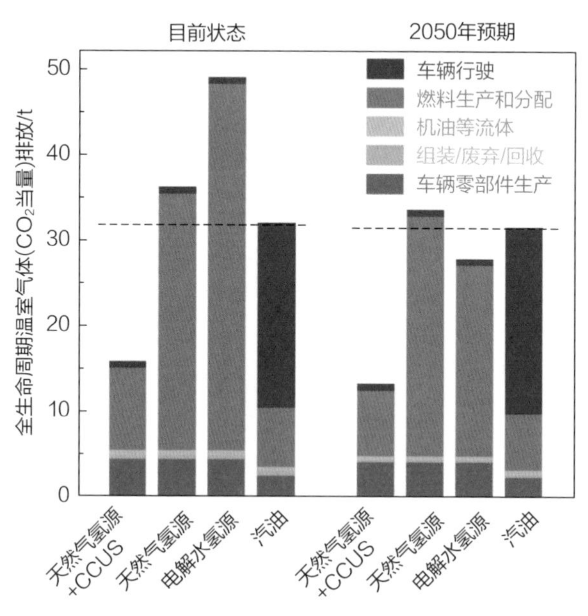

图5-33 使用不同燃料的内燃机汽车全生命周期温室效应比较

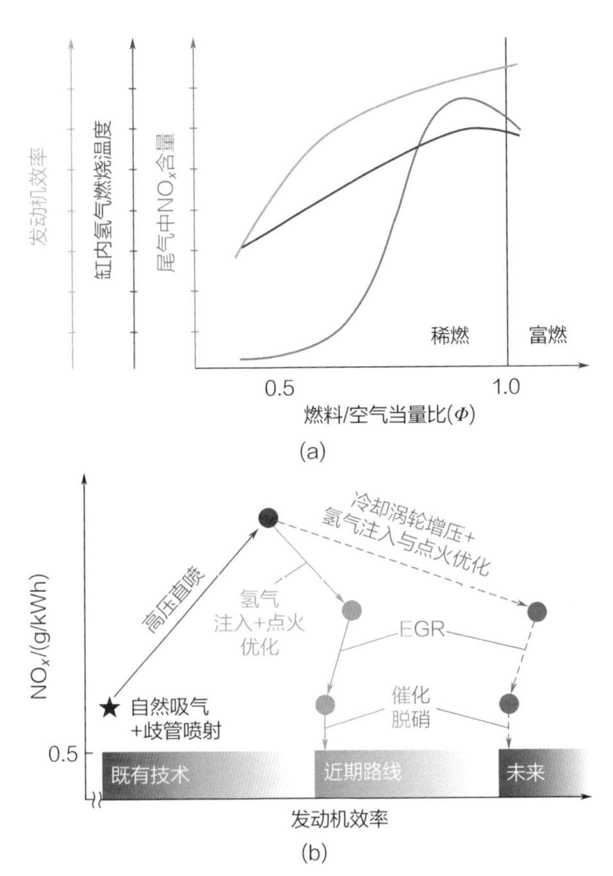

图 5-34 燃料 / 空气当量比对氢内燃机汽车排放和效率的影响（a）以及氢内燃机汽车降低 NO_x 排放、提升发动机效率的总体技术路线（b）

数千 ppm 的“热力型” NO_x。在氢内燃机汽车开发初期，人们主要通过高压直喷技术向缸内注入超量氢气，由此解决氢气占用气缸体积的问题，使其获得接近（甚至超过）汽油机的功率（最近由美国能源部资助的氢气直喷发动机已经获得了高达 45% 的热效率）。然而，氢气直喷技术大幅增加了发动机尾气中的 NO_x 含量。近期人们正在不断优化氢气注入模式以及点火方式，同时辅以 EGR 系统和尾气脱硝催化剂（主要是利用铂催化的 H_2-NO_x 反应）以降低 NO_x 排放。另一项正在探索中的技术是涡轮增压系统辅助的稀薄燃烧。由于氢气密度远低于其他燃料，该技术在氢内燃机中应用的难度远高于传统燃油汽车和天然气汽车，但一旦其在未来成功配置，则有望解决氢发动机效率和 NO_x 排放之间的“制衡难题”。

如前文所述，氢能使用的核心难点在于（由于低能量密度导致的）氢存储和分配问题。考虑到氢气需要在低于 −253℃的温度下才能转变为液氢，一个更节能的“压缩”方法是将氢转化为其他含氢化合物。如图 5-35 所示，氨具有较高的含氢量，且仅需在室温下加压 0.75 兆帕即可获得液氨（同体积下比液氢保存更多的氢），使氢的储存和运输变得非常方便。最后，氨目前正是用氢气为原料生产的主要产品（详见图 5-32），超过一个世纪的应用赋予了其成熟的生产和分配系统。上述因素似乎都意味着氨是氢燃料的理想“载体”，为何现在“氨能汽车”极其罕见呢？主要是因为氨燃料的燃烧性能较差。具体而言，氨具有较窄的可燃性极限、较高的最小点火能、较高的自燃温度和较慢的火焰传播速度。这些性质使得在汽车的变化载荷和速度下保持氨的充分燃烧非常困难。另外，氨具有很高的汽化热，这也会对缸内温度和燃烧造成干扰。除了上述因素，目前正在研究的氨内燃机还需面对氨腐蚀和泄漏毒性的挑战。

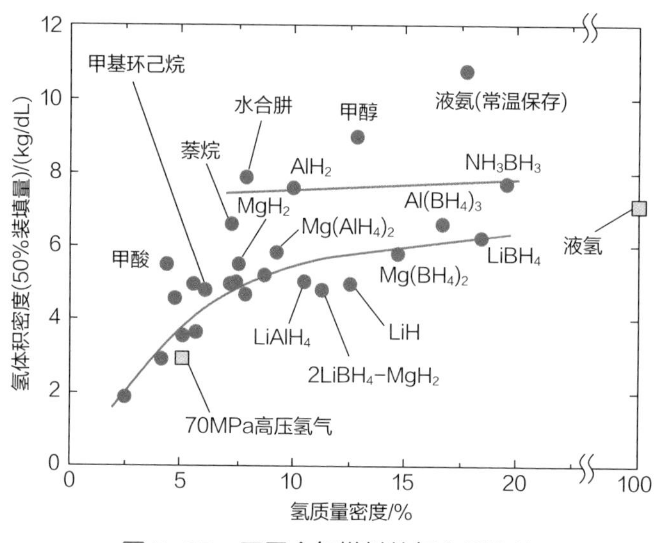

图 5-35　不同含氢燃料的氢含量比较

尽管存在诸多技术障碍，在过去的几十年中，许多公司和研究小组还是对“氨燃料汽车”进行了测试。早在 1943 年，由于第二次世界大战导致石油库存减少，比利时的公共汽车就尝试使用液氨作为替代燃料。1981 年，一家加拿大公司将雪佛兰 Impala 改装为使用氨作为燃料并获得了初步成功。2007 年 7 月 31 日，一辆由氨和汽油混合驱动的皮卡车开始了从密歇根州底特律到旧金山的旅程，以证明氨动力汽车概念的可行性。在 2013 年日内瓦车展上展示的“Marangoni Toyota GT86 ECO”是第一款由氨燃料驱动的赛车。该车使用氨燃料的续航里程为180公里，并且可以在发动机转速高达2800转/分的情况下使用氨运行。从目前的研究进展看来，专门用于氨燃烧的发动机设计和使用成本过高，一个更现实的氨利用方案是维持发动机主体结构不变，通过掺混其他燃料改善氨气的燃烧性能。氨/汽油、氨/天然气甚至氨/氢气等混合燃料在测试过程中均取得了令人满意的结果。国际海运协会更预测氨会在2050年成为海运的主要燃料（这将需要将氨的年产量额外增加1.5亿吨，约等于2020年全球氨产量的80%）。

作为氢的载体，氨在名义上也属于“零碳”燃料。事实上，由于很大程度上解决了氢存储、运输和分配过程中的高耗能问题，使用氨燃料的汽车在全生命周期内造成的温室效应明显低于氢燃料汽车（图5-36）。氨燃料能耗（或温室气体排放）的主要来源在于利用合成氨过程中所需的高温和高压（H-B工艺：350～550℃，10～30兆帕），该工艺主要由化石燃料燃烧供能，由此消耗了全球2%的能源、贡献了1%的总碳排放；氨的原料氢气也需要依赖化石燃料生产（详见图5-32）。这些因素使得现代氨燃料的总碳排放高于汽油。从原料和

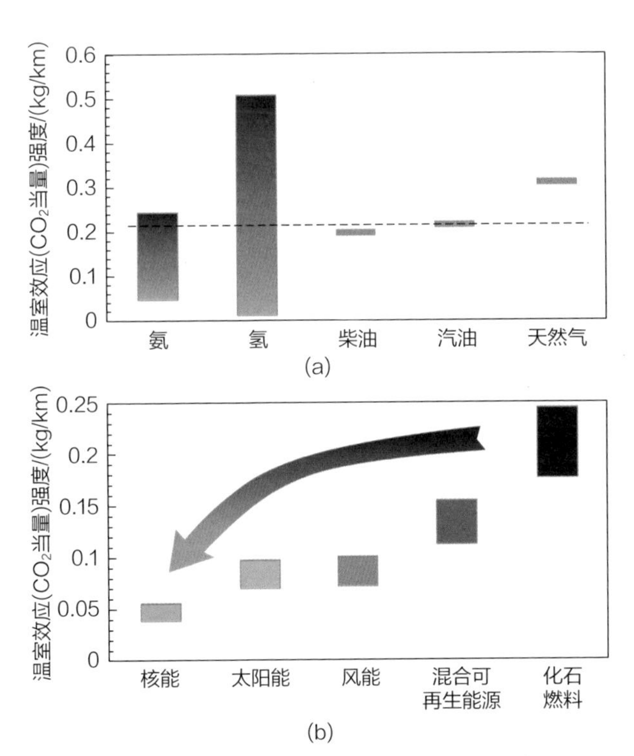

图5-36 使用不同燃料的内燃机汽车全生命周期温室效应强度比较（a）以及利用不同能源（电力）生产的氨燃料在使用时导致的温室效应强度比较（b）

生产过程两方面考虑，未来氨燃料的“减碳”效果将显著受益于可再生电力的推广。

值得注意的是，与氢气燃烧主要产生水和“热力型” NO_x 不同，氨气的燃烧还会产生额外的“燃料型” NO_x，并且存在 NH_3 逃逸的风险。如图 5-37 所示，氨气燃烧时的火焰高温区容易产生 NO_x（尤其是 NO），低温区则可能存在未反应的 NH_3 作为污染物逃逸，只有保证燃烧发生在化学计量比偏“富燃”区域（$\Phi = 1.0 \sim 1.1$），才能同时降低 NO_x 和 NH_3 的排放量。在稀燃区域（$\Phi < 1.0$），过量的氧气会很容易将氨转化为 NO 与 NO_2；在高度富燃区域（$\Phi > 1.1$），由氨分解产生的 H_2 和不完全燃烧产生的 N_2O 会伴随着逃逸的 NH_3 同时出现。其中 N_2O 是一种强温室气体，其温室效应为 CO_2 的近 300 倍。从这些结果可知，为了尽量降低氨内燃机的排放，必须对氨燃烧的过程进行非常精细的调控。此外，一般还需要在其排气管中加装后处理装置（如 SCR 和氨氧化催化剂），这些额外的系统都会增加氨燃料汽车的使用成本。

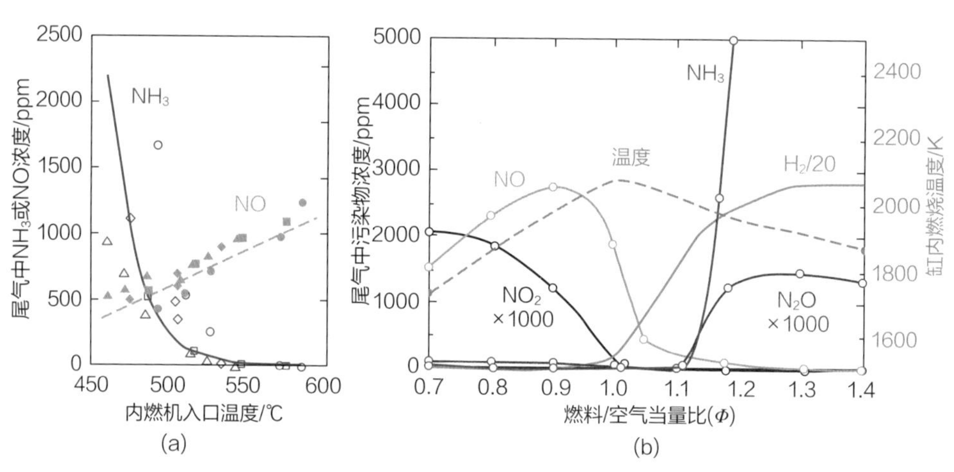

图 5-37 氨燃料汽车发动机入口温度（a）和缸内空燃比（b）对尾气污染物成分影响

5.2.5 类柴油替代燃料：生物柴油与二甲醚

在柴油发动机中使用生物衍生燃料与柴油发动机本身一样古老。柴油机的发明者鲁道夫·狄塞尔对使用煤尘或植物油作为燃料很感兴趣，他于 1900 年首次展出其发明的柴油引擎时使用的就是花生油。由于发动机运转非常平稳，以至于极少有参观者意识到发挥作用的燃料并非常规燃油。可惜的是，虽然未加工的植物油在经济性和使用便利性方面很有吸引力，但极高的黏度和较差的燃烧性能阻碍了它们在新式柴油发动机中的正常使用。

1937 年，比利时发明家首次提出使用酯交换（醇解）法将植物油转化为低黏度的脂肪酸烷基酯（主要是脂肪酸甲酯，常见种类包括油酸甲酯、亚油酸甲酯、亚麻酸甲酯等，其结构式见图 5-38），并将其用作柴油燃料的替代品。

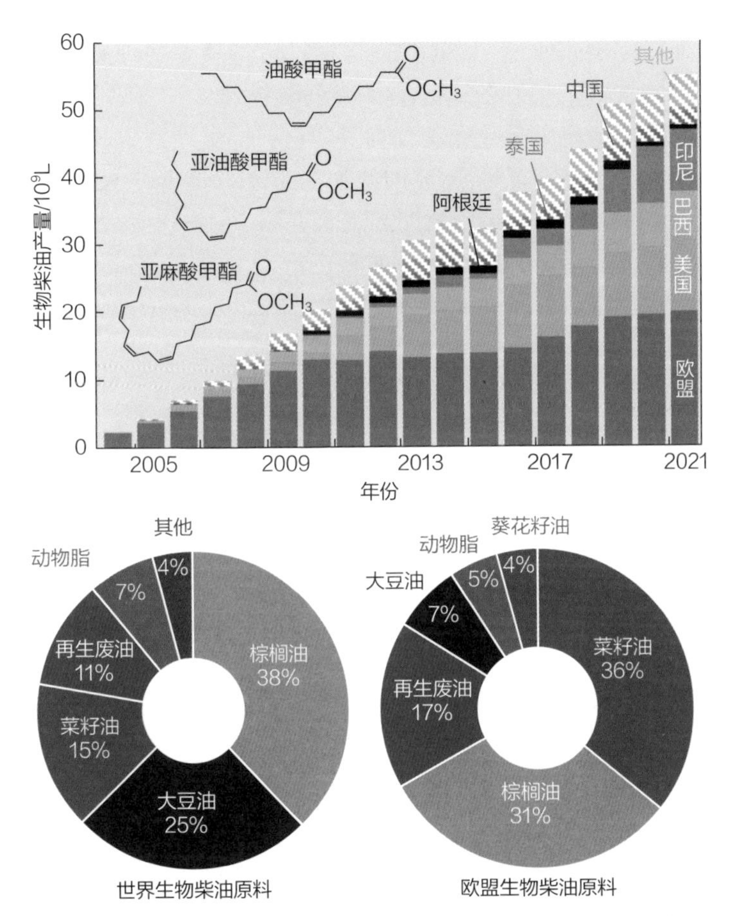

图 5-38　生物柴油的化学结构、全球产量和所需生物原料

1997 年，美国 ASTM 生物柴油工作组将生物柴油的定义限制为“来自可再生脂质原料（如植物油和动物脂）的长链脂肪酸的单烷基酯，用于压缩点火（柴油）发动机”。该定义完全将纯植物油、甘油单酯和甘油二酯排除在“生物柴油”概念之外。

2000 年之后，世界各国均开始加强对生物柴油的补贴，使其在成本上与柴油相比颇具竞争力，也开启了庞大的生物柴油市场。2021 年，全球生物柴油产量已达 550 亿升，欧盟是其最重要的出产地，主要利用菜籽油和棕榈油作为原料。世界范围内，大豆油是另一类主要的生物柴油原料，由这三类植物油生产的生物柴油占总量的 70% 以上。

生物柴油对传统柴油的替代是否可以降低碳排放？目前的答案可能是“不”。如图 5-39 所示，由于避免了对化石燃料的开采和精炼，各类生物柴油的确均在全生命周期（即“油井到车轮”，WtW）内比柴油排放更少量的温室气体。然而，生物柴油的原料——各类作物的种植和生长均需要占用大量土地。例如，由于产油量远高于大豆和油菜籽等作物，棕榈油是生产生物柴油最具成本效益的原料之一。为了给棕榈种植园“让地”，全球最大的棕榈油生产国印度尼西亚在 20 年内流失了 10% 的原始森林面积。由于生物多样化的森林原本具有极强的固碳能力，对其改造导致的碳负担远高于使用生物柴油带来的碳减排效应。因此，除非在未来大量使用废油、脂或海洋中的藻类等无须“占地”

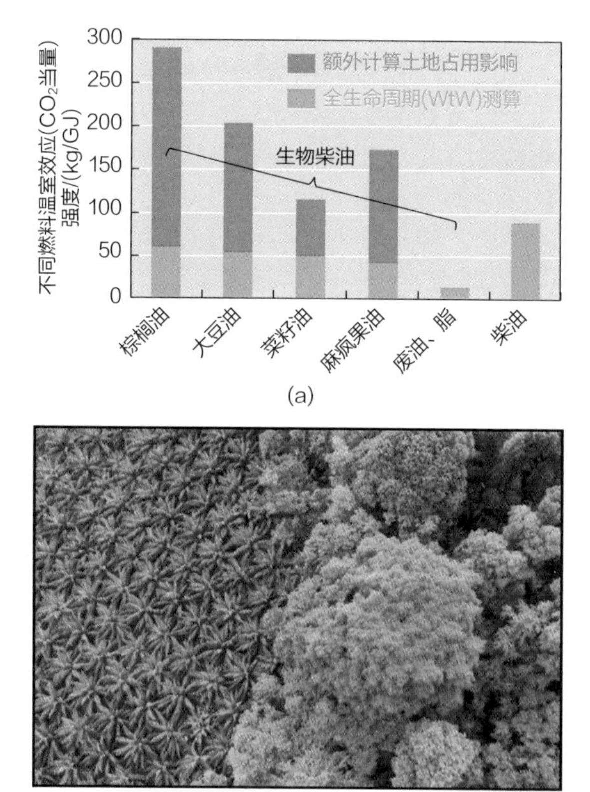

图 5-39　不同原料生产的生物柴油与柴油全生命周期温室效应比较（a），以及一处在热带雨林边界的棕榈种植园（b）

的原料生产生物柴油，否则生物柴油很难真正助益“双碳”事业。

由于直接应用于柴油机，燃烧生物柴油产生的尾气也直接通过柴油车尾气后处理系统（DOC、DPF、SCR 等）处理。美国环保署于 2002 年针对使用生物柴油的发动机排放的影响进行了全面评测，具体结果如图 5-40 所示。由于生物柴油中的氧含量显著高于传统柴油，其燃烧过程更充分，因此可大幅降低 CO、HC 和 PM 这些因不完全燃烧导致的含碳污染物排放，减轻了 DOC 和 DPF 系统的负担。然而，生物柴油的使用影响了点火和燃烧过程，会少量增加尾气中 NO_x 含量，具体增加的幅度与生物柴油原料有关。一般而言，选用饱和度较高（如图 5-38 所示，油酸和亚麻酸分别有 1 个和 3 个双键，前者饱和度高于后者）的棕榈油生产生物柴油能够有效控制 NO_x 排放，而结构中含有大量双键的大豆油脂在使用中则可能生成 1.5 倍于柴油的 NO_x，进而增加 SCR 系统的处理

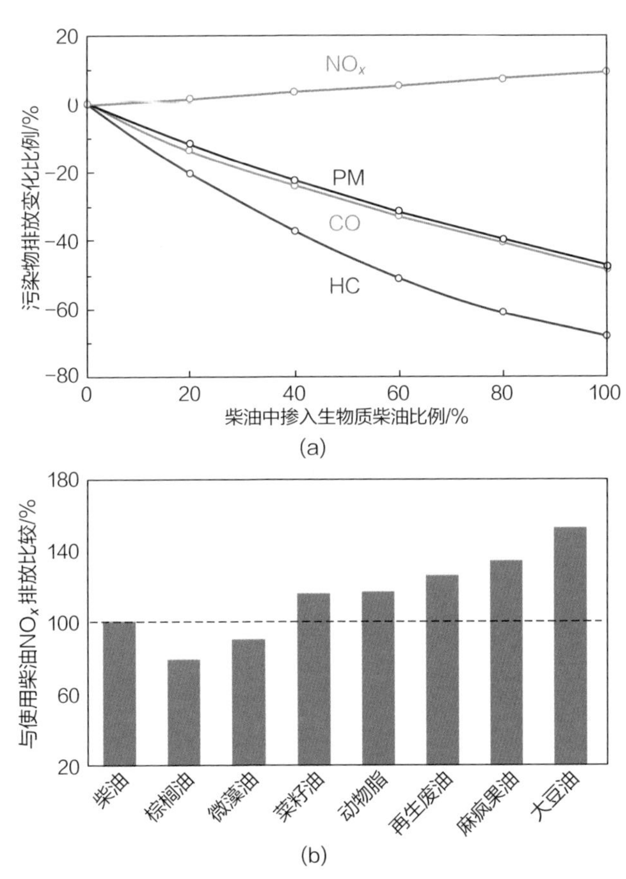

图 5-40 柴油中掺入生物柴油对其污染物排放的影响（a）以及不同原料生产的生物柴油使用时 NO_x 排放量比较（b）

难度。

虽然生物柴油具有较强的减排效果，但脂肪酸烷基酯（生物柴油的主要成分）的喷射性能、存储稳定性和在寒冷天气下的使用性能均弱于柴油，而且长期使用可能在发动机中积累沉积物。因此，柴油发动机中很少使用纯的生物柴油（即“B100”），多数情况下使用其与柴油的混合物（B2、B10 或 B20）。为了解决这一兼容性问题，近年来出现的一个重要趋势是采用加氢处理而不是酯交换来处理植物油和动物脂，由此获得氧含量较低、成分非常接近传统柴油的“再生柴油”（属于广义“生物柴油”的一类）。再生柴油的使用性能与柴油基本一致，与柴油机完全兼容，因此作为燃料的添加比例不受任何限制。如图 5-41 所示，在世界柴油产量最高的美国，生物柴油（包括传统型和再生型）在 2021 年产量占柴油总量的 6%，其中再生柴油的市场份额在近年来提升迅速（其与传统生物柴油需要同样的原料，因而挤占了后者的部分份额）。

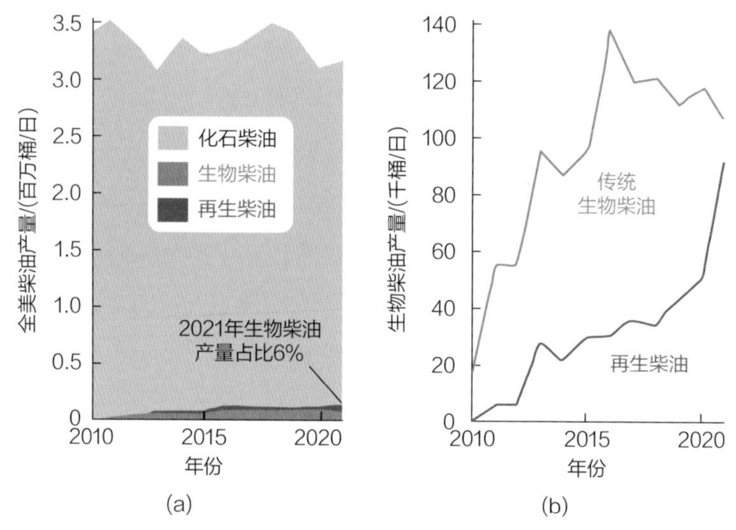

图 5-41　生物柴油在全美柴油产量中的占比（a）以及近年来美国传统生物柴油和再生柴油产量的变化（b）

由于性质更接近柴油（成分中缺少氧），再生柴油在使用时产生的 CO、HC 和 PM 排放一般高于传统生物柴油，但其优势在于 NO_x 排放量较低，因此综合减排效果比传统生物柴油更好。如图 5-42 所示，采用纯再生柴油（RD100）作为燃料，可比使用传统柴油少排放 11% 的 HC、38% 的 PM、24% 的 CO 和 15% 的 NO_x，由此大幅降低柴油车尾气后处理系统的负荷。如将再生柴油与传统生物柴油混合使用，还可进一步降低尾气中 HC 和 PM 的浓度，实现超低

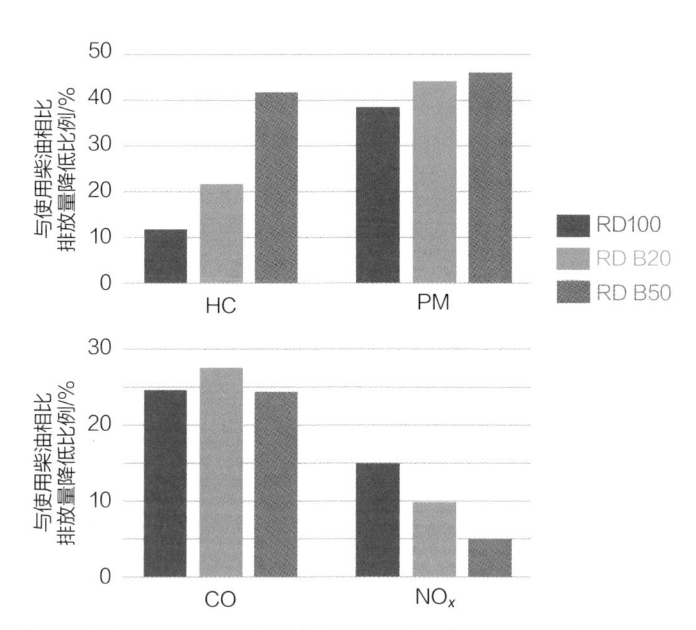

图 5-42　传统生物柴油掺入再生柴油对其污染物排放的影响（RD50 B50 代表混有50% 再生柴油的传统生物柴油，RD100 代表纯再生柴油）

排放。

除了生物柴油，二甲醚（DME）也是一类很有前途的柴油替代燃料。在常温常压下，它是一种无毒无害的气体，但仅需 0.5 兆帕的低压就可使其液化（这比液化氨气所需的条件更温和）。DME 的十六烷值（55 ～ 60）远高于传统柴油（40 ～ 53），使其可以近乎完美地在压燃式发动机（如传统柴油机）中燃烧。但 DME 具有较低的黏度和润滑性，使用时必须对燃油喷嘴进行抗磨损处理。使用 DME 燃料的汽车首先由丹麦的托普索公司于 1996 年开发。1999 年，沃尔沃汽车公司在瑞典推出了第一辆以 DME 为燃料的公共汽车。此后，日本、中国、美国和韩国也相继开发了各种以 DME 为燃料的车辆，但世界范围内 DME 作为运输燃料还缺少大规模的供应和分配系统（理论上讲，DME 的运输和分配可以使用现有的液化石油气基础设施）。在温室气体减排方面，如果 DME 的合成原料——甲醇是由化石燃料生产（这在目前是普遍现象，见图 5-27），则其在全生命周期内会造成略高于传统柴油的温室效应（图 5-43）。但如果采用了可再生甲醇作为合成原料，则使用 DME 代替柴油会带来显著的“减碳”收益。

与潜在的“减碳”收益相比，DME 更引人瞩目的是其污染物减排性能。与甲醇相似，由于结构中不存在碳 - 碳键，DME 在燃烧过程中基本不会生成碳

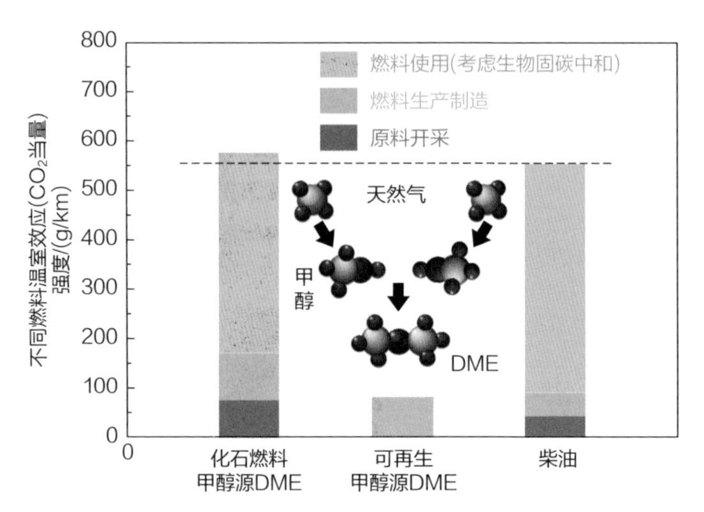

图 5-43　DME 与柴油全生命周期温室效应比较

烟（PM 的主要组成部分），这使得 DME 燃料汽车无须加装尾气颗粒物过滤器；此外，DME 的每个分子都有一个氧原子，这使其燃烧相当充分，可大幅抑制 HC 和 CO 的生成；最后，由于 DME 具有较高的潜热，其在喷入缸内后容易吸收热量降低燃烧温度，因此 NO_x 的排放量也很低。总体而言，使用 DME 替代柴油作为燃料，可在不牺牲燃油经济性的前提下，大幅减轻柴油车尾气后处理系统的减排压力（图 5-44）。除了 DME 本身，近年来其衍生物——聚甲醛二甲醚（OME）也获得了诸多关注，共同成为车用柴油在未来的有力竞争者。

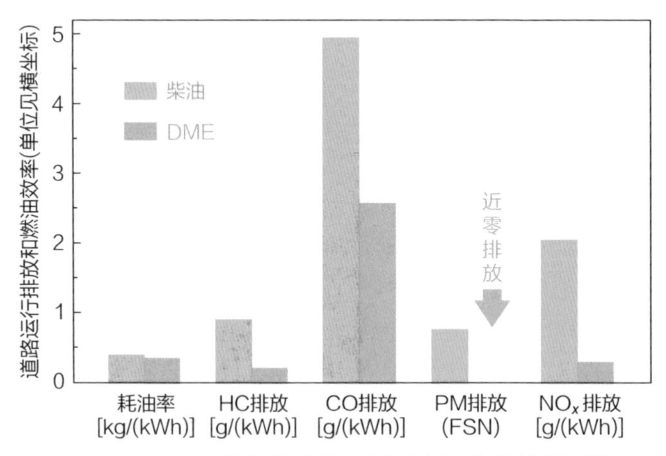

图 5-44　二甲醚与柴油使用过程中污染物排放对比

5.2.6 车用替代燃料展望

综上所述，与现有的“商品油”相比，各类替代燃料虽然均能够降低尾气污染物排放，但其“减碳”潜力往往需要满足一定条件才能发挥。例如，车用甲醇和DME如果保持现状、依赖化石燃料生产，则其应用不但不能减碳，反而会加剧交通运输领域造成的温室效应。不过总体而言，“可再生（非化石燃料）”天然气、醇类和生物柴油的供需均在快速上升，其中最具代表性的生物乙醇和（传统）生物柴油在2021年全球需求量已基本恢复至新冠肺炎疫情前水平，对再生柴油的需求量甚至较2019年有了明显增长（图5-45）。近年来，CO_2捕集、利用与封存（CCUS）技术的应用正在进一步降低各类生物燃料生产过程中的碳排放（详见5.3.1节）。此外，越来越多的生物乙醇和生物柴油正在由纤维素（如废旧木材等）和藻类生产，以解决伴随这些燃料而来的土地占用问题。一旦未来这些“第二代替代燃料”在车用领域占比提高，则可有效带动整个领域实现碳减排。

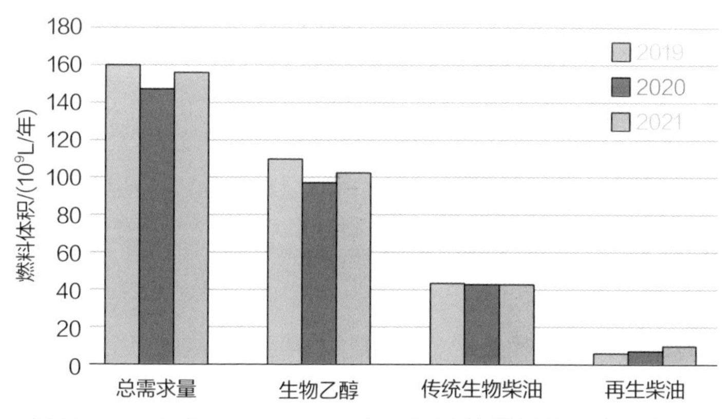

图5-45 全球2019—2021年主要生物燃料的需求量比较

另一方面，诸如氢气和氨气等替代燃料的“减碳”障碍主要在于其生产过程（电解水和H-B工艺）需要消耗大量电力，而传统电力均由化石燃料产生，由此间接造成温室效应。这个问题正在随着可再生电力的推广得到解决。如图5-46所示，核电、水电、风电、太阳能和其他“绿色”方式产生的电量在40年内提高了近3倍，在全部电力中的占比已经接近40%。得益于太阳能和风力发电近年来的大规模推广，这一比例目前还在快速提高。因此，可以预计氢与氨将逐步摆脱对化石燃料的依赖，在未来变为清洁低碳的车用燃料（详见5.3.2节）。

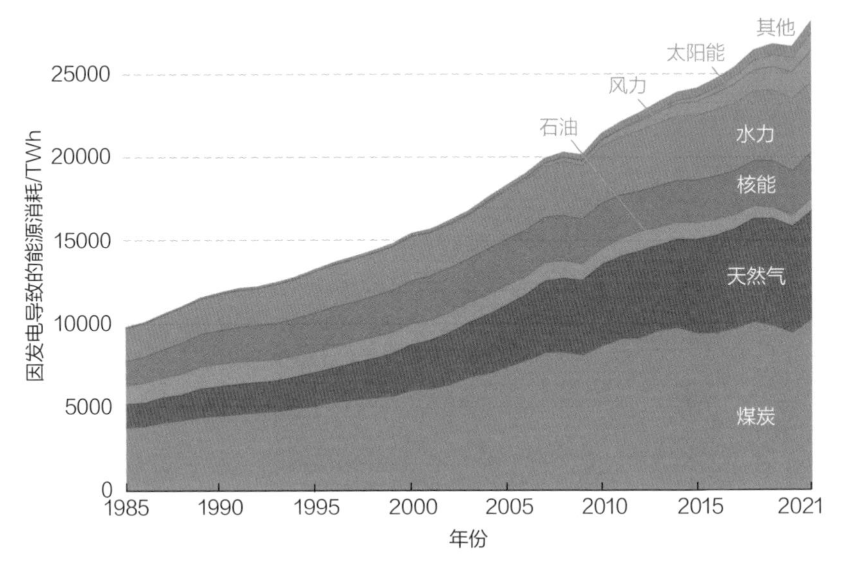

图 5-46　不同时期世界发电总量与发电所用能源比较

5.3 汽车的“替代引擎”

5.3.1 电池电动汽车与混合动力汽车

与公众的常规认识可能不同，电动汽车其实有着相当悠久的历史。20 世纪初期，它一度与方兴未艾的内燃机汽车展开过激烈的竞争。《电动汽车的历史》的这段摘录很好地记录了那个时代，“……同名跑车公司的创始人费迪南德·保时捷（Ferdinand Porsche）于 1898 年开发了一款名为 P1 的电动汽车。大约在同年，他也创造了世界上第一辆混合动力电动汽车——一种由电力和燃气发动机驱动的汽车。到 1900 年，电动汽车处于鼎盛时期，约占道路上所有车辆的三分之一。托马斯·爱迪生（Thomas Edison）认为电动汽车是一种卓越的技术，并与其朋友亨利·福特（Henry Ford）合作探索更好的电动汽车电池……然而，正是福特汽车公司的量产型‘T 型车’对电动汽车造成了致命打击。T 型车于 1908 年推出，使汽油动力汽车广泛可用且价格合理。到 1912 年，每辆汽油车仅售 650 美元，而电动汽车售价为 1750 美元……此后，随着石油的大规模生产和加油站的普及，失去市场竞争力的电动汽车在 20 世纪 30 年代彻底销声匿迹了。”

电动汽车的复兴直到21世纪初才发生。1997年，世界上第一款量产的混合动力（镍氢电池+汽油）电动汽车——普锐斯（Prius）由丰田汽车公司推出，对温室气体减排的关注和油价的上涨使其在2000年后成为畅销全球的车型。另一个重塑电动汽车的事件发生在2006年，位于美国硅谷的一家小型初创公司——特斯拉汽车（Tesla Motors）宣布将开始生产一款续航里程超过200英里的“豪华电动跑车”。特斯拉在21世纪10年代的成功推动了许多大型汽车制造商转向电动汽车领域。

如图5-47所示，目前以特斯拉、比亚迪等品牌为代表的“纯电动汽车”实际属于“电池电动汽车”范畴，即利用化学电池（多为锂电池）存储电网电力，再通过电动机驱动汽车运行。市面常见的混合动力汽车大多数由内燃机和电动机共同驱动，根据其是否可以外接电源分为“非插电式”和“插电式”两类。前者依靠刹车回收能量，在油耗高、污染重的城市拥堵路段切换为电动机驱动，可视为内燃机汽车的可靠“升级版”；后者则可认为是电池电动汽车的“改进

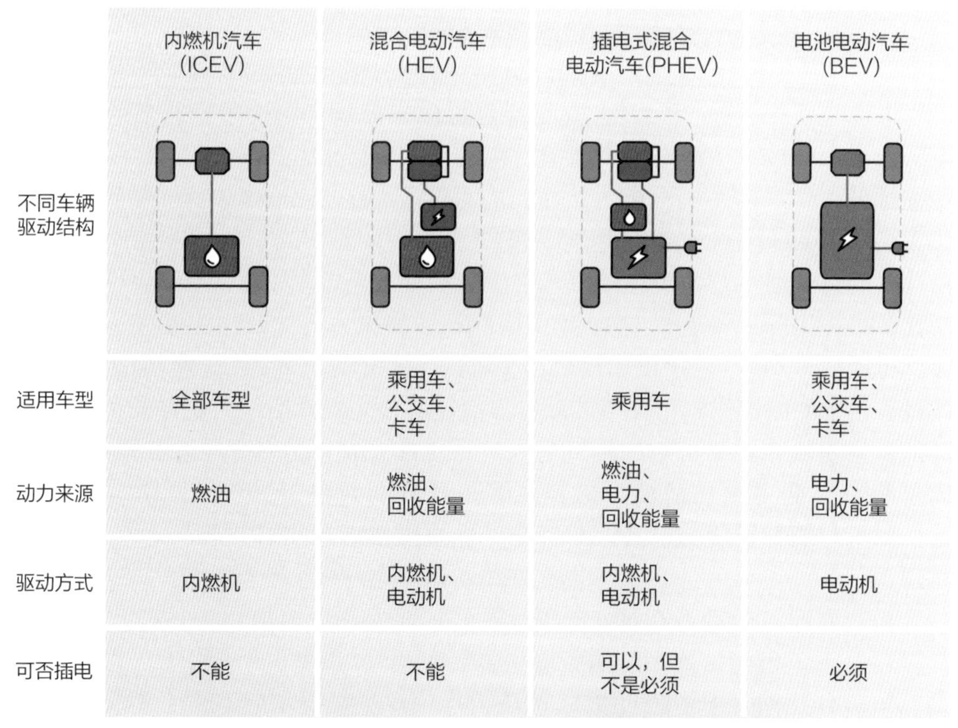

	内燃机汽车(ICEV)	混合电动汽车(HEV)	插电式混合电动汽车(PHEV)	电池电动汽车(BEV)
不同车辆驱动结构				
适用车型	全部车型	乘用车、公交车、卡车	乘用车	乘用车、公交车、卡车
动力来源	燃油	燃油、回收能量	燃油、电力、回收能量	电力、回收能量
驱动方式	内燃机	内燃机、电动机	内燃机、电动机	电动机
可否插电	不能	不能	可以，但不是必须	必须

图5-47 内燃机汽车、混合动力汽车和电池电动汽车的比较

版”，主要利用油箱解决了电池电动汽车的“续航焦虑”问题。

2015 年之后，世界范围电动汽车的产销迎来了爆发式增长，2021 年全球总保有量超过 1600 万辆。中国和欧洲分别引领了电池电动汽车和混合动力汽车的发展（图 5-48）。

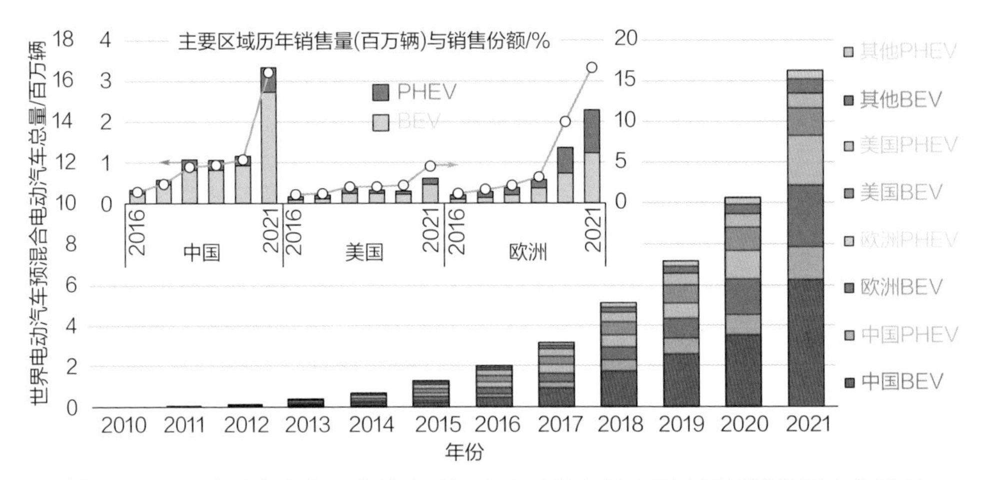

图 5-48 混合动力汽车和电池电动汽车全球保有量及重点区域销售量变化情况

电动车是否真的“环保”？这可能是近年来公众和舆论争论较多的一个话题。由于运行过程中没有任何排放，电动汽车的“油箱到车轮（TtW）”碳排放往往远低于传统内燃机汽车。然而，电力供应（发电、输电、充放电）也会产生大量能耗和碳排放，只有将这部分“油井到油箱（WtT）”碳排放计算在内后，才能将汽油车与各类电动汽车全生命周期（WtW）内的总碳排放进行合理对比。根据国际能源署以 2019 年中国的石油和电力行业数据为基础进行的测算，电动汽车（HEV、PHEV 和 BEV）确实比传统汽油车更“低碳”（图 5-49）。不过，当下的内燃机汽车在节能减排方面还有很大提升空间，更轻的车身、更高的发动机效率和更有效的尾气后处理系统都正在让这些（目前主导市场的）内燃机汽车变得更加清洁。如其能够按照预期，在 2030 年“降碳”30% 以上，则可与蓬勃发展的电动汽车行业产生协同作用，共同助推“双碳”目标的实现。

另一方面，电动汽车的“低碳性”正显著受益于清洁电力的发展。中国是世界范围内用电量最大的国家（占全球总量 1/4 以上），受限于自身能源结构，2010 年之前，中国超过 75% 的电力均由煤炭燃烧供应。由于煤炭需要切断碳 - 碳键才能释放其化学能，作为发电原料会比使用石油（部分依靠碳 - 氢键释能）或天然气（全部依靠碳 - 氢键释能）产生更多的 CO_2 排放。2011 年之

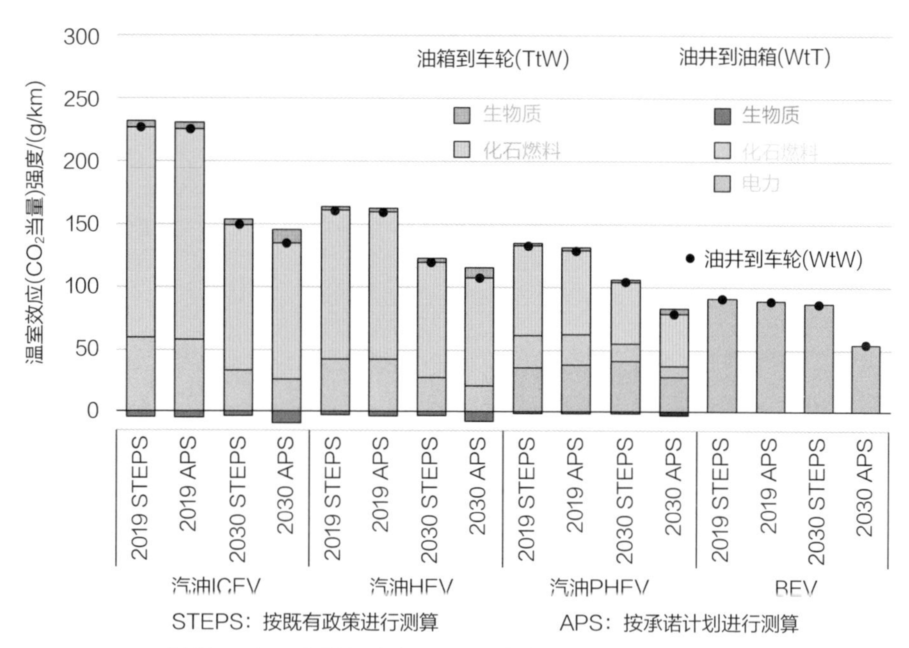

图 5-49　不同情境下中国内燃机汽车、混合动力汽车和电池电动汽车温室效应比较

后，通过“十二五”“十三五”规划的陆续实施，中国停建、缓建了大量燃煤发电项目，扭转了煤电消费的快速增长趋势；同时，加大了对可再生能源（尤其是太阳能和风力发电）的支持力度，使其成为全球最主要的（超过总电量50%）可再生电力提供者。在上述措施的影响下，虽然中国在十年内用电总量大幅提高，但燃煤发电所占比例仍于2020年下降至60%左右（图5-50）。截至2021年底，中国全口径非化石能源发电装机容量为11.2亿千瓦，占总发电装机容量的比重首次超过煤电，达到47%。在“双碳”目标的基础上，煤电在“十四五”和后续阶段“由主力型电源向提供可靠容量、调峰调频等辅助服务的调节型和支撑型电源转型”是大势所趋。未来借助可再生电力驱动的电动车占比会越来越高，其在交通运输行业的“减碳”任务中自然也将扮演越来越重要的角色。

从目前的趋势看来，煤电仍将在未来数十年内作为中国重要的电力供给，如何让这部分电力也变得更加“低碳”？答案是CO_2捕集、利用和封存技术（CCUS）。如图5-51所示，CCUS主要从大型固定源（如火电厂、水泥厂和化工厂）的烟气中分离并捕获CO_2，之后将其储存在地下或海底，由此减轻相关领域造成的温室效应。一直以来，CO_2也被注入地质构造以提高石油采收率，或用于生产其他产品（如水泥和混凝土），由此提高整个过程的投资回报

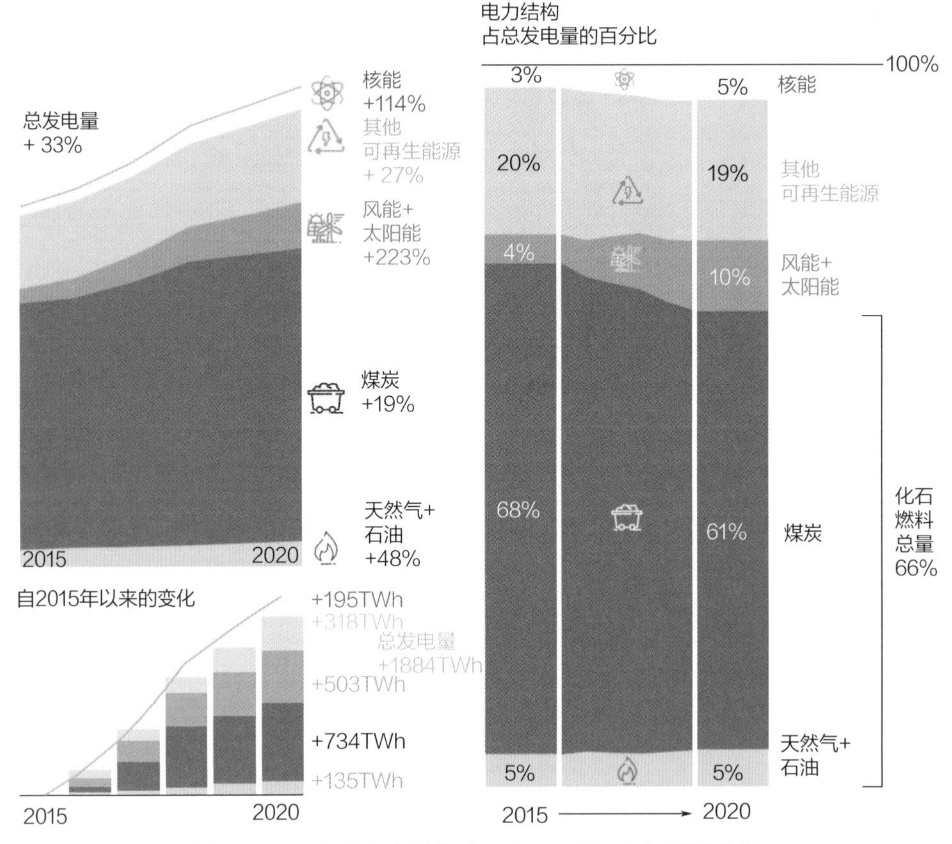

图 5-50 中国电力结构在 2015—2020 年间的变化

率。事实上，由于缺乏经济回报，全球 CCUS 设施的建设在 2012—2017 年一度停滞不前，这一趋势直至近期才得到扭转。截至 2021 年，已有 100 多个新的 CCUS 设施被列入计划之中。如果所有这些项目都正常投产，全球 CO_2 捕集能力将增加两倍以上，从每年 40 兆吨增加到约 130 兆吨，进一步降低电动汽车的碳排放。

值得一提的是，CCUS 除了可用于电力行业脱碳，也可让替代燃料的生产变得更清洁。2020 年，全球现代生物能源约有 10% 被用作交通运输的液体生物燃料（生物乙醇和生物柴油）。2030 年后，这些生物燃料的应用领域可能从乘用车和轻型卡车转向重型公路货运、航运和航空。由于它们的生产过程可能释放相对较纯净的 CO_2 气流，因而可以以相对较低的成本与 CCUS 技术结合。一般预测，使用 CCUS 的生物燃料可在 2050 年实现每年 6 亿吨 CO_2 的减排（图 5-52），有效抵消内燃机汽车造成的残碳排放。

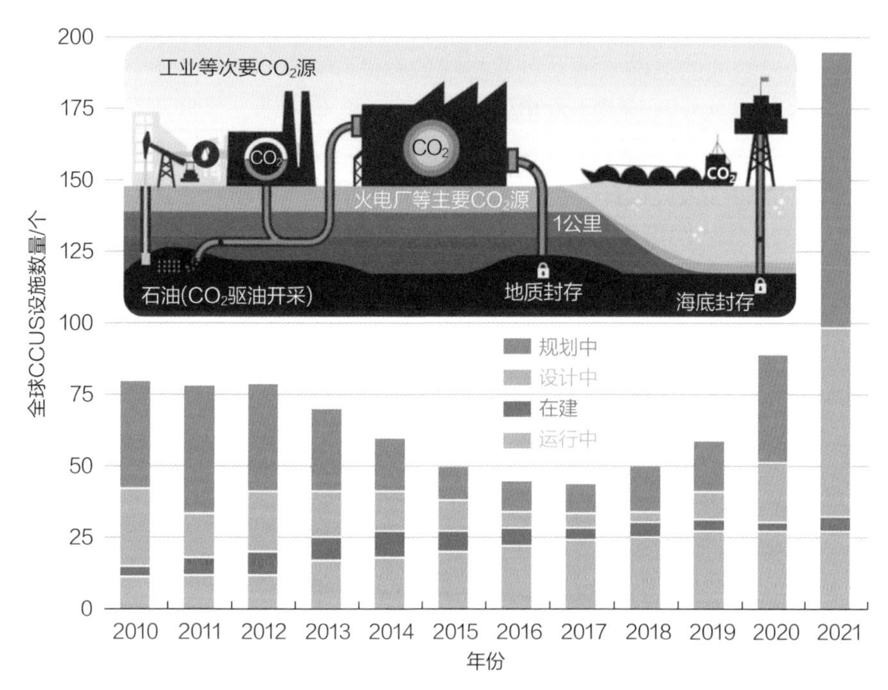

图 5-51 CCUS 技术示意图及全球相关设施数量在 2010—2021 年间的变化

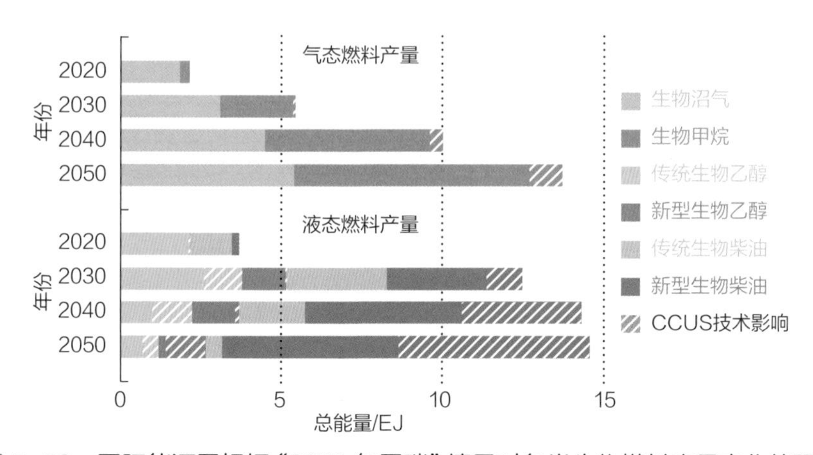

图 5-52 国际能源署根据“2050 年零碳”情景对各类生物燃料产量变化的预测

5.3.2 燃料电池汽车

作为一种新型电动汽车，燃料电池汽车与传统电池电动汽车在结构上存在极大的差异。如图 5-53 所示，常见的锂离子电池汽车不能产电，只能借助锂离子在正负极之间的运动实现对外界电流的存储和释放；现代燃料电池则可借助氢气与氧气的电化学反应来“发电”，由此驱动汽车运动。摆脱卡诺循环限制的燃料电池理论上可以实现远超内燃机的能量转换效率，还具有燃料加注快、续航久、零排放的优势，因此燃料电池汽车也常被誉为“电动汽车的终极形式”。

可惜的是，燃料电池汽车目前的市场规模与其高端的技术定位并不相符，遥遥无期的技术突破、高昂的车辆使用成本和姗姗来迟的氢基础设施建设令大多数汽车制造商暂时放弃了这一技术路线。例如，本田汽车公司欧洲总裁井上胜志就曾声明：“我们现在的重点是混合动力和电池电动汽车。氢燃料电池汽车也许会到来，但这是下一个时代的技术。”丰田汽车公司于 2014 年底推出的“丰田 Mirai”是第一款大规模市售的燃料电池汽车，其与现代汽车公司的“现代 Nexo”是目前乘用车市场上仅能买到的两款燃料电池汽车。

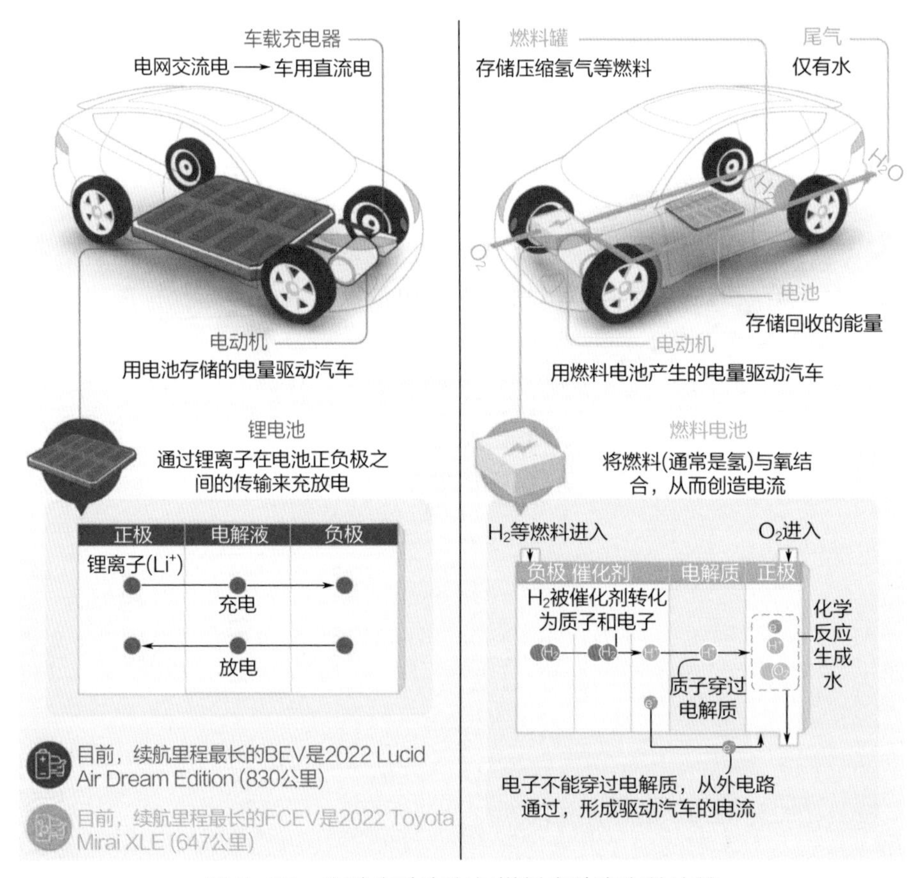

图 5-53　电池电动汽车与燃料电池汽车的比较

截至 2021 年，全球燃料电池汽车保有量为 51600 辆，还不到电池电动汽车总量的 1/200。其中，居于领先地位的韩国拥有超过 1.9 万辆燃料电池汽车，和美国合计占现今全球燃料电池电动汽车存量的 60% 以上。中国则保有最大量的燃料电池公交车和卡车，总库存超过 8400 辆（图 5-54）。近年来，很多政府已开始投资建设加氢站，以便能够打开燃料电池汽车市场。自 2020 年起，全球加氢站数量增加了 35%，也带动燃料电池汽车的全球库存增加了近 50%。

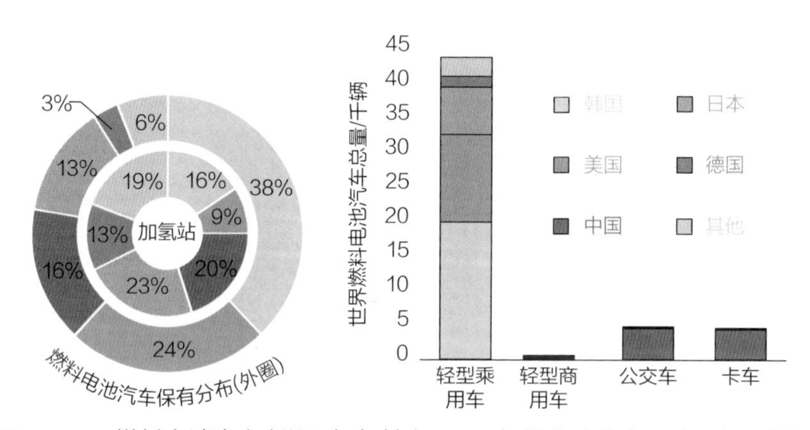

图 5-54 燃料电池汽车（以及加氢站）2021 年的全球分布和应用场景划分

虽然甲醇等含碳燃料理论上也可用于燃料电池，不过目前高纯氢仍是燃料电池汽车唯一的商用燃料。虽然氢燃料电池汽车在行驶中只排放水，但氢气的生产仍然会产生大量碳排放，影响其全生命周期“减碳”效果。幸运的是，CCUS 技术和可再生电力的推广正在让氢燃料本身变得更洁净。如图 5-55 所示，基于化石燃料的氢生产过程（天然气 SMR、煤炭气化）均能显著受益于 CCUS 技术，有望在 2030 年前减少 85% ～ 90% 的碳排放；如果将 CCUS 技术与生物质氢源相配合，还可能实现氢气的“负碳”生产。现今的电解水制氢是一个高排放过程，可再生电力在电网中占比的提高将使其逐步向“零碳”水平靠拢。

基于目前的氢生产、存储与应用模式，国际环境署对燃料电池汽车全生命周期碳排放进行了估算，结果如图 5-56 所示。可见，燃料电池汽车确实比汽油车更“低碳”（温室气体减排超过 30%），但其在“减碳”性能上与其他电动汽车相比并无优势（例如，现有电池电动汽车可较汽油车温室气体减排超过 50%）。未来，清洁氢（氨）能的广泛使用可进一步降低燃料电池汽车的碳排放。但总体而言，燃料电池汽车“降碳”的趋势不会像电池电动汽车那样明显，前者相对后者的长期优势可能会集中在对燃料能量密度要求较高的长途 / 重型货运汽车领域。

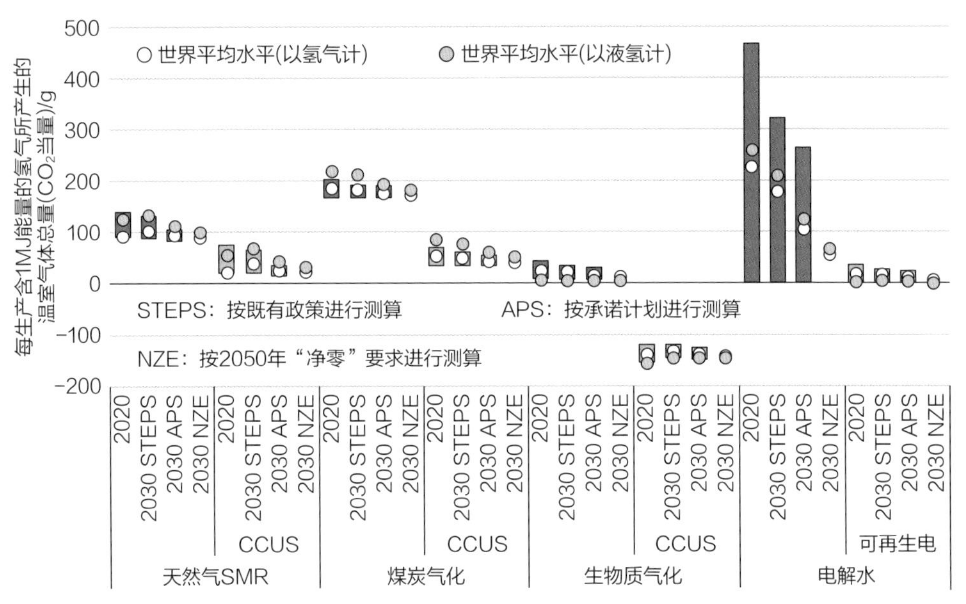

图 5-55 不同情境下全球氢气生产过程(“油井到油箱”，WtT)温室效应比较

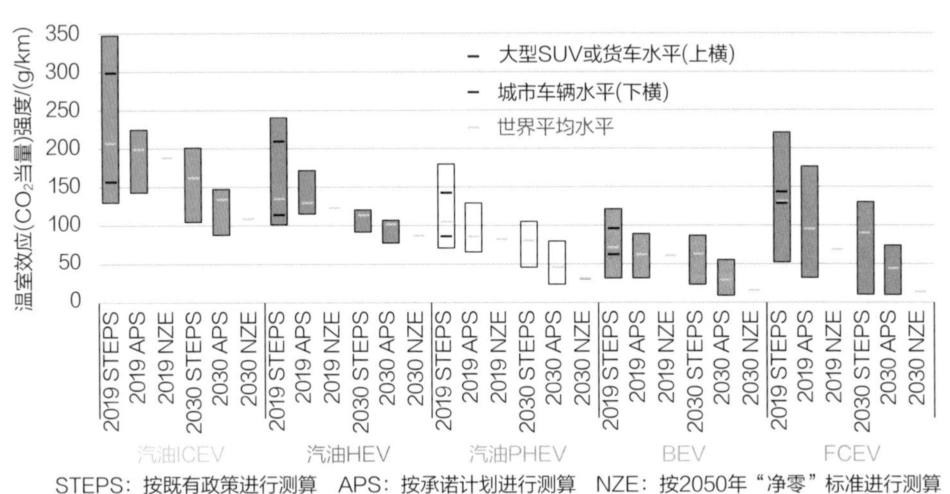

STEPS：按既有政策进行测算 APS：按承诺计划进行测算 NZE：按2050年“净零”标准进行测算

图 5-56 世界不同汽车类型(ICEV、HEV、PHEV、BEV及FCEV)温室效应比较

参考文献

[1] ProCon.org. Historical Timeline [EB/OL] .（2022-08-26）[2022-10-10] . https://alternativeenergy.procon.org/historical-timeline.

[2] Pain S. Power through the Ages [J] . Nature，2017，551：S134-S137.

[3] Maurya R K，Luby. Characteristics and Control of Low Temperature Combustion Engines [M] . Cham：Springer International Publishing AG，2018.

[4] McDuffie E E，Smith S J，O'Rourke P，et al. A Global Anthropogenic Emission Inventory of Atmospheric Pollutants from Sector-and Fuel-specific Sources（1970–2017）：An Application of the Community Emissions Data System（CEDS）[J] . Earth Syst. Sci. Data，2020，12：3413-3442.

[5] Kalghatgi G，Agarwal K A，Leach F，et al. Engines and Fuels for Future Transport [M] . Singapore：Singapore Pte Ltd.，2022.

[6] Vehicle Fuel Economy in Major Markets 2005-2019 [R] . International Energy Agency，2021.

[7] Bae C，Kim J. Alternative Fuels for Internal Combustion Engines [J] . Proc. Combust. Inst.，2017，36：3389-3413.

[8] Transport，Energy and CO_2 [R] . International Energy Agency，2009.

[9] Energy Technology Perspective 2014 [R] . International Energy Agency，2014.

[10] Energy Technology Perspectives 2020 [R] . International Energy Agency，2020.

[11] World Energy Outlook 2017 [R] . International Energy Agency，2017.

[12] Bielaczyc P，Szczotka A，Woodburn J. A Comparison of Exhaust Emissions from Vehicles Fuelled with Petrol，LPG and CNG [J] . IOP Conf. Ser.：Mater. Sci. Eng.，2016，148：012060.

[13] Bacovsky D，Sonnleitner A，Müller-Langer F，et al. The Role of Renewable Fuels in Decarbonizing Road Transport [R] . Advanced Motor Fuels TCP and IEA Bioenergy TCP，2020.

[14] Folkson R，Sapsford S. Alternative Fuels and Advanced Vehicle Technologies

for Improved Environmental Performance : Towards Zero Carbon Transportation[M] . Oxford : Elsevier Ltd., 2022.

[15] Pischinger S, Umierski M, Hüchtebrock B. New CNG Concepts for Passenger Cars : High Torque Engines with Superior Fuel Consumption[J] . SAE Technical Paper, 2003, 2003-01-2264.

[16] Pan D, Tao L, Sun K, et al. Methane Emissions from Natural Gas Vehicles in China[J] . Nat. Commun., 2020, 11: 1-10.

[17] Lott P, Deutschmann O. Lean-burn Natural Gas Engines : Challenges and Concepts for an Efficient Exhaust Gas Aftertreatment System[J] . Emiss. Control. Sci. Technol., 2021, 7: 1-6.

[18] Awad O I, Mamat R, Ali O M, et al. Alcohol and Ether as Alternative Fuels in Spark Ignition Engine : A Review[J] . Renew. Sust. Energ. Rev., 2018, 82: 2586-2605.

[19] OECD. Enhancing Climate Change Mitigation through Agriculture[EB/OL] . (2019-10-16)[2022-10-10] . https : //www.oecd-ilibrary.org/sites/dce06785-en/index.html?itemId=/content/component/dce06785-en.

[20] Yang J, Roth P, Durbin T D, et al. Investigation of the Effect of Mid- and High-level Ethanol Blends on The Particulate and the Mobile Source Air Toxic Emissions from a Gasoline Direct Injection Flex Fuel Vehicle[J] . Energ. Fuel., 2019, 33: 429-440.

[21] Innovation Outlook Renewable Methanol[R] . International Renewable Energy Agency, 2021.

[22] Methanol Fuel in China 2020[R]China Association of Alcohol and Ether Fuel and Automobiles (CAAEFA), 2021.

[23] Zhang Z, Wen M, Cui Y, et al. Effects of Methanol Application on Carbon Emissions and Pollutant Emissions Using a Passenger Vehicle[J] . Processes, 2022, 10: 525.

[24] GDI Engines and Alcohol Fuels[R] . Advanced Motor Fuels TCP and IEA Bioenergy TCP, 2020.

[25] Kawamura A, Sato Y, Naganuma K, et al. Development Project of a Multi-cylinder DISI Hydrogen ICE System for Heavy Duty Vehicles[J] . SAE Technical Paper, 2010, 2010-01-2175.

[26] Desantes J M, Molina S, Novella R, et al. Comparative Global Warming Impact and NO_X Emissions of Conventional and Hydrogen Automotive Propulsion Systems[J] . Energ. Convers. Manage., 2020, 221: 113137.

[27] Lewis A C. Optimising Air Quality Co-benefits in a Hydrogen Economy : A Case for Hydrogen-specific Standards for NO_x Emissions[J] . Environ. Sci. : Atmos., 2021, 1: 201-207.

[28] Onorati A, Payri R, Vaglieco B M, et al. The Role of Hydrogen for Future Internal Combustion Engines[J] . Int. J. Engine Res., 2022, 23: 529-540.

[29] Klüssmann J N, Ekknud L R, Ivarsson A, et al. Ammonia Application in IC Engines[R] . Advanced Motor Fuels TCP and IEA Bioenergy TCP, 2020.

[30] Elishav O, Lis B M, Miller E M, et al. Progress and Prospective of Nitrogen-Based Alternative Fuels[J] . Chem. Rev., 2020, 120: 5352-5436.

[31] Kobayashi H, Hayakawa A, Kunkuma A K D, et al. Science and Technology of Ammonia Combustion[J] . P. Combust. Inst., 2019, 37: 109-133.

[32] OECD-FAO Agricultural Outlook 2022-2031[R] . OECD Publishing, 2022.

[33] UFOP Report on Global Supply 2021/2022[R] . Union zur Förderung von Oel- und Proteinpflanzen e. V., 2022.

[34] Stengel B, Vium J H. Synthesis, Characterization, and Use of Hydro-Treated Oils and Fats for Engine Operation[R] . Advanced Motor Fuels TCP and IEA Bioenergy TCP, 2015.

[35] Kim D S, Hanifzadeh M, Kumar A. Trend of Biodiesel Feedstock and Its Impact on Biodiesel Emission Characteristics[J] . AIChJ, 2018, 37: 7-19.

[36] Blasio G D, Agarwal A K, Belgiorno G, et al. Clean Fuels for Mobility[M] . Singapore : Springer Nature Singapore Pte Ltd., 2022.

[37] Annual Energy Outlook 2022[R] . U.S. Department of Energy, 2022.

[38] Lee U, Han J, Wang M, et al. Well-to-Wheels Emissions of Greenhouse Gases and Air Pollutants of Dimethyl Ether from Natural Gas and Renewable Feedstocks[J] . SAE Int : J. Fuels Lubr., 2016, 9: 546-557.

[39] Semelsberger T A, Borup R L, Greene H L. Dimethyl Ether（DME）as an Alternative Fuel[J] . J. Power Sources 2006, 156: 497-511.

[40] Agarwal A K, Valera H. Greener and Scalable E-fuels for Decarbonization of Transport[M] . Singapore : Springer Nature Singapore Pte Ltd., 2022.

[41]Renewable Energy Market Update[R] . International Energy Agency，2022.
[42]Global EV Outlook 2019[R] . International Energy Agency，2019.
[43]Global EV Outlook 2020[R] . International Energy Agency，2020.
[44]Global EV Outlook 2022[R] . International Energy Agency，2022.
[45]杨木易，施训鹏，Lolla A. 全球电力评论 2021[R] . EMBER，2021.
[46]施训鹏，杨木易 . 中国煤电发展的动因和转型切入点[R] . EMBER，2022.
[47] Energy Technology Perspectives 2020 Special Report on CCUS [R] . International Energy Agency，2020.
[48]Net Zero by 2050[R] . International Energy Agency，2021.
[49] Kreitmair S. Hydrogen fuel cell or battery electric vehicles? [R] UniCredit Research，2019.
[50] Plötz P. Hydrogen Technology is Unlikely to Play a Major Role in Sustainable Road Transport[J] . Nat. Electron.，2022，5：8-10.